目录

第1章　电子对抗概述

1.1　电子对抗的基本概念

电子对抗又名电子战，电子对抗是我军的标准术语，它指的是电子领域内的信息斗争。美国和北约国家军队使用的标准术语是“电子战”，而俄罗斯使用的标准术语是“无线电电子战斗”，其含义相近，但略有差别。

电子对抗的目的是在作战中获取战场上的电磁优势和信息优势，追求制电磁权和制信息权，从而引导战斗取得胜利。

1.1.1　电子对抗的定义

根据2001年发布的CJB 891A—2001《电子对抗术语》中，电子对抗的定义为：使用电磁能、定向能、水声能等的技术手段，确定、扰乱、削弱、破坏、摧毁敌方电子信息系统、电子设备等，保护己方电子信息系统、电子设备的正常使用而采取的各种战术技术措施和行动。其内容包括电子对抗侦察、电子进攻和电子防御三个部分。国外亦称电子战、电子斗争、无线电电子斗争等。

(1)电子对抗侦察。电子对抗侦察是指使用各种电子技术手段搜索、截获、分析敌方电子设备辐射的电磁(或声)信号，以获取其技术参数、位置以及类型、用途等情报的电子技术措施，是获取战略战术电磁情报和战斗情报的重要手段。它包括电子情报侦察(战略电子侦察)和电子支援侦察(战术电子侦察)。电子情报是从敌方发射的电磁(或声)信号中，经侦察和处理后所得到的技术信息和军事情报。

1)电子情报侦察。电子情报侦察是利用电子侦察设备截获并搜集敌方各种电子设备辐射的电磁(或声)信号，经分析和处理根据辐射源信号的特征参数和空间参数，确定其类型、功能、位置及变化，为对敌斗争和电子对抗决策提供军事情报。

2)电子支援侦察。电子支援侦察是指对敌方电磁(或声)辐射源进行实时搜索、截获、测量特征参数、测向、定位和识别，判别辐射源的性质、类别及其威胁程度，为电子干扰、电子防御、反辐射摧毁、战场机动、规避等战术运用提供电子情报。

(2)电子进攻。电子进攻包括电子干扰、反辐射摧毁、定向能攻击等。其中，电子干扰是指使用电磁能、定向能、声能等技术手段，扰乱、削弱、破坏、摧毁敌方电子信息系统、电子设

备及相关武器或人员作战效能的各种战术技术措施和行动。电子干扰包括有源干扰和无源干扰。

1)有源干扰。有源干扰是指有意发射或转发某种类型的电磁波(或声波),对敌方电子设备进行压制或欺骗的一种干扰,又称积极干扰。

2)无源干扰。无源干扰是指利用特制器材反射(散射)或吸收电磁波(或声波),以扰乱电磁波(或声波)的传播,改变目标的散射特性或形成假目标、强散射背景,以掩护真目标的一种干扰,又称消极干扰。

(3)电子防御。电子防御是使用电子或其他技术手段,在敌方或己方实施电子对抗侦察及电子进攻时,保护己方电子信息系统电子设备及相关武器系统或人员的作战效能的各种战术技术措施和行动。

1)电子对抗装备。电子对抗装置是用于电子对抗的系统、设备、装置和器材的总称。

2)电子对抗系统。电子对抗系统是由若干电子对抗设备和器材组成的统一协调的整体,一般由侦察、干扰和相应的通信、指挥控制等设备组成,也可由具有一定独立工作能力的各分系统组成,主要用于对敌方各种辐射源信号进行截获、分析、识别、威胁告警,并能引导有源/无源等干扰设备实施干扰。电子对抗系统按平台可分为地面、舰载、机载和星载电子对抗系统等。电子对抗分类如图 1.1 所示。

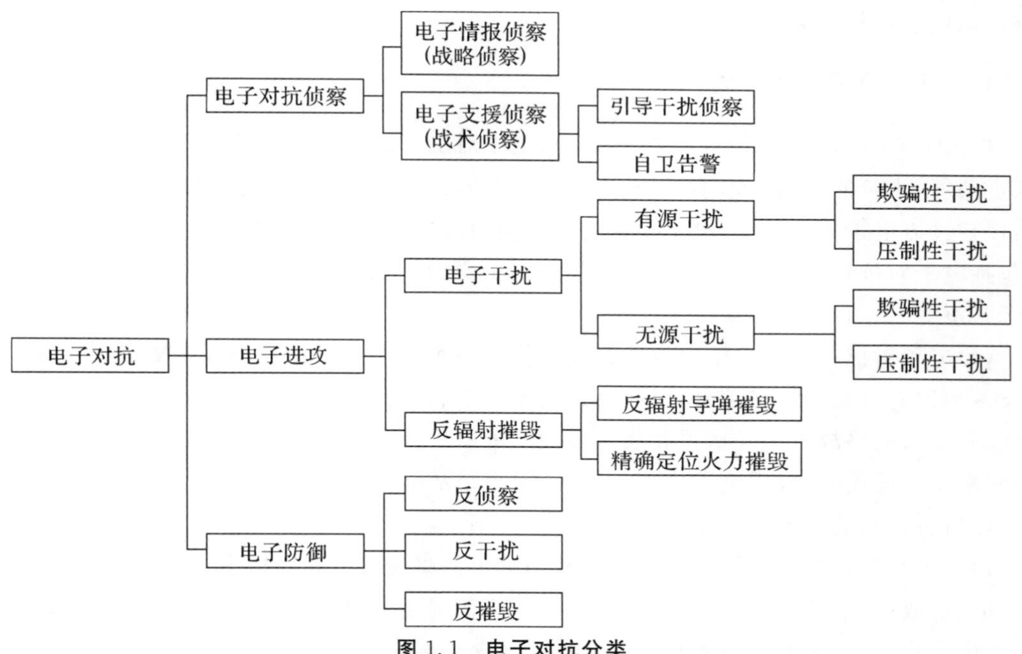

图 1.1 电子对抗分类

美国在 1992 年将“电子战”定义为“利用电磁能和定向能控制电磁频谱或攻击敌人的任何军事行动”,其主要由电子进攻、电子战支援和电子防护三部分组成。这三个组成部分对包括信息战在内的空中和空间作战行动都具有重要意义(见图 1.2)。电子进攻与电子防护、电子战支援三者必须密切合作,才能有效地发挥作用。电子战是战斗力倍增器,正确运用电子战可以提高作战指挥人员实现作战目标的能力,为提高空军的作战效能、降低战损率

做出贡献。电子战与技术的进步紧密联系在一起，为了保证作战效果，必须全盘考虑，将电子战纳入整个作战计划之中。电子战是战斗力倍增器。

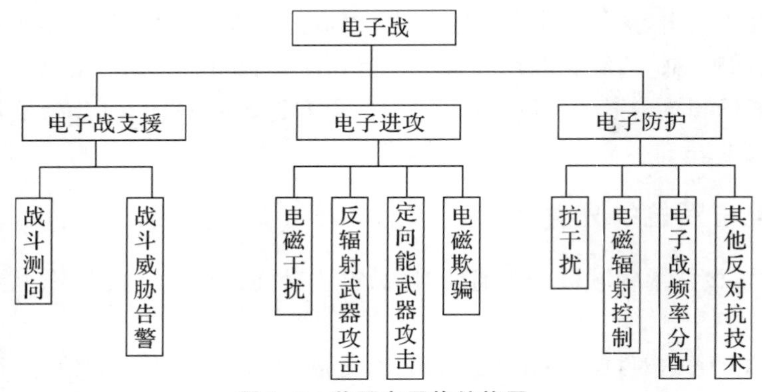

图 1.2 美军电子战结构图

美国空军认为电子战要发挥作用，必须满足控制、利用、强化三原则。

控制原则是指直接或间接地决定电磁频谱，以便指战员既可以攻击，又可以防御。

利用原则是指使用电磁频谱为指战员进行战斗服务，可以使用发现、遏制、破坏、欺骗、摧毁等手段在不同程度上阻断敌军的决策思路。

强化原则是指电子战成为部队战斗力的倍增器。控制和利用电磁频谱加大完成作战使命的可能性。

《俄罗斯百科军语词典》对“无线电对抗”的定义为：“用于探测、侦察和随后的电子压制、摧毁敌人指挥系统和武器系统的一系列综合方法。”

俄罗斯认为最重要的战斗支援措施就是情报，这是因为取得电子对抗的胜利主要依靠有关敌人行动和作战能力方面的准确情报，它是赢得电子对抗成功的关键。

现代战争条件下，越来越多地开始应用综合电子战概念。综合电子战是指在电子战作战指挥单元的统一管理和控制下，综合应用陆、海、空、天多平台的雷达对抗，通信对抗，光电对抗，C^4I（指挥、控制、通信、计算机与情报）对抗和导航，敌我识别对抗，计算机网络对抗，反辐射攻击的活动。综合电子战的目标是形成局部电磁斗争优势，执行并支援各种战斗行动。综合电子战的作战对象包括 C^4I、雷达、通信、导航、敌我识别、导弹制导、无线电引信、军用计算机等所有军事电子装备。综合电子战可以提高电子对抗设备的利用率，提高电子对抗装备的综合作战效能。

综合电子战按综合的方式可分为单平台的综合和多平台的综合。单平台的综合电子战亦称一体化电子战，它应用数据总线把在同一平台上的主处理器与电子侦察、电子干扰等不同电子战设备联结起来，实施综合对抗，包括压制干扰与欺骗干扰、有源干扰与无源干扰、平台内干扰和平台外干扰，对抗多种不同的威胁以达到最佳的对抗效果。

多平台的综合电子战又称区域综合电子战，通常包括电子对抗侦察系统、电子对抗指挥控制中心和电子对抗兵器三部分。它是在特定的作战区域内，应用通信网络将不同的电子战设备或分系统联结起来，进行统一的指挥和控制，以完成区域综合电子战的作战任务。在进攻作战中，电子对抗指挥控制中心综合应用对预警机干扰系统、电子支援干扰系统、反辐

射攻击系统等多种类、多手段的电子攻击武器，构成一个软杀伤与硬摧毁相结合，雷达/通信/光电/导航/敌我识别/武器制导对抗相结合的综合性、高强度的电子攻击力量，对重要的作战单元实施直接攻击，摧毁或引导火力打击，以掩护我方攻击机群、攻击舰队、攻击部队的安全突防。在防御作战中，综合利用预警机干扰系统、目标防护系统、陆基干扰系统等对进入我防区的预警机和攻击轰炸编队实施多层次、全方位、多手段的综合电子防空反击，以瓦解敌方的空中攻击。

1.1.2 电子对抗的分类

(1)电子对抗按技术领域可分为通信对抗、雷达对抗、光电对抗、水声对抗和计算机网络对抗等。

1)通信对抗。通信对抗是采用专门的电子设备，对敌方无线电通信进行侦察、干扰、破坏和扰乱敌方通信系统正常工作，并保障己方实现有效通信的各种战术技术措施的总称。通信对抗包括通信侦察和通信干扰。通信侦察是利用通信侦察设备，对敌方通信信号进行搜索、截获、测量、分析、识别、监视和对通信设备测向、定位的一种电子对抗侦察；通信干扰是利用干扰设备发射专门的干扰信号，破坏或扰乱敌方无线电通信设备正常工作能力的一种干扰。

C^4I 系统是现代战争的中枢神经系统，自动化指挥和武器的自动化控制都是利用 C^4I 系统实现的。在现代战争中，C^4I 系统一旦遭到破坏，指挥就会失灵，自动化武器系统就会瘫痪。在 C^4I 系统中，指挥命令的下达、情报信息的回报、控制指令的传送，都是由通信系统实现的。如果 C^4I 系统中的通信系统遭到破坏，如同中枢神经中的经络被切断，整个 C^4I 系统就无法正常运行，军队的指挥控制和武器系统的协同作战就失去保障。因此，通信对抗的任务不仅是破坏一两件武器，还要通过干扰压制敌方通信网来破坏敌方的 C^4I 系统，以夺取战场的制信息权。

通信对抗设备是用于通信侦察、通信干扰的电子设备和装置的总称。

2)雷达对抗。雷达对抗是采用专门的电子设备和器材，对敌方雷达进行侦察、干扰、削弱或破坏其有效使用，并保障己方雷达正常工作的各种战术技术措施的总称。雷达对抗主要包括雷达对抗侦察、雷达干扰和反辐射摧毁等内容。雷达对抗侦察是利用各种平台上的雷达对抗侦察设备，通过对敌雷达辐射信号的截获、测量、分析、识别及定位，获取技术参数及位置、类型、部署等情报，为制订雷达对抗作战计划、研究雷达对抗战术和发展雷达对抗装备提供依据。雷达对抗侦察分为雷达对抗情报侦察和雷达对抗支援侦察。雷达对抗情报侦察是通过对雷达长期或定期的侦察监视，对敌雷达信号特征参数的精确测量和分析，以提供全面的敌雷达情报。雷达对抗支援侦察主要用于战时对当面之敌雷达进行侦察，通过截获、测量和识别，判定敌雷达的型号和威胁等级，直接为作战指挥、雷达干扰、火力摧毁和机动规避等提供实时情报。雷达告警是一种支援侦察，多用于飞机、舰艇对威胁雷达的实时告警，以便采取对抗措施。雷达干扰是利用各种雷达干扰设备和无源干扰器材，通过辐射、反射、散射和吸收电磁能量的方法来破坏或降低敌雷达的使用效能，使其不能正常探测或跟踪目标。雷达干扰是雷达对抗中的进攻手段。按战术使用方法，雷达对抗分为支援干扰和自卫

干扰。按干扰产生原理，雷达对抗分为有源雷达干扰和无源雷达干扰。按干扰作用性质，雷达对抗分为压制性雷达干扰和欺骗性雷达干扰。反辐射摧毁是对雷达进行被动跟踪，并引导反辐射飞行器攻击、摧毁辐射源。

雷达对抗设备是用于对敌方雷达实施侦察、干扰的电子设备和器材的总称。

3)光电对抗。光电对抗是采用专门的光电设备和器材，对敌方光电设备进行侦察、干扰，削弱或破坏其有效使用，并保障己方人员和光电设备正常工作的各种战术技术措施的总称。按光波的性质，光电对抗主要分为可见光、红外、紫外和激光对抗。

光电对抗设备是用于光电侦察、光电干扰的光电设备和器材的总称。

4)水声对抗。水声对抗是使用专门的水声设备和器材，对敌方声呐探测设备和声制导兵器进行侦察、干扰，削弱或破坏其有效使用，保障己方水声设备正常工作的各种战术技术措施的总称。

水声对抗设备是用于水声侦察、水声干扰的电子设备和器材的总称。

5)计算机网络对抗。随着电子技术和计算机技术的发展和作战平台的扩展，电子对抗的内涵和分类也越来越广、越来越细，并出现一些新的概念，如计算机对抗、定向能武器、电磁脉冲武器等，也越来越具有独立的含义。

计算机技术和计算机网络技术的发展，将世界连接成了一个整体，现代化的经济和国防高度依赖计算机及其网络，因此，计算机对抗已变得日益重要，计算机对抗的对象主要是计算机网络。计算机网络分为民用网络和军用网络。民用网络的核心是信息资源，为了保障信息资源的快速传递和共享，网络必须是互联的和开放的。军用网络的核心是指挥，必须保证命令和情报传递的通畅、准确和迅速，它也不可能做到完全的封闭。因此，计算机网络受到攻击是不可避免的。如何实施并使攻击最有效，如何防范攻击或在受到攻击的情况下将损失减少到最小，是当前计算机对抗研究的一个重要方面。

未来高技术战场的指挥、控制、通信、引导和协调将极大地依赖 C^4I 系统，战时军队作战中的探测、判断、决策和行动将由 C^4I 系统连接成一个有机的整体，谁拥有比较完善的 C^4I 系统并能充分发挥它的作用，谁就能掌握战场主动权，充分发挥兵力和武器的作用，以较小的代价取得大的作战效果。

(2)电子对抗按设备所在的平台可分为陆基电子对抗、海基电子对抗、空基电子对抗和天基电子对抗。这些电子对抗设备虽然安置在不同平台上，但其面向的对象可以位于陆地、海上、空中和太空中。其中，空基电子对抗又可称为航空电子对抗或机载电子对抗。

1.2　电子对抗的发展历史

1.2.1　电子对抗的起源

电子对抗首先萌发于无线电通信应用于军事斗争之后。在这一时期内，电子对抗的特点主要表现为对无线电通信的侦察、破译和分析，对无线电通信的干扰只是在战争中偶尔应用，因为当时通过侦察分析敌方的无线电通信，可以得到有关敌方重要的军事情报，所以电

子对抗的应用主要偏重于侦察、截获敌方的无线电发射信号,而不是中断或破坏它们的发射。此外,也无专用的电子对抗设备,只是利用无线电收、发信号及实施侦察和干扰,因此,这是一种最原始、最简单的电子对抗,是电子对抗的起源阶段。

第一次世界大战期间,无线电通信在各参战国的军队中得到普遍使用,并在作战指挥中发挥了重要的作用,由此推动了电子对抗从临时应变的应用方式发展到有意识应用的实战阶段。

1914 年英、德两国在地中海作战。当时在地中海的德国巡洋舰"格贝恩"号和"布莱斯劳"号,被英国巡洋舰"格洛斯塔"号紧紧盯梢。英舰的任务是把德舰的活动情况用无线电通报给伦敦的海军部,以便调集地中海舰队拦截两艘德舰。然而英舰与海军部的无线电通信联络迅速被德舰先进的无线电设备侦听到,并查明了有关频率等技术参数,于是德舰果断地发射了与英舰无线电设备频率相同的杂乱噪声,严重地干扰了英舰正常的无线电通信,使其信号被埋没在噪声中无法分辨,英舰曾多次改变通信频率企图避开干扰,但都不能奏效。最终,德舰突然改变航向,全速开往友好的土耳其达达尼尔海域。这次德舰对英舰的通信干扰可认为是电子对抗的真正开始,因为这是自无线电发明以后,首次有意识地应用无线电波干扰敌方的通信,保护自己军舰的安全。

德舰通信电子对抗的成功应用,使英舰不知道德舰的航向而眼巴巴地让两艘德舰从自己的眼皮下逃掉,由此极大地刺激了英国研究电子对抗设备和战术应用的积极性。其中最重要的是研制出无线电测向机,它用于确定无线电台的分布和位置,从中判明敌人的军事部署和行动意图。

随着电子技术的发展,许多国家开始研制和应用无线电导航系统和雷达系统,由此引发了导航对抗和雷达对抗的诞生,使电子对抗从单一的通信对抗发展为导航对抗、雷达对抗和通信对抗等多种形式,同时也陆续研制出一些专用的电子对抗装备,电子对抗的手段增多、能力提高,作战领域和作战对象不断扩大,对战争胜负起着更明显的作用。

1.2.2 电子对抗的发展

第二次世界大战后电子对抗开始真正形成并大量应用。

第二次世界大战开始不久,英国和德国就集中力量设计军用雷达并研究其战术应用,在战争中广泛采用,作用十分显著。如果能够阻止敌方雷达的有效使用,就能赢得战场优势。因此雷达很快就成为电子对抗的主要目标,雷达对抗应运而生。

1941 年德国在英国伦敦战役中遭到严重失败之后,英国开始轰炸德国本土。但德国在法国、比利时和德国北部沿英国空军轰炸航线上,安装了被称为"弗莱亚"的远程预警雷达,工作频率为 120～130 MHz,使英国空军轰炸机在德国上空的损失数量日益增加。英国发现这些雷达并查明其工作频率后,立即在专门的飞机上安装一种称为"轴心"的雷达干扰机,它使用与"弗莱亚"雷达频率相同的随机噪声干扰信号,对雷达实施阻塞干扰。德国为避开这种干扰,采用连续改变雷达频率的方法,而英国则研制出不同频率的干扰机,以覆盖不同

的雷达频率。这种雷达对抗使英国轰炸机的损失率在短时间内略有减少。到 1942 年底，英机的损失又趋向增加，因为德国已组成了一个称为“四柱床”的多站雷达系统和装有“列支敦士登 BC”新雷达的夜间综合防空系统。每站“四柱床”包括一部“弗莱亚”远程预警雷达（见图 1.3）、两部最新研制的“维茨堡”雷达（见图 1.3）、一个控制室和一个通信站。其中新研制的“维茨堡”雷达工作频率为 565 MHz（有 3 个频率交变），采用窄波速旋转天线，它不仅能对地基进行旋转方位搜索和测距，而且能测量敌机的高度，因此在引导歼击机截击和指挥高炮射击敌机两个重要方面提供了非常精确而全面的战术数据。安装在轰炸机上的“列支敦士登 BC”雷达的作用距离为 12 km。德国利用此综合防空系统，沿德国北部海岸建成一个防空网。在实施防空作战时，通常由“弗莱亚”预警雷达首先探测英国来袭的空中编队，并把获取的情报实时通知控制室，指挥一部“维茨堡”雷达引导夜间战斗机拦截敌机，用另一部“维茨堡”雷达跟踪敌机，并在敌机进入射击距离时控制高炮瞄准射击。当德战斗机距敌机 1.6～3.2 km 时，机上“列支敦士登 BC”雷达就被用来控制机上航炮攻击，使敌轰炸机很难逃脱。德国采用这个综合防空系统后，到 1942 年底，盟军飞机损失大增。虽然英国多次派遣“轴心”干扰飞机对“弗莱亚”雷达实施干扰，但盟军飞机的损失并没有明显减少。

图 1.3 FuMG 401**“弗莱亚”远程预警雷达（左）和** Mvc - 471x **“维茨堡”雷达（右）**

经过一段时间研究后，英国才查明了德国防空系统的成功不是依靠“弗莱亚”预警雷达，而是依靠两部“维茨堡”雷达，而英国并不知道这种雷达的频率、脉宽等技术参数，因而无法实施干扰。于是英国用空降部队夺得“维茨堡”雷达的重要部件。盟军根据分析获得了该雷达的主要性能后，便着手设计干扰“维茨堡”雷达的方法。其中一种是美国采用的新的称为“地毯”的 APT - 2 干扰机，装在美国 B - 17 轰炸机上，对德国“维茨堡”雷达实施压制式干扰，取得了较好的效果。在美国第八航空兵轰炸不来梅（Bremen）期间，盟军飞机损失减少了 50%。另一种是英国采用的无源干扰箔条，使雷达接收机饱和而无法显示真实目标。1943 年 7 月 24 日，英美联军大规模空袭德国汉堡时，首次使用专门的飞机，共投放了约 250 万盒（每盒含 2 000 根箔条）无源干扰箔条对“维茨堡”雷达实施干扰，每盒箔条散开后所反射的雷达回波可在雷达荧光屏上持续约 20 min，结果德国汉堡地面上所有的“维茨堡”雷达

荧光屏上突然出现几千架飞机入侵的无数的雷达回波信号，从而破坏了雷达的正常工作。与此同时，791 架联军轰炸机群在无源干扰掩护下飞临汉堡市中心，而汉堡的防空指挥官们因缺乏“维茨堡”雷达提供的情报，无法引导火力和歼击机进行拦截，结果联军轰炸机群在2.5 h 内把2 300 t炸弹倾泻在汉堡港口和市中心，顺利完成历史上一次最可怕的空袭。此后，在第二次袭击汉堡及多次袭击德国其他城市时，盟军都采用了无源干扰手段。在前面 6 次空袭中，出动 4 000 架次，仅损失 124 架轰炸机，其损失率为 3%，同时德军高炮的射击效果降低了 75%。毫无疑问，对汉堡的空袭是盟军轰炸机执行空袭任务最成功的一次，它的成功在很大程度上归功于简单而有效的无源电子对抗措施，无源干扰物所特有的神奇功能，使它在现在战争中得到广泛应用，是现代电子战的重要组成部分。

在遭到严重打击之后，德国依赖“维茨堡”雷达的防空系统几乎完全失效。因此德国对防空系统进行全面修改和更新，先后研制出频率为 90 MHz 的机载雷达“列支敦士登 SN－2”(见图 1.4)，并首次使用两种雷达告警接收机。“列支敦士登 SN－2”雷达有以下优点：一是频率较低，其天线可覆盖机头方向 120°的扇面，且发射功率较高，不需要定向发射而可采用宽的波束，使德国轰炸机在收到敌机的编队和大致航向后，马上就能独立跟踪敌机；二是雷达的作用距离达 64 km，发现距离较远，它使英国采用跟进飞行接近目标攻击的战术失效。借助这种新雷达，德国区域防空就不再严格依靠地面雷达引导，地面指挥站只需把战斗机引向敌机编队。

图 1.4　装备列支敦士登 B/C 雷达的 Ju－88R 夜间战斗机(左)和装备列支敦士登 SN－2 雷达的 Bf－110G 夜间战斗机(右)

当时德机上装备有“纳克奥斯”和“弗兰斯堡”两种雷达告警接收机：前者用于接收英国作为指示目标用的机载雷达 H2S 发射的信号，引导德机拦截英机；后者是一部自导引系统，用于接收英国轰炸机尾部用于告警德机临近的“墨尼卡”警戒雷达。德国利用电子对抗领域的上述进展，初期获得显著成果。在 1944 年盟军空袭柏林时，德国夜间战斗机在严密组织的高炮支援下，有效抗击了英皇家空军的袭击，使柏林免遭全面破坏。1944 年 3 月夜间，德军阻止了 795 架轰炸机攻击纽伦堡，德国战斗机利用其雷达告警接收机的引导，在布鲁塞尔上空与英空军轰炸机编队进行空战，结果盟军共损失 115 架飞机，这对德国是一个重大的胜利，而这次胜利主要归功于德国在电子对抗领域的巨大进步。在此以后，英国和德国曾多次

采用各种电子战手段展开激烈的对抗，对每种对抗措施，都有一种反对抗措施，对每种反对抗措施又有一种新的对抗措施。到了 1944 年 8 月，英美联军已建立装备“轴心”干扰机、“地毯”干扰机以及无源干扰箔条(见图 1.5)的专用电子战飞机，80%的轰炸机都配备了有源干扰机和无源干扰箔条，美空军每月干扰箔条的消耗量高达 2 000 t，大量干扰的结果，使德军击落一架飞机的炮弹消耗量从 800 发激增到 3 000 发，电子对抗在这一领域中的作用达到了高潮。

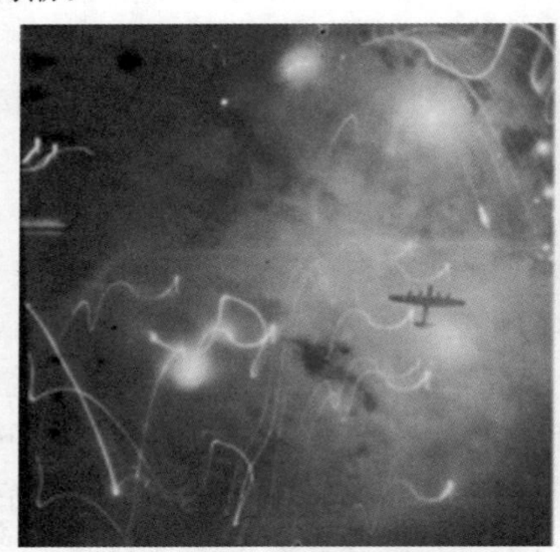
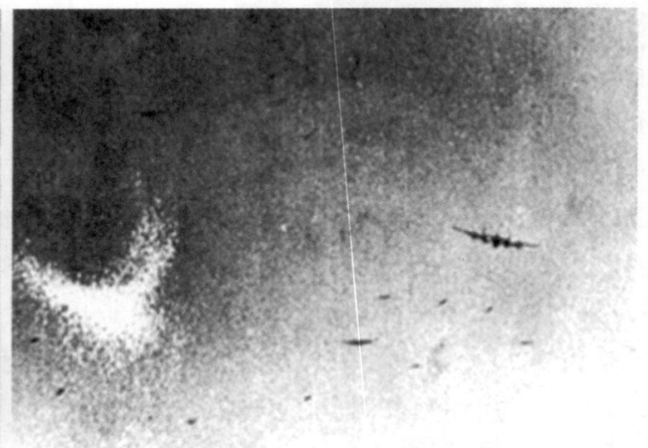

图 1.5　进行夜间轰炸的盟军轰炸机(左)、英国“兰开斯特”轰炸机正在释放干扰箔条(右)

第二次世界大战后期的诺曼底战役，是一次综合应用多种电子对抗措施，以成功实施电子战支援整个战役胜利的范例。

联军首先使用通信欺骗手段，故意“泄密”，制造了联军即将在加莱、布伦方向发起大规模登陆的假象，使德国把重兵调到加莱、布伦地区，放松了对诺曼底半岛的防范。在登陆开始前英美联军通过电子侦察，详细查明了德军设在法国北部沿海的约 120 部雷达的工作特征和部署情况，并用航空兵、火箭等摧毁其 80%以上的雷达，对残存的雷达又用电子干扰飞机施放电子干扰进行压制，致使德军无法查清英美联军的集结情况。另外，英美联军通过多次高密度的空中打击，全部摧毁德军建立的地面干扰站，保证了联军雷达和通信设备的正常工作。登陆发起前夕联军巧妙地运用了无源干扰手段：它们一方面在布伦地区实施海上佯攻，用许多小船装上对无线电波有强烈反射的角反射体，并拖着敷有金属层的气球；另一方面用飞机、舰炮和火箭向小船上空投撒了大量无源干扰箔条，在德国雷达荧光屏上造成了有大批护航飞机掩护大型军舰强行登陆的假象。此外，联军还在布伦附近海岸投放人体模型和偶极子反射体模拟的假伞兵，又以一小批装干扰机和无源干扰箔条的飞机，模拟对德军进行大规模空袭的假象。这些活动持续了 3～4 h，给德军造成了错觉，急忙把大量的海、空力量调往布伦地区，打乱了德军的防御部署。

登陆开始时，英美联军在诺曼底主要登陆方向上，派了 20 多架装“轴心”干扰机的电子干扰飞机对德军雷达施放干扰，使德军部署在沿海的所有的预警和火控雷达完全失效，从而掩护了在英国上空集结的飞机编队飞向欧洲大陆。虽然德军在卡昂附近的一部雷达未被干扰，并发现了英美联军的活动，但因缺乏其他雷达站的证实，德军雷达情报中心对此情报不

敢取信。诺曼底登陆战役参加登陆的 2 127 艘联军军舰，仅被击毁 6 艘，在世界军事史上写下了电子战光辉的一页，形成了电子战的第一个高潮。

在越南战场上，由于北越首次使用精确制导的防空武器 SA－2 和 SA－7 地空导弹对抗美军空中优势，从 1965 年 3 月到 1966 年 6 月，越军每发射 8～11 枚 SA－2 导弹就可击落一架美机，致使美机的损失率达 14%。随后，美军制订了一个对付地空导弹的机载电子战设备应急计划，大力研制电子对抗装备和加强战术应用研究。在整个越南战争期间，美国空军电子战的发展有以下特点：

(1)重点加强作战飞机的自卫电子战能力。各型作战飞机相继加装了由雷达告警接收机、有源干扰机以及无源干扰投放器组成的自卫电子战系统，用于实现自动告警干扰。

(2)大力发展专用电子干扰飞机。专用电子干扰飞机上装备的电子战设备比较完善，既可侦察又可干扰，每次作战中，一架专用电子干扰飞机可掩护 10～15 架飞机突防。

(3)大力发展光电对抗技术。随着光电制导技术的迅速发展，利用红外、激光和电视制导的导弹、炸弹、炮弹等新一代精确制导武器开始投入战场使用。这类武器具有命中精度高、杀伤破坏力大和多目标攻击能力等特点，其广泛应用引发了光电对抗的产生。例如 1972 年越南首次使用苏制 SA－7 红外制导导弹时，曾在 3 个月内击落美机 24 架。随后美军针对 SA－7 的弱点，很快研制了机载红外告警器、红外干扰机以及箔条、红外弹投放器和烟雾等光电对抗设备，对 SA－7 地空导弹进行侦察干扰，逐步减少了美机的损失。因此以越南战争为契机，电子战作战领域从雷达对抗、通信对抗发展到光电对抗等多种领域，光电对抗开始发展成为电子战的重要分支。

(4)反辐射导弹开始成为电子战领域中的一支生力军。美军为压制越南防空系统、完成突防任务而研制了反辐射导弹，通过实战使用，该导弹在越南战争中发挥了突出的作用，使美军认识到反辐射导弹是航空兵实施对敌防空压制最重要的电子战武器，是电子战领域中的一支生力军。

以上特点表明，在越南战争中，美军把电子干扰飞机、反辐射导弹飞机和机载自卫电子战系统(含光电对抗)视为空军电子战三大支柱的观点就已形成。美军把北越上空作战飞机的安全突防归功于电子战，电子战已从传统的作战保障手段发展成为对付精确制导武器攻击的重要作战手段。

1.2.3 电子对抗在局部战争中的运用

1. 贝卡谷地之战中的电子战

贝卡谷地之战是 1982 年 6 月，以色列对部署在叙利亚贝卡谷地的苏制 SA－6 导弹阵地袭击的战争。在战争中，以色列运用了一套适合于现代战争的新战术，把电子战作为主导战斗力要素，以叙利亚的 C^3I 系统和 SA－6 导弹阵地为主要攻击目标，实施强烈电子干扰压制和反辐射导弹攻击，致使叙利亚 19 个地空导弹阵地全部被摧毁，81 架飞机被击落，而以色列作战飞机则无一损失，创造了利用电子战遂行防空压制而获得辉煌战果的成功战例。

在这场战争中以色列全程运用了电子战。战前，以色列组织了周密的电子情报侦察，多次派出小型无人侦察机在贝卡谷地上空飞行充当诱饵，引诱叙利亚发射SA-6导弹制导雷达的频率等技术参数和确切的配置位置，同时在黎巴嫩、叙利亚边境上，设立了许多电子侦察站和监视哨，它们与以色列的C^3I系统直接相连。这些电子侦察站和监视哨把截获到的有关叙利亚的雷达、导弹和通信、指挥方面的情报，传送给C^3I系统指挥中心集中处理。因此以色列在战前就通过各种侦察手段，获得了叙利亚雷达阵地及叙军防空系统的大量情报。空袭开始后，以色列又派出装有电视摄像机的“猛犬”无人侦察机进行实时侦察，并不断把叙利亚导弹阵地的电视图像实时传送给E-2C预警机和波音707电子干扰飞机；同时把叙军战场全貌和各个战斗细节传到以色列指挥部，使以色列从国防部长到前线指挥官都能从电视屏幕上清晰地看到叙军导弹群和以军空袭导弹阵地的实况，并根据战斗实况指挥以空军作战。随后以色列又派出一批在机头上装有增强雷达反射波作用的圆锥体的“侦察兵”无人侦察机模拟战斗机，引诱叙军导弹制导雷达开机，为以色列地面的“狼”式反辐射导弹提供叙军雷达的频率等技术数据。通过以上侦察活动，以色列准确地掌握了SA-6导弹（见图1.6）的基本性能及其配置情况，从而为其空袭的成功提供了可靠的电子情报支援。

图1.6　部署于贝卡谷地的叙利亚SA-6防空导弹

以色列空袭叙军导弹阵地时，空袭机群按高、中、低三层进行攻击。第一层高空是远在地中海上空的E-2C预警机和波音707电子干扰飞机。E-2C预警机作为空中C^3I系统自始至终控制这场空战的实施。它与以色列国家C^3I系统中心、地面雷达站、空中战斗机和无人侦察机保持不间断联系，一旦发现敌机，就立即把数据传送给战斗机，准确地引导战斗机到最佳的攻击航线和角度。波音707电子干扰飞机用于担负远距离侦察和支援干扰任务。机上装有雷达、通信和光电侦察设备，S频段和C频段两部雷达干扰机以及甚高频和超高频通信干扰机等，这些电子战设备能对20多种雷达和通信设备进行截获、分析、定位并实施有源和无源干扰，破坏了叙军制导雷达、低空指挥通信，使叙军导弹无法发射，作战飞机与地面之间的无线电通信中断，得不到地面有关航线和攻击的指令。第二层中空是担任空中掩护的F-15战斗机编队，利用其先进的机载雷达和电子设备，填补E-2C预警机因地形起伏而造成的雷达和指挥“盲区”。第三层是F-16和F-4战斗机攻击编队，它们在E-2C预警机的指挥和波音707电子干扰飞机的干扰压制下发射“百舌鸟”“标准”等反辐射导弹、

“小牛”AGM－65 激光制导炸弹、集束炸弹等彻底摧毁叙军的防空导弹阵地。以军一些主要作战装备如图 1.7 所示。

图 1.7　1982 贝卡谷地空战以色列空军一些主要作战装备

(a)发射 AGM－45“百舌鸟”反辐射导弹的 A－4“天鹰”攻击机；(b)侦察无人机；(c)格鲁曼 E－2C 鹰眼空中预警机；(d)F－15A 战斗机

在以色列攻击叙军导弹阵地时，叙军紧急起飞米格－21 和米格－23 战斗机进行拦截。然而叙军飞机刚从机场起飞就被 E－2C 预警机的雷达捕获，从而迅速把叙军的机型、方向、速度和高度等数据连续传送给以色列战斗机，并把这些战斗机引导到最佳攻击点，利用 AIM－9L 红外制导导弹等实施拦截打击，同时利用波音 707 电子干扰飞机对叙军低空通信施放强烈的干扰，使叙军在叙利亚边境就失去了与地面的通信联系而得不到攻击的指令。更有甚者是波音 707 电子干扰飞机还利用欺骗通信的方法，把叙军引导到以色列战斗机等待的空域，成为被攻击的“靶子”。由于以色列巧妙地利用无人侦察机、战斗机、电子干扰飞机组成的空中打击力量，在 E－2C 预警机的全面指挥下，进行了饱和攻击，彻底摧毁了叙军的导弹阵地并击落大量飞机。

为了保证空袭编队自身的安全，以色列所有的战斗攻击飞机都携带了能对付 SA－6、SA－7 等雷达和红外制导导弹的自卫电子战系统，如 AN/ALQ－131、AN/ALQ－135、AN/ALQ－162 等噪声和欺骗干扰机，AN/ALE－43 无源箔条干扰投放器，红外曳光弹，以及 AN/ALR－46A 、AN/ALR－56、AN/APR－44 雷达告警接收机和 AN/AAR 系列红外告警器。这些系统组合在一起，构成完整的自卫电子战系统，用于向飞行员发出飞机即将受攻击的威胁告警信号，并自动引导电子干扰机，对航线上的各种导弹、高炮威胁实施压制性和欺骗性干扰，保证空袭编队的安全突防。

综上所述，在贝卡谷地空战中，以色列电子战的应用是十分出色的。以色列在叙利亚上空形成了自卫干扰与支援干扰相结合、有源干扰与无源干扰相结合、压制性干扰与欺骗性干扰相结合、软杀伤与硬摧毁相结合的侦察、告警、干扰、摧毁一体化，可认为是综合应用各种电子战手段和其他作战行动的典范。这场空战雄辩地证明了这种以电子战为主导，并贯彻于战争始终的战争样式是以色列取得这次空战胜利的关键所在。

2. 海湾战争中的电子战

1991 年初爆发海湾战争时，电子战已发展成为高技术战争的重要组成部分。在这场战争中，电子战运用特点更突出。

(1)以电子情报战作为先导和序幕。自伊拉克入侵科威特后到海湾战争爆发前的 5 个多月时间内，多国部队首先发动了电子情报战，严密地组织了一个陆、海、空、天一体化的电子情报和图像情报侦察网，为多国部队战略战术决策提供大量翔实的情报数据。

在空间，美国部署了 KH－11(见图 1.8)、KH－12 照相侦察卫星和“长曲棍球”合成孔径雷达侦察卫星，摄取伊拉克地面军事装备和地下防御工事的分布概况，日夜监视伊军的各种军事行动；使用了电子侦察型“白云”海洋监视卫星，截收伊拉克的雷达和通信情报；秘密发射了“大酒瓶”“漩涡”等通信侦察卫星，窃听伊军轻便无线电报话机通信和小分队间的电话交谈情况。

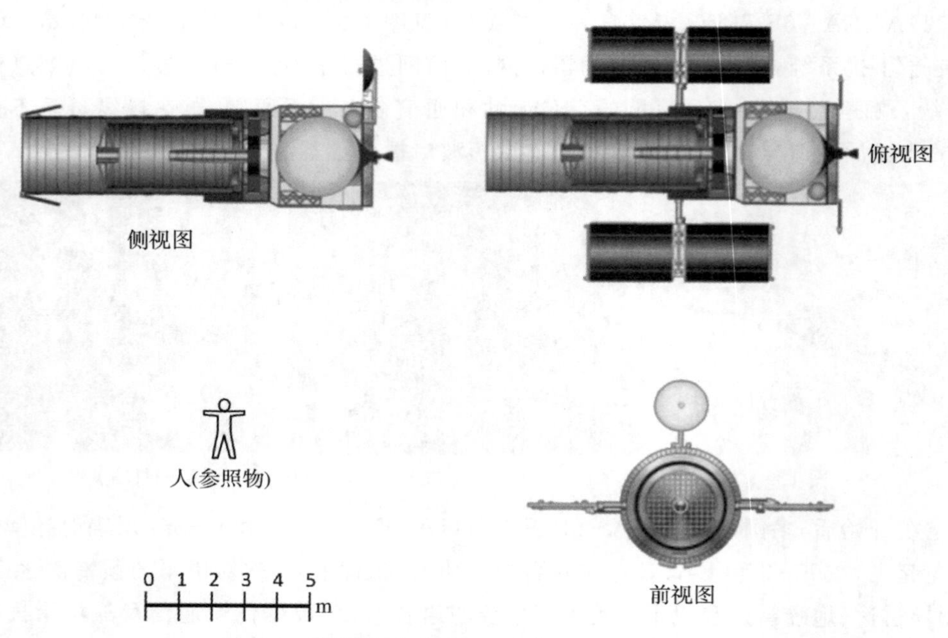

图 1.8　“锁眼”系列 KH－11“KENNEN”卫星

在空中，多国部队按高、中、低空分层部署了美国 U－2R、TR－1A 、RC－135B、RF－4B/C等战略战术情报侦察飞机，RV－1D 固定翼侦察飞机，EH－60A 侦察直升机，“黄蜂”、CL－289

和 CH－124A 无人侦察飞机。这些侦察飞机组成了分层部署、梯次覆盖的空中电子情报侦察网，担负对伊广大地区进行战略情报侦察、战区战术情报侦察和作战效果评价任务，同时把所获取的电子和图像情报与卫星摄取的情报互相印证和相应补充，从而保证了所获取的情报更及时、准确、可靠。

在地面，美国每个陆军师和空降师都配有 AN/TSQ－112、AN/TSQ－114 通信侦察设备和 AN/TSQ－109、AN/MSQ－103A 雷达侦察设备，用于侦收离战区前沿 40 km 纵深地带的电子情报。此外，美国把设在中东地区和地中海的 39 个地面电子侦察站组成一个电子情报收集网，远距离截收伊军的电子和通信情报。

为了全面监视伊拉克的军事行动，多国部队还出动了几十架 E－3A/C 和 E－2C 空中预警机以及 2 架 E－8A“联合监视与目标雷达攻击系统”飞机，战前每天有 2 架升空严密监视伊军的军事活动。多国部队通过 5 个多月的侦察活动，获取了大量有关伊拉克的军事装备和军事力量配置的信号情报和图像情报，为多国部队实施电子战和其他作战行动创造了先决条件。

(2)多国部队以 C^3I 军事信息系统和精确制导武器为目标实施全面电子进攻。在海湾战争中，多国部队共出动 EF－111A 、EA－6B、EC－130H 和 F－4G 等 100 多架电子战飞机，它们与 1 000 多架攻击机携带的自卫电子战设备和大量的地面电子战系统结合在一起，在科、伊战区形成一个强大的电子攻击力量，对伊拉克的国土防空系统实施集中的、密集的“电子轰炸”。在空袭前约 9 h，美国专门实施了代号为“白雪”的电子战行动，出动了数十架 EF－111A 、EA－6B 和 EC－130H 电子战飞机(见图 1.9)，并结合地面 AN/MLQ－34 等大功率电子干扰系统，对伊拉克纵深的雷达网、通信网进行全面的“电子轰炸”，以窒息伊军的 C^3I系统，致使伊拉克对多国部队的空袭活动和通信往来一无所知，雷达操纵员看不见多国部队的飞机活动情况，甚至伊拉克广播电台短波广播也听不清。

图 1.9　相关电子战飞机：EF－111A(左)、EA－6B(中)、EC－130H(右)

空袭开始后，多国部队的 EA－6B、EF－111A 、EC－130H 和 F－4G 反辐射导弹攻击飞机率先起飞，在 E－3 和 E－2C 空中预警机的协调、指挥下，再次对伊军的预警雷达、引导雷达、制导雷达、炮瞄雷达和伊军通信指挥系统的语音通信、数据传输通信及战场指挥等实施远距支援干扰、近距支援干扰和随队掩护干扰，以及实施“哈姆”反辐射导弹的直接摧毁。多国部队参战飞机都带有大量先进的自卫电子战设备和 ADM－141 空投诱饵。在这样大规模的、综合的电子攻击下，伊军防空体系完全解体，无法组织有力的反击，处处被动挨打。在

此次海湾战争中，为了保证突防飞机隐蔽突防到目标区实施攻击而不被敌方发现，多国部队以 F－117A 隐身战斗轰炸机担任空中首攻任务。在 F－117A 的带领下，大批攻击机群突防到巴格达上空进行大规模的空袭，使伊拉克指挥系统和防空系统立即瘫痪。同时，多国部队还利用高功微波弹头破坏伊拉克防空系统。

从以上多国部队电子战的应用特点可以看出：多国部队投入的电子战兵器种类之多、技术水平之高、作战规模之大和综合协同性之强都是现代战争史上空前未有的，仅就电子战飞机来看，就占作战飞机总数的 10％以上，在空袭作战所出动的飞行架次中，执行电子战任务的约占 20％。这些电子战系统有效地保证了其作战行动的有序进行，在 38 天约 11 万架次的空袭中，飞机的损失率降低到 0.04％以下。因此多国部队在海湾战争中的胜利，实质上是电子战的胜利。

3. 科索沃战争中的电子战

1999 年 3 月 24 日，以美国为首的北约对南联盟发动了大规模空袭轰炸，战争持续了 78 天。这次电子战的特点变化不大，仍然是以战前大规模的电子侦察为先导。在战争爆发前半年，北约就实施了“鹰眼”计划：在空间，动用了包括 2 颗“长曲棍球”雷达成像卫星、3 颗 KH－12 光学侦察卫星以及气象、全球定位系统（Global Position System，GPS）导航和通信等 50 多颗卫星；在空中，使用了“捕食者”无人机、U－2 飞机、P－3 侦察机、“堪培拉”侦察机、RC－135 和 C－160 等飞机；在地面，利用在塞浦路斯、土耳其和意大利的监听站等进行情报收集和分析工作，为实施战时的电子战和精确打击做好准备。

空袭开始前，11 架 EA－6B 电子干扰飞机携带 AGM－11 反辐射导弹对南联盟军队实施远程压制性干扰，使其雷达致盲，通信中断，造成指挥困难。战斗中，北约持续使用了 EA－6B 电子干扰飞机和 EC－130H 通信干扰飞机进行支援干扰，掩护作战飞机顺利完成任务。

由于南联盟具有一定的电子对抗的能力，所以，在这次战争中也暴露了北约在电子战方面准备仍有不足之处，这突出地表现在 F－117 飞机被击落一事上。F－117 飞机被击落前，负责保护它的 RC－135 飞机正在加油，未向 F－117 飞机及时告警，而且通常应该对 F－117 飞机实施掩护的电子战飞机 EA－6B 也未能提供有效的保护。这次战争中暴露出的不足为 2003 年以美国为首的联军对伊拉克战争提供了改进的思路。

这次电子战另一个重要的特点是南联盟以弱小的实力进行了有效的电子对抗，从而最大限度地保存了自己的有生力量。南联盟针对北约强大的情报侦察能力，主要利用“藏”和“伪装”的方法对武器装备进行隐蔽。例如：将坦克隐蔽在树林中，利用树叶的绝热特性躲避热成像探测；利用苏联的伪装网覆盖武器装备，在坦克附近燃放油灯迷惑“锁眼”卫星的侦察；将军用飞机隐藏在民航飞机的阴影下，制作安放了大量假目标，隐“真”示“假”，适时投放箔条等无源干扰物，将来袭的导弹或精确制导炸弹诱离预订目标或使其制导系统失灵；实行无线电静默，雷达和通信设备很少开机，即使开机，也严格控制开机时间，尽量不使用固定雷达站和导弹发射站，充分利用光学观测手段、活动雷达等构成战场信息链，更多地使用有线

通信,防止被侦察和被干扰。

纵观电子战 100 多年来的发展历程,可以用图 1.10 大致地表示电子战从诞生,由传统电子对抗走向信息时代电子对抗所经历的发展历程。

综上所述,通过电子战发展史的回顾和电子战理论的新发展不难看出,军事电子技术与现代军事手段紧紧地融合在一起,使得军事电子技术成为直接影响武器系统乃至整个军事系统整体综合作战能力的关键因素,一旦先进的电子技术装备遭到破坏,军队的战斗力就会立刻被削弱。因此,围绕着电子技术的应用与反应用而展开的电子战,便成为一种崭新的作战样式出现在陆、海、空、天各个战场上,并涉及参战的诸兵种以及几乎所有的军事领域。在现代化战争中,尤其是高科技局部战争中,电子对抗将对战争的进程起到决定性的影响。如果没有先进的电子对抗装备,就会丧失制电磁权,没有制电磁权,就没有制空权,进而失去战场的主动权。因此,在现代化战场上"制电磁权"是夺取战争主动权的先决条件,是赢得战争胜负的关键要素,也是现代战场上军事行动的最大特点。

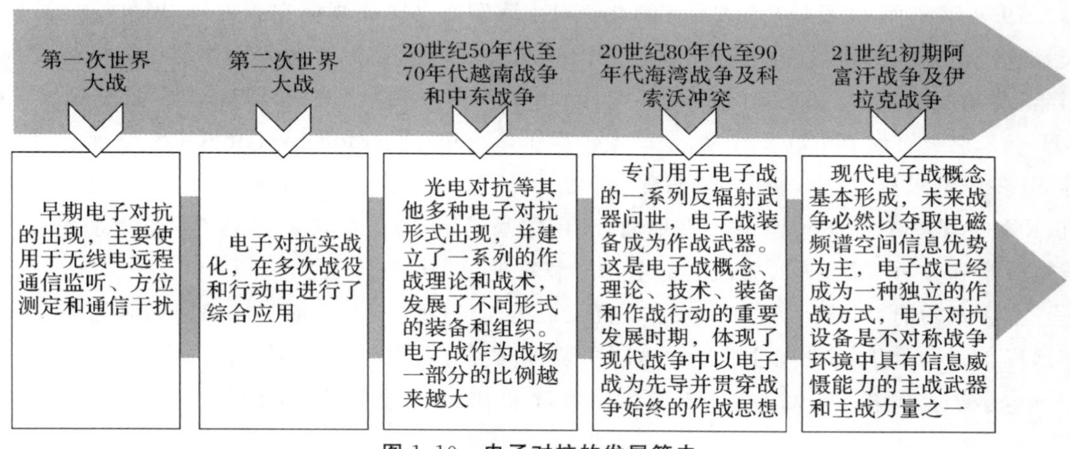

图 1.10　**电子对抗的发展简史**

1.3　航空电子对抗的概念及其在战争中的地位和作用

航空电子对抗是电子对抗的重要组成,它在电子对抗的发展史上一直占据着主要地位。

航空电子对抗主要包括专用侦察飞机、远距离支援干扰飞机、随队支援干扰飞机和作战飞机自带的自卫电子对抗设备。

专用侦察飞机装载各种侦察设备,包括通信、雷达、光电和语音等,其中雷达侦察专门用于截获、分析、记录敌方雷达电磁辐射信号并对目标进行测向、定位。和平时期,它主要收集获取战略性情报和辐射目标的详细信号参数,作为信息储备;战时则主要用于发现目标,向指挥员或攻击部队提供实时的辐射源信息。电子侦察飞机包括有人驾驶和无人驾驶两种。无人驾驶侦察飞机可以进入敌方区域实施侦察。最新的无人驾驶侦察飞机还具备了对战术

目标的打击能力。

远距离支援干扰飞机、随队支援干扰飞机和作战飞机自带的自卫电子对抗设备用于电子对抗进攻和保护空中目标。

远距离支援干扰飞机实施的干扰属于防区外干扰。由于远距离支援干扰飞机所装备的干扰设备功率大、体制全，可同时干扰多种威胁目标，所以在较远距离时，由它来实施干扰，压制敌防空雷达体系。但远距离支援干扰飞机一般使用大型运输类飞机，要求在敌武器系统攻击范围以外活动。一方面，远距离支援干扰信号由于距离远，受功率大小的限制，它只能大幅度压缩被干扰对象的作用距离，而不可能完全破坏它们的工作。另一方面，由于敌雷达会设法跟踪作战飞机，当战斗机群进入敌武器系统攻击范围、脱离远距离支援干扰飞机时，远距离支援干扰信号从雷达旁瓣进入，效果下降，此时主要依靠随队支援干扰飞机实施干扰掩护。

随队支援干扰飞机与作战飞机一起进入作战区域，掩护作战飞机继续突防或作战。当接近或到达作战区域时，随队支援干扰飞机的干扰能力下降，或作战飞机分散行动后不能为每架飞机提供支援，这时，就要依靠作战飞机自带的自卫电子对抗装备了。

当然，如果有一种飞机能同时满足远距离和随队支援的要求，可以只使用这种飞机，这也正是未来的发展方向。

在使用有源干扰时，还可以使用无源器材实施大规模的掩护干扰。其方法是在飞机将要通过的走廊上抛洒大量的箔条丝，利用箔条丝对雷达波的反射特性形成大面积的回波区，造成压制性的干扰，以掩护在此走廊上飞行的飞机（见图 1.11）。受到干扰影响的左半圆环“跳变区”与未受影响的右半圆环平滑形成鲜明对比。右半面三点钟方向的光点是一个实际目标，倘若实际目标在左半圆环区域则意味着它将被干扰掩盖而无法识别。

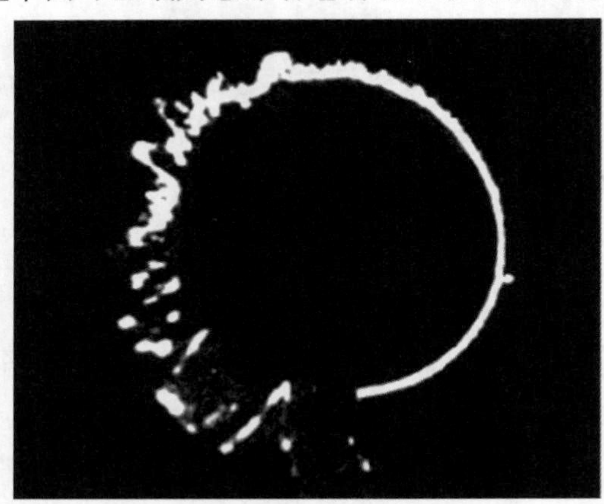

图 1.11　第二次世界大战时期干扰箔条对德军“维茨堡”雷达的干扰效果

作战飞机自带的自卫电子对抗设备是为保护本机安全而设置的，主要包括雷达告警器、导弹逼近告警器、有源干扰系统、箔条/红外弹投放器和机载诱饵。它针对敌方威胁信号源，主要是跟踪雷达和雷达制导导弹的导引头进行威胁告警和施放干扰，干扰功率较小，因此，能保护的目标和距离都有限。然而，它对干扰技术要求高，干扰针对性强，大量采用欺骗式干扰，干扰效果好。

1.3.1 电子对抗在防空作战中的作用

现代防空体系由探测预警、指挥控制和拦截打击3个系统组成。这种防空体系中包括防空预警雷达网、通信网、指挥引导网、防空歼击机群、防空高炮群和地对空干扰群等，由它们组成了多层次、多手段、全方位的一体化防空体系在执行国土防空任务。其中指挥系统是现代防空体系的核心。20世纪多次局部战争的发展，为灵活、快捷和准确地实现指挥控制，并且为站得高、看得远，逐渐将指挥控制系统搬上飞机，形成了以预警机为主体的指挥、控制、通信和信息系统为一体的C^3I系统。

电子对抗与C^3I系统密切配合，起着主动防御的作用：

(1)对敌空袭系统进行干扰，对它的雷达、通信和信息系统进行干扰；

(2)对来袭敌机的通信、导航、告警、敌我识别系统进行干扰；

(3)对低空进入敌机的地形回避雷达进行干扰，迫使它上升高度，有利于我防空火力跟踪打击；

(4)对敌大功率干扰飞机、空中预警机进行无源交叉定位，使用地空干扰机群实施干扰，并引导防空武器进行攻击；

(5)对敌雷达、红外、激光制导导弹(炸弹)进行电子和光电欺骗和伪装；

(6)防空告警；

(7)引导地空、空空反辐射导弹摧毁敌来袭兵器。

1.3.2 电子对抗在空中进攻中的作用

在现代大机群空中进攻作战中已经形成了以电子侦察飞机为基础，预警机为指挥中心，反辐射攻击机为先锋，专用电子战飞机为支持，歼击机为空中掩护，各种攻击和轰炸机为主要打击力量，空中加油机和运输机为重要保障的合成作战编组，构成了一个侦察、预警、指挥、干扰、掩护、保障等一体化空中进攻作战系统，各机种功能互补、相互配合、密切协同、软硬结合，力求重点打击，速战速决。

根据空中进攻作战的不同阶段，运用电子对抗具有下述不同特点。

1. 进攻准备阶段

利用空中、空间、地面、海上的侦察手段，实施长时期、全天候、全频段、全方位的电子侦察和监视，以弄清敌情，便于正确决策。

2. 进攻开始阶段

突防编队面临敌方空地一体的警戒预警威胁，为了隐藏编队的作战意图，一方面用地面大功率干扰机大扇面地干扰敌预警机，另一方面出动专用干扰飞机在战区外(200 km处)盘旋飞行，干扰敌方地面警戒雷达。

3. 空中进攻第二阶段——向敌区飞进阶段

必须利用专用通信干扰机干扰敌方预警机与地面引导站的通信指挥联络。同时，随队

干扰飞机和突防飞机的自卫对抗系统均要对敌方机载火控雷达及空空导弹实施干扰。

4. 空中进攻第三阶段——临近战区及作战阶段

要对付敌方地面火力威胁，主要是地空导弹制导雷达和高炮炮瞄雷达。一方面支援干扰飞机和自卫干扰机实施压制性和欺骗性干扰；另一方面使用反辐射导弹摧毁敌方雷达，保证突防与作战的顺利进行。

1.4 电子对抗信号环境及其特点

在电子对抗的环境中，电子对抗设备所遇到的信号环境异常复杂，归纳起来有下述特点。

1. 辐射源数量多，信号复杂、密度大

由于军事装备电子化程度越来越高，以及要求抗干扰性能提高，使信号密度越来越大，信号越来越复杂。随着无线通信在军用和民用中的普及，通信频段范围内的信号已达到接近饱和程度。据统计，俄罗斯平均每个师拥有各种电台达 4 000 部以上。对雷达来说，自动化兵器的普及，雷达大量使用，使之在战场空间的信号脉冲流量密度大为增加，在 20 世纪 50 年代约 10 万个/s，现已达 100 万个/s 以上；还有信号种类繁多，参数多变。雷达有脉冲多普勒雷达、脉冲雷达、频率捷变雷达、重频跳变雷达等，它们的信号样式、调制方法都不同。现代通信除常规通信外，还出现了跳频通信、扩频通信以及它们相结合的通信，使信号样式异常复杂，增加了电子对抗的难度。

2. 各领域频率范围变宽，信号交叠严重

随着各种技术的不断进步，许多设备的使用已突破了传统电磁频谱划分对它们的限制，产生了大量信号交叠问题；同时，信号频率范围的扩展，给电子对抗设备的兼容带来了很大问题。

3. 信号强度差别很大

从雷达角度来说，各种雷达输出功率及天线增益差别很大，致使电子对抗设备收到的信号强度差别很大，再加上雷达离电子对抗设备的距离差别大，这样造成对抗设备接收到的信号强度变化更大，这个接收信号强度的变化范围通常称为动态范围。目前这种差别可达几万倍甚至到几百万倍，电子对抗设备都必须适应。

1.5 电子对抗作战效能评估简介

1.5.1 电子对抗作战效能评估概述

电子对抗作战效能评估，是利用一切可能的手段定量计算和评估电子对抗武器系统或

电子对抗作战在执行特定作战任务时所能达到预期可能目标的程度。电子对抗作战效能评估一般分为实战评估和实验评估两类。

实战评估是给定的电子对抗系统在战争过程中使用后,对其作用和效果的评价和估计。实验评估使用的是仿真试验方法,包括全实物物理仿真、半实物物理仿真和计算机仿真等几种类型。全实物物理仿真试验就是参加试验的设备,包括试验设备和被试设备都是实际的设备,其逼真性好,但费用昂贵,保密性差;半实物物理仿真的被试设备是实际设备,而试验环境则是由仿真设备用物理方式生成的,其特点是逼真、灵活,可重复性和保密性好,自动化程度高。计算机仿真的特点是试验环境和参试设备的性能和工作机理,都是由数学模型和各种数据表示的,试验过程则是由计算机软件控制的,并通过计算机的演算得到试验结果,灵活廉价,与系统设计密切结合。逼真性取决于模型建立的准确性,其软件设计技术难度大。

电子对抗是高技术条件下现代战争中极为重要的一种作战手段,利用这种作战手段,在战场上能发挥怎样的作用,如何更好地使用电子对抗装备系统,如何更好地安排电子对抗的作战行动,使电子对抗发挥更大的作战效能。这些问题的解决,需要对电子对抗作战效能进行科学深入的分析,揭示其内在规律,以便更好地掌握和驾驭电子对抗这一高技术手段。

对电子对抗作战效能的分析,不能只停留在定性的基础上。战斗力的"倍增器"到底怎样倍增了硬武器的战斗力?倍增了多少?作为"保护器"到底怎样保护了己方的武器系统和战斗人员?毁伤降低了多少?这是从事电子对抗作战、教育、训练、科研、决策的人员必须深入进行研究、认真给以回答的问题。这一问题的解决,需要对电子对抗作战效能进行定量评估。特别重视对电子对抗作战效能的定量评估,还有以下原因。首先,电子对抗是一种新的作战手段,其作战效能研究刚开始,有大量的基础研究工作需要进行。其次,电子对抗是依靠削弱和破坏敌方电子设备的效能来影响敌方硬武器的杀伤效能的,影响敌方 C^3I 系统的正常工作,对战斗过程的影响十分复杂,这使得对电子对抗作战效能进行定量分析来预测其效果变得更加重要。再次,只有在分析了电子对抗作战效能的基础上,才能更深入、更细致、更准确、更科学地探讨电子对抗的作战方法,诸如确定兵力分配、侦察机和干扰机配置、使用时机等一系列战术问题。最后,由于电子对抗装备耗资巨大,保密性强,电子对抗演习常常需要陆、海、空等各军兵种合同进行,这使得建立"电子对抗计算机作战模拟实验室"变得更加重要;而建立电子对抗计算机作战模拟模型的基础,是电子对抗作战效能的定量分析。

1.5.2 电子对抗作战效能评估的途径

衡量作战效能的最重要的指标是毁伤敌方人员、武器系统、重要目标的毁伤数目和我方人员、武器系统、重要目标的毁伤数目。

要把电子对抗同作战毁伤挂起钩来,中间要经过两个环节:①定量分析采取某一电子对抗措施后,敌方电子设备使用效能被削弱、受破坏的程度;②定量分析敌方电子设备使用效能被削弱、受破坏的程度对作战毁伤的影响。

为了避免问题的不确定性,应重点研究前一个问题,即在采取某一电子对抗措施后,评估敌方电子设备的使用效能被削弱、受到破坏的程度。研究这一问题要做以下工作。

(1)建立评定电子对抗作战效能的指标体系,确定衡量敌特定电子设备使用效能被削弱、受破坏的程度的标准。这个标准必须反映电子设备的主要功能,并可以定量计算或测量,它的大小对作战进程和作战毁伤的影响应该是明显的。例如:可以把对敌雷达压制区域和被敌方雷达发现概率、制导精度降低的程度作为雷达对抗的单项效能指标;把电子对抗侦察截获辐射源的百分比、敌雷达被干扰压制的百分比,作为电子对抗的系统效能指标。

(2)给出上述作战效能指标的计算方法和估值方法。有以下几种方法:战场实地检测;在演习或实验时进行实地测量;理论计算电子对抗作战效能指标;利用电子计算机作战模拟方法评估电子对抗作战效能。

比较上述方法,前两种方法所得数据较为可靠,有重要的参考价值。但从战场上得到的数据毕竟有限,有时条件也不具有普遍性。实验室测的方法耗资巨大,也不能经常使用。因此,后两种方法,尤其是电子对抗计算机作战模拟,是研究电子对抗作战效能的多快好省的办法,为世界各军事强国所重视并普遍采用。海湾战争中,美军空前广泛、深入地将作战模拟应用于实践,取得了巨大的成功。当前,结合世界上发生的高技术条件下局部战争的经验和我军现有或即将有的装备,以热点地区可能发生的局部战争为背景,有计划地建立一批电子对抗作战模拟模型,如空战和防空作战中的电子对抗模型、海战中的电子对抗模型、炮战中的电子对抗模型、通信对抗模型、雷达对抗模型和 C^4I 对抗模型等,是我军电子对抗军事学术研究的重要课题。要建立一个合理的电子对抗模型,应该积累一定的实战资料和实验数据,应该建立一整套电子对抗作战效能的定量计算方法,这是电子对抗计算机作战模拟的基础。

1.6　电子对抗的发展前景

20 世纪末以来,信息技术的飞速发展引发了全球范围内的信息技术革命,其影响已渗透到军事领域,武器系统将向信息化发展,信息化武器将大量出现,新军事革命一触即发。

武器系统信息化是指利用信息技术和计算机技术,使预警探测、情报侦察、精确制导、火力打击、作战指挥与控制、通信联络、战场管理等领域的信息采集、融合、处理、传输、显示实现联网化、自动化和实时化。信息化武器系统主要由信息化作战平台、信息化弹药、单兵数字化装备和由通信、指挥、控制、计算机与情报、监视、侦察系统等构成的 C^4ISR 系统组成,C^4ISR 系统是整个信息化武器系统和军队的神经和大脑,可使指挥人员实时全面了解任何地点发生的事件,作战人员能随时知道自己的位置,能与任何地点的上级保持联系,能为精确制导武器实时提供目标信息。整个战场上各军兵种的武器系统、作战平台、保障装备将联为一体,使战区内的火力单位和作战单位紧密配合,协调行动。

信息化武器系统的发展,把战场连成一个整体,使得作战双方的对抗首先围绕着信息的收集、处理、分发、防护而进行,作战的核心将变成信息战。

信息对抗是近年出现的、比电子对抗含义更广的一个新名词,它包括传统的电子对抗、计算机网络对抗、信息控制、指挥自动化的控制与反控制等,它将传统电子对抗在电磁领域斗争的概念扩展到了整个电子信息领域,将促进电子战向信息战发展,战争的面貌将发生很

大的变化。

近年来，几次大规模的计算机网络攻击与反攻击均与军事斗争相关，从公开的角度看，可以认为是信息对抗通过民间方式在计算机网络上的一种演习。

1999 年在北约空袭南联盟时，北约成员国的计算机网络受到了全世界范围内的黑客攻击，很多站点包括政府网站都被黑客攻破，或使网站无法工作，或更换了网页内容，极大地影响了网络的使用。2001 年 5 月 1 日前后，中、美两国计算机黑客围绕中美撞机事件爆发了大规模的计算机网络攻击，使双方包括大量政府网站在内的网络受到影响，甚至一度瘫痪，造成的影响非常大。这些事件在很大程度上提高了各国对信息领域对抗的重视。

随着依靠 GPS 进行精确制导武器的大量使用，军事上对 GPS 的应用和开发也越来越广泛。

针对这种发展趋势，美国提出了“导航战”的概念，它是针对 GPS 在未来军事应用中可能遭遇的对抗局面而展开的有关技术及技术措施的研究，其内涵主要包括：绝不允许用高精度的 GPS 导航来对付自己的部队或国家利益。保证民间采用 GPS 时受到的损害最小，保证战场上的友邻部队能接收同一系统。“导航战”是继“信息战”之后电磁领域斗争内的又一新概念。

总之，电子对抗的发展趋势是随着技术的进步和应用而不断发展的，电子对抗在空间上将拓展到太空，未来太空领域的电子对抗将越演越烈。电子对抗装备技术将向一体化综合电子对抗系统发展，分布式电子对抗系统的网络化作战使用将极大提高电子对抗系统的综合效能。隐身反隐身斗争和新型无源探测系统也是电子对抗发展的一个重要方向。

第2章　雷达电子侦察

现代导弹武器系统的广泛使用,对飞机等武器平台构成了严重威胁。为了对抗这类威胁,电子支援系统需要对敌方辐射源进行截获、识别、分析和定位,以便提供告警和战场情报信息。电子支援系统所侦察的信号包括雷达、通信、红外辐射等,内容十分广泛。由于篇幅的限制,本章将研究的内容限定在雷达电子支援领域。雷达电子支援即对雷达的电子侦察,它使用射频侦察设备截获敌雷达所辐射的信号,并经过分析、识别、测向和定位,以获得战术、技术情报。雷达电子侦察(简称雷达侦察)是实施电子进攻和电子防护的基础。

2.1　雷达电子侦察概述

2.1.1　雷达侦察的基本内容

雷达侦察并不同于用雷达对目标进行侦察,雷达是利用电磁波反射来探测目标的设备,它首先要发射电磁波照射目标,然后通过接受目标反射回波,处理后获知目标的方位等信息,是主动探测方式,不需要探测对象向外发射电磁波信号。而雷达侦察的目的是侦察敌方雷达有无工作,即自身不发射信号,只是接受正在工作敌雷达反射的信号,处理后确定敌雷达的各项参数甚至具体型号,故若敌方雷达不开机,则雷达侦察是无法接收任何信息的。雷达侦察是通过侦察雷达辐射源,从敌方雷达发射的信号中检测有用的信息,并与其他手段获取的信息综合在一起,为我方指挥机关提供及时、准确、有效的情报和战场信息的侦察方式。

雷达侦察是雷达电子战的一个重要组成部分,也是雷达电子战的基础。其主要作用是情报侦察,获取数据,实时截获敌雷达信号,分析识别对我方造成威胁的雷达类型、数量、威胁性质和威胁等级等有关情报,为作战指挥、实施雷达告警、战术机动、引导干扰机以及引导杀伤武器对敌雷达进行打击等战术行动提供依据。雷达侦察主要有以下几项内容。

1. 截获雷达信号

截获雷达信号是侦察的首要任务。雷达信号的类型包括目标搜索雷达、跟踪照射雷达以及弹上制导设备和无线电引信等辐射的信号。

侦察设备要能截获到雷达信号,必须同时满足以下3个条件:方向对准、频率对准、灵敏度足够高。

由于雷达辐射电磁波是有方向的、断续的，只有当侦察天线指向雷达，同时雷达天线也指向侦察接收机方向时（旁瓣侦察除外），也就是在两个波束相遇的情况下，才有可能截获到雷达信号。侦察天线与雷达天线互相对准的同时，频率上还必须对准。雷达的频率是未知的，分布在 30 MHz～140 GHz 的极其广阔范围内。可以设想在方向上对准的瞬间（几毫秒至几千毫秒）内，侦察接收机的频率要在宽达数万兆赫的频段里瞄准雷达频率，是很不容易的。除方向、频率对准之外，同时还要求侦察设备有足够高的灵敏度，以保证侦察接收机能正常工作。

2. 确定雷达参数

对截获的信号进行分选、测量，确定信号的载波频率（RF）、到达角（AOA）、到达时间（TOA）、脉冲宽度（PW）、脉冲重复频率（PRF）和信号幅度（PA）等。

3. 进行威胁判断

根据截获的信号参数和方向数据，进行威胁判断，确定威胁性质，形成各种信号环境文件，存储在数据库和记录设备中，或直接传送到上级指挥机关。

2.1.2 雷达侦察的分类

根据雷达侦察的具体任务，雷达侦察可相应分为以下 5 种类型。

1. 电子情报侦察（ELINT）

“知己知彼，百战百胜”，这是适用于古今中外的普遍真理。电子情报侦察的术语是战略情报侦察，要求能获得广泛、全面、准确的技术和军事情报，为高级决策指挥机关和中心数据库提供各种翔实的数据。电子情报侦察是信息的重要来源，在平时和战时都要进行，主要由侦察卫星、侦察飞机、侦察舰船、地面侦察站等来完成。为了减轻侦察平台的有效载荷，许多 ELINT 设备的信号截获、记录与信号处理是在异地进行的，通过数据通信链联系在一起。为了保证情报的可靠性和准确性，电子情报侦察允许有比较长的信号处理时间。

2. 电子支援侦察（ESM）

电子支援侦察属于战术情报侦察，其任务是为战术指挥员和有关的作战系统提供当前战场上敌方电子装备的准确位置、工作参数及其转移变化等，以便指战员和有关的作战系统采取及时、有效的战斗措施。电子支援侦察一般由作战飞机、舰船和地面机动侦察站担任，对它的特殊要求是快速、及时地对威胁程度高的特定雷达信号优先进行处理。

3. 雷达寻的和告警（RHAW）

雷达寻的和告警（RHAW）用于作战平台（如飞机、舰艇和地面机动部队等）的自身防护。雷达寻的和告警的主要作战对象是对本平台有一定威胁程度的敌方雷达和来袭导弹。RHAW 能连续、实时、可靠地检测出它们的存在、所在方向和威胁程度，并且通过声音或显示等手段向作战人员告警。

4. 引导干扰

所有雷达干扰设备都需要由侦察设备提供威胁雷达的方向、频率、威胁程度等有关参数，以便根据所辖干扰资源的配置和能力，选择合理的干扰对象、最有效的干扰样式和干扰时机。在干扰实施的过程中，也需要由侦察设备不断地监视威胁雷达环境和信号参数的变化，动态地调控干扰样式和干扰参数以及分配和管理干扰资源。

5. 引导杀伤武器

通过对威胁雷达信号环境的侦察和识别，引导反辐射导弹跟踪某一选定的威胁雷达，直接进行攻击。

2.1.3　电子侦察的特点

1. 作用距离远、预警时间长

雷达接收的信号时目标对照射信号的二次反射波，其能量反比于距离的四次方；雷达侦察接收的信号是雷达的直接照射波，其能量反比于距离的二次方。因此，侦察机的作用距离远大于雷达的作用距离，一般在 1.5 倍以上，从而使侦察机可以提供比雷达更长的预警时间。

2. 隐蔽性好

雷达侦察是靠被动地接收外界的辐射信号工作的，因此具有良好的隐蔽性和安全性。

3. 获取的信息多而准

雷达侦察所获取的信息直接来源于雷达的发射信号，受其他环节的“污染”少，信噪比高，因此信息的准确性较高。雷达信号细微特征分析技术，能够分析同型号不同雷达信号特征的微小差异，建立雷达“指纹”库。雷达侦察本身的宽频带、大视场等特点又广开了信息来源，使雷达侦察获得的信息非常丰富。

雷达侦察也有一定的局限性，如情报获取依赖于雷达的发射、单侦察站一般不能准确测距等。因此，完整的情报保障系统需要有源、无源多种技术手段配合，取长补短，才能更有效地发挥作用。

2.1.4　雷达侦察设备的基本组成

典型雷达电子支援（侦察）设备的基本组成如图 2.1 所示。

天线阵覆盖雷达侦察设备的测角范围（Ω_{AOA}），并与测向接收机组成对雷达信号脉冲到达角（θ_{AOA}）的检测和测量系统，实时输出检测范围内每个脉冲的到达角（θ_{AOA}）数据；同时，天线阵还与测频接收机组成对其他脉冲参数的检测和测量系统，实时输出检测范围内每个脉冲的载频（f_{RF}）、到达时间（t_{TOA}）、脉冲宽度（τ_{PW}）、脉冲功率或幅度（A_{p}）数据，有些雷达侦察设备还可以实时检测脉内调制，输出脉内调制数据（F），这些参数组合在一起构成脉冲描述字（PDW），实时交付信号预处理器。

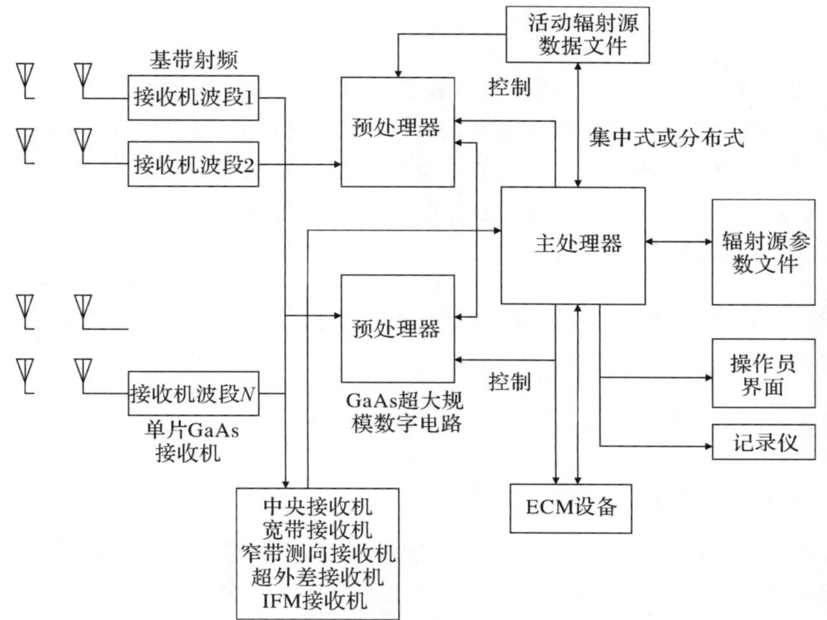

图 2.1 雷达电子支援设备的基本组成

由于天线用来接收雷达信号并测定雷达的方向，所以对天线的主要的要求是：具有宽频带性能；保证所需要的测向精度；能接收多种极化的电波；天线旁瓣尽可能小。因为采用一个天线全部满足这些要求是比较困难的，所以一般都用几个甚至几十个宽频带天线组成天线阵。常采用的宽频带天线有喇叭天线、各式螺旋天线、宽波段振子以及带反射面(如抛物面)的天线等。对测向设备的主要的要求是测向迅速，具有一定测向精度和分辨力。

测频接收机用来方法所接受的雷达信号并测定雷达的工作频率。对测频接收机主要要求是：能覆盖尽可能宽的频率范围；具有快速截获信号的能力；有足够的灵敏度和动态范围；有一定的测频精度等。为了能覆盖全波段，往往采用多部接收机组成一个接收系统。由于对接收机的灵敏度要求不高，可采用直接检波式接收机。但为了增大侦察距离、提高测量参数的精度、进行旁瓣侦察，目前常使用灵敏度较高的超外差式接收机。

信号主处理器是用来选取预处理分类缓存器中的数据，按照已知的先验参数和知识，进一步剔除与雷达特性不匹配的数据，然后对满足要求的数据进行雷达辐射源检测、参数估计、状态识别和威胁判别等，并将结果提交显示、记录、干扰控制设备及其他设备。

操作员界面主要指显示器，用来指示雷达的频率、方位和信号参数。显示器的形式有音响显示、灯光显示、指针显示、示波管显示和数字显示灯。指示灯和扬声器一般用来报警和粗略指示雷达的频率和方位；示波管和数字显示可以精确地显示出雷达的频率、方位和其他参数。

记录器用来存储和记录所接收到的信号的参数，供以后分析使用。

存储与记录的方法包括磁带记录、拍摄记录、数字式打印记录、数字存储等。

在侦察卫星、无人驾驶飞机或投掷式自动侦察站等无人管理的侦察设备中，通常还需要有数据传输设备，以便将侦察到的数据传送出去。

2.1.5　雷达信号环境及其对侦察系统的要求

雷达侦察系统是指对雷达辐射源进行电子侦察的设备或系统，它所要处理的对象是雷达发射出的电磁波信号，因此要设计一个令人满意的雷达侦察系统，必须了解战场上可能遇到的雷达信号情况。人们把侦察系统所在空间的雷达信号总和称为雷达信号环境。在实际世界里，侦察系统周围的雷达往往不止一部，可能有几十、几百部，因此，雷达信号环境就包括了这些可能被接收到的所有雷达信号。

雷达信号占用的典型频段是从 500 MHz～18 GHz，毫米波雷达的工作频率达到40 GHz甚至更高，雷达侦察系统事先不能确认知道哪些雷达将要工作，也不可能知道这些雷达发出信号的频率。实际上，雷达侦察系统很重要的任务之一就是截获雷达信号，测量出信号的频率。因此就频率上来说，一部雷达往往工作在某一个频率上，或者某个很有限的频率范围内，通常限制在中心工作频率的 10%范围内。例如中心频率是 5 GHz 的雷达，工作频率范围一般在 4.75～5.25 GHz 范围内。而侦察系统要侦察各种类型的雷达，就需要能工作在雷达信号可能存在的所有频率上，就是说需要有极宽的工作频率范围。有许多支援侦察系统就具有从 500 MHz～18 GHz，或从 100 MHz～40 GHz 的工作频率范围。雷达侦察的宽频带特点与雷达设备有着极大的差别。

在方向性上，雷达可能处在侦察系统的任何一个方向上，如果希望侦察系统反应迅速，能够抓住一闪即逝的雷达信号，就要求它具有侦察的全方向性。

人们把当前的雷达信号环境特点概括为密集的、复杂的和多变的。

在现代战争中，许多武器系统都和雷达相联系，可以说在作战的海、陆、空各个层面和各个作战环境，都离不开雷达。这种状况使参与作战的雷达数目越来越多，因此雷达信号环境的密集性首先反映在雷达的数目上。曾经有文献对 20 世纪 70 年代末华约和北约对峙地区的情况做了这样的估计：在 1 000 km^2 的范围内，各种雷达的数目可以达到 129 部。因此现代先进的雷达侦察系统需要具有对付 100 部以上，甚至 500 部以上雷达的能力。

雷达的数目从一定程度上反映了信号环境的密度特点。反映密集程度的更直接的指标是每秒有多少雷达脉冲，称为脉冲密度。在 4 万英尺①高空，侦察接收机在 20 世纪 70 年代可能接收到的雷达脉冲密度达到每秒 40 万个，80 年代达到每秒 100 万个，90 年代大概每秒 100 万～1 000 万个之间。雷达信号环境的高密度和高增长趋势，要求侦察系统具备快速测量与处理信号的能力。现代支援侦察系统都已具备在每秒 100 万脉冲的信号环境下工作的能力。

雷达信号环境的复杂性表现在两个方面。首先在多雷达的环境条件下，各雷达发射的脉冲在时间上交叠在一起，如图 2.2 所示。图中假设有三部雷达照射在侦察设备上，每一部雷达的脉冲序列都是有规律的。但是像图中最下面的脉冲序列表现的那样，当三部雷达的脉冲各自按时间顺序到达侦察接收设备，它们的脉冲看起来杂乱无章地排列在一起，不可能从时间顺序上直接把某一部雷达的脉冲挑选出来。因此侦察系统必须具有很强的信号处理

① 1 英尺＝0.304 8 m。

功能，把交叠的雷达脉冲分离开来。

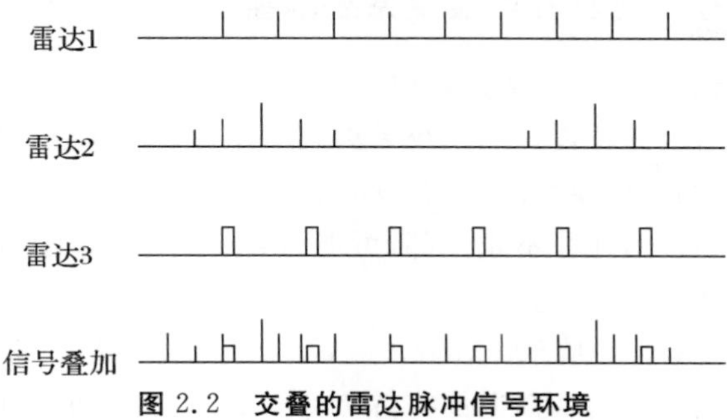

图 2.2　交叠的雷达脉冲信号环境

信号环境的复杂性还表现在雷达信号的形式是多种多样的。有的雷达具有最典型的周期脉冲形式，习惯上称为常规雷达；有的雷达的波形是特殊的，例如脉冲压缩雷达在一个脉冲内部引入了频率或相位的调制；有的雷达在脉冲重复周期上不是简单的单周期，例如 3 种重复周期、重复出现的重频三参差信号等。

同时，雷达信号的形式或者参数还是可以变化的。从工作频率上看，存在频率捷变或调频等不同形式，其中频率捷变信号的载频可以随机调变，每个脉冲都不一样；雷达的脉冲重复间隔也是可以变化的，例如称为重频抖动的信号那样。这些复杂而多变的信号样式，有些是为保证雷达自身性能而设计的，有些则是为了反侦察的需要特意设计的。军用雷达不止有一个工作参数，这些参数可能根据作战的需要而更换。那些保密的作战参数在平时是不使用的，从而使对手无法从平时的电子情报侦察中获得。

雷达信号环境的密集、复杂和多变特性，随着雷达技术的发展和电子战双方对抗的激烈程度加剧越来越突出，给侦察系统完成分析和识别任务增加了极大的难度。

2.1.6　雷达侦察的基本原理

1. 雷达侦察系统的基本组成及截获条件

任何接收无线电信号的电子设备，如收音机、电视机、移动电话等，都少不了天线和接收机作为最基本的组成部分。侦察系统要截获雷达辐射的电磁波信号，同样也离不开天线和接收机。天线收集空间的电磁波信号能量，馈送到接收机，微弱的信号经过接收机的加工，成为可供进一步分析和处理的形式。在接收机之后，一般都接有信号处理器以及信息输出设备，来完成分析、识别和信息显示、声光告警等功能。因此雷达侦察系统的最基本组成包括天线、接收机、信号处理器和信息输出设备四个基本部分。

侦察系统发现雷达的能力常常被专称为信号截获能力，或简称为截获能力。实现截获的先决条件是天线和接收机通道对于要截获的雷达信号必须是畅通的。侦察天线决定了系统的空间方向性，它必须保证沿雷达所在的方向上具有足够的增益。接收机则要满足对雷达信号频率上的畅通，也就是在要侦察的频率范围内提供足够的灵敏度。频率上畅通的这个要求对于天线同样是重要的，因为任何天线的方向性只是在一定的频率范围内才能得到保证，不同频段上工作的天线需要不同的设计。方向和频率上信号通道的畅通，在时间上还

必须与雷达脉冲的到达时间相吻合，才能捕捉到雷达发出的短暂脉冲。当然，经过天线和接收机通道之后，信号得到了放大和处理，它的强度要达到一定的要求，才能被发现。通道畅通的程度也就是截获能力，常常用截获概率来定量描述。如果通道总是畅通的，我们说这个系统具有 100%的截获概率。如果通道只是在某些条件下才畅通，这个条件出现的概率就反映了侦察系统的截获概率。例如，侦察系统在侦察很远距离上的雷达时，它的天线如果是有方向性的，只有当侦察系统的主波束对准雷达时，信号才能被截获，那么这个侦察系统在方向上的信号截获概率等于主波束朝向雷达的机会与朝向所有其他方向的机会之比。

接收机检测到雷达脉冲信号并不意味着对这部雷达的发现。只有当信号处理器从交叠的脉冲信号流中分离出这部雷达的脉冲，经过分析才能确认这部雷达的存在。因此侦察系统对辐射源的发现能力也取决于处理器的分析处理能力。

概括起来说，对雷达截获条件是：在信号出现的时候，保证侦察系统在方向和频率上畅通，接受的信号强度足够，并且分析处理准确。

2. 雷达侦察具有的距离优势

侦察系统发现雷达，总有一个距离的限制。和电视机离电视台越远，收到的信号越弱，远到一定距离甚至完全收看不到的道理一样。侦察系统能够在多远的距离上发现雷达，既取决于侦察系统本身对信号接收的灵敏程度，也取决于所要侦察的雷达信号功率。在图2.3所画出的侦察系统和雷达的关系中，雷达向侦察系统方向辐射的信号功率是雷达发射机峰值功率 P_t 和雷达天线在侦察系统方向上的增益 G_t 的乘积，显然 P_t 和 G_t 越大，这部雷达可能被发现的距离就越远。雷达的辐射功率中，只有极小的一部分被侦察天线收集起来，收集的多少，取决于侦察天线尺寸相对于波长 λ 的大小，这个收集能力还可以用侦察天线的增益 G_r 来表示。侦察天线的增益 G_r 越大，收集的信号能量越多，发现距离也会越远。影响发现距离的又一个因素是侦察接收机的灵敏度，也就是输出的信号刚好够提供信号发现时接收机输入端需要的信号功率，记为 P_s，那么侦察系统的发现距离 R 可以用公式表示为

$$R=\sqrt{\frac{P_t G_t G_r \lambda^2}{(4\pi)^2 P_s}} \tag{2-1-1}$$

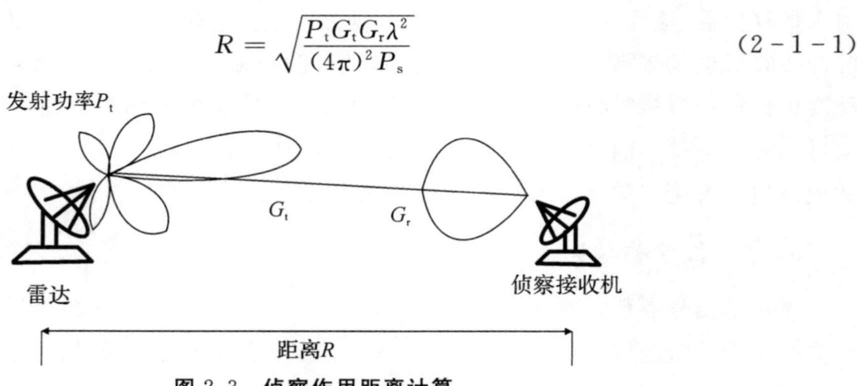

图 2.3　侦察作用距离计算

如果侦察接收系统安装在一架飞机上，当它和一部地面警戒雷达相对从远距离接近时，是雷达可能先发现飞机，还是侦察接收系统现发现雷达呢？也就是雷达和侦察系统谁的发现距离更远呢？要回答这个问题，首先要明确一个事实，雷达发现目标和侦察系统发现雷

达，利用的电磁能量都来源于一处，就是雷达发射的电磁波。雷达发现目标的时候，电磁波从雷达传播到目标，经目标反射，又从目标回到雷达接收机，经过了双倍的路程；而对侦察系统来说，电磁波从雷达辐射出来，到达侦察系统就被接收了，只经过了一个单程路径。电磁波在传播过程中，随着距离增大，成二次方地减弱。由于雷达发现目标要比侦察多经过一倍的路程，所以电磁波能量减弱的程度就要严重得多，使得雷达的作用距离一般要比侦察的近许多。因此前面这个问题的答案是侦察系统一般要比雷达先发现对方。

这种现象其实在日常生活中也能遇到。例如在空旷郊野的夜晚，你能在很远的地方看到一盏发亮的灯光。但是，站在灯下的人，借助于灯光的照射，却很难看清远处的物体，眼前常常是黑蒙蒙的一片。这也是因为要借助灯光看物体时，照射出去的灯光经物体反射，返回观察者进入眼睛，经历了一个双程的缘故。

考虑由侦察接收机截获雷达旁瓣信号的情况，如果雷达的天线增益为 1 000，对 5 m^2 雷达截面积目标的探测距离是 100 km，而侦察接收机采用全方向的天线，增益是 1，接收机灵敏度比雷达接收机低 1 000 倍，那么可以计算出侦察接收机发现雷达的距离是 501 km，也就是说侦察距离是雷达探测距离的 5 倍。

侦察系统在发现距离上的这个好处称为雷达侦察的作用距离优势。作用距离优势不但使雷达侦察比雷达提供更早的预警时间，而且提高了侦察系统对雷达的发现机会。一部搜索雷达，天线在旋转的过程中正对着侦察设备的时间是很短的，当天线指向别处的时候，尽管从天线旁瓣辐射来的信号很弱，但由于单程侦察具有距离优势，在很多情况下也能被侦察设备接收到，从而可以在雷达工作的绝大部分时间里连续监视它。

作用距离优势原理还在很大程度上影响着侦察设备天线和接收机的设计。我们平时看到，预警雷达都有一个非常大的天线，使我们提到雷达就联想到那巨大的天线。巨大天线的作用是为了把辐射能量都集中到观测的方向上，起到提高天线增益、增大探测距离的作用。但是，侦察系统有明显的距离优势，就使它可以采用小得多的天线，不需要在某一方向特别增大接收增益，这样既可以全方向接收实现方向上的全敞开，又减小了天线的尺寸。侦察系统的接收机也没有雷达接收机那么高的灵敏度，一般要相差 1 000 倍。不要求特别高的灵敏度也使得侦察接收机可以设计成宽频带的形式，在很宽的频率范围内都保持通道畅通，从而可以对不同频率的雷达信号具有高的截获概率。实际上，正是由于作用距离优势的特点才使得侦察系统在频率和方向上全敞开成为可能。

3. 雷达信号参数测量

雷达的信号参数反映了不同雷达的差异。不同型号雷达的信号参数一般是不同的，甚至同一生产厂家的同一种型号的两部雷达，在工作过程中它们的信号参数也是不完全相同的，这给区别各个雷达提供了基本的依据，因此要识别雷达就需要测量出它的信号参数。

现代侦察系统可以做到对每一个雷达脉冲都测量出这个脉冲的空间到达方向、频率以及其他波形参数，如脉冲到达的时间、脉冲宽度和脉冲的幅度。这些典型的脉冲波形参数的含义见图 2.4，其中脉冲到达时间是从某个时间起点到这个脉冲前沿的时间。

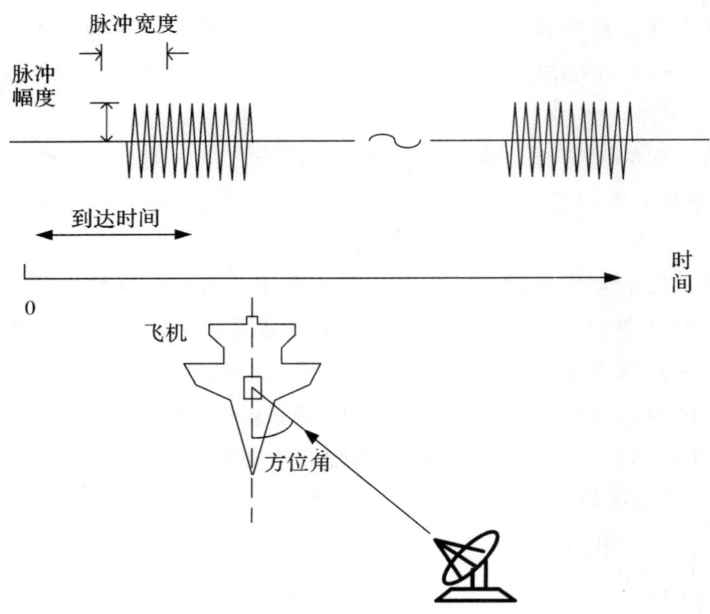

图 2.4　雷达信号的侦察参数

测量脉冲内信号的发射频率需要通过专门的测频装置来完成。通常，测频装置就是侦察接收机的核心部件，它同时也起着发现信号的作用，所以常常把它叫作测频接收机。反映测频接收机测量能力的主要指标有测频精度、测频范围和瞬时带宽等。测频范围是指接收机能够完成测量任务的总的频率范围。一般，为了适应对各种频率雷达的侦察任务，接收机的测频范围通常很宽，有时宽带接收器件很难设计和制作，于是就用几个不同频率覆盖范围的接收前端拼接起来。许多现代雷达侦察接收机的测频范围扩展到了整个雷达频段，例如 2～18 GHz，更宽的甚至可以达到 0.5～40 GHz。但是，测频范围和接收机瞬时带宽不是一回事。不少接收机在某一个时间上，它允许信号通过的频率范围是有限的，于是只能测量这么宽的测频范围中的一段频率。例如，只能测其中的 1 GHz 带宽内信号的频率，这个带宽就是瞬时带宽。接收机在每个时刻，只对这个带宽内的信号是真正畅通的，那么为了截获并测量出所有在测频范围内的信号频率，接收机常常采取频率搜索的方法，使接收机瞬时带宽在整个测频范围内上下搜索滑动，如图 2.5 所示。

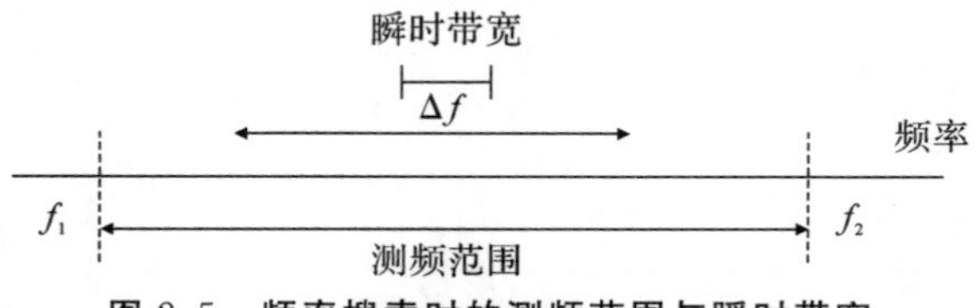

图 2.5　频率搜索时的测频范围与瞬时带宽

在测频接收机中，常常出现这样的矛盾，要想测频精度高，瞬时带宽就难做得宽。如果采用频率搜索方法覆盖全频段，接收机就做不到任意时刻全频段内的信号全部进入接收机，那么对某个信号的截获机会就下降了。反之，为了提高截获能力而加大瞬时带宽，又可能降

低测频精度。这也就是精确测量频率和高截获概率的矛盾。为了解决这个矛盾,现代的测频接收机采用了很多新颖的思想和先进技术,研制出许多种类型的测频接收机,以适应不同的应用需要。

对信号到达方向的测量也是侦察系统重要的任务之一。测量方向角需要专门的测向装置,而且总是和侦察天线的技术密不可分。和测频相似,测向也存在着瞬时视场宽度和测向精度的矛盾。

对雷达脉冲波形的测量相对比较简单。它要在接收机对射频信号进行了检波处理之后才能进行。检波器是把雷达发射的射频脉冲的轮廓提取出来。这个轮廓称为包络。由于包络信号可以通过显示器直接观察到,所以这个信号又叫视频信号。图 2.6 画出了侦察接收机测量波形参数的原理,用数字时钟就能很方便地测出视频脉冲的前沿时间,作为脉冲的到达时间,测出脉冲的前沿和后沿之间的时间间隔作为脉冲的宽度。脉冲的电压幅度高低则用模拟/数字(A/D)变换器来测量,得到幅度的数字读数。

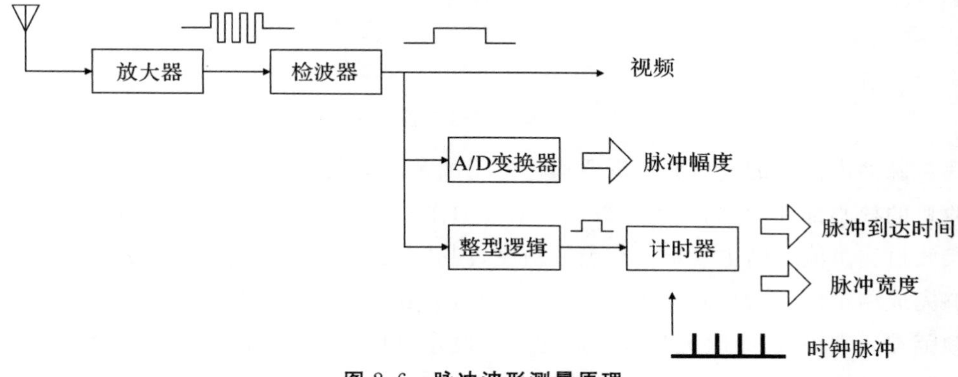

图 2.6　脉冲波形测量原理

先进的侦察系统,可以在一个雷达脉冲之后,如同图 2.7 所表明的时间关系那样,立即把关于频率、方向角、到达时间、脉冲宽度和脉冲幅度的所有测量数据得到。把这些数据组合成计算机能够认识的代码,叫作脉冲描述字。当然这个描述字由于包含多个数据,可能要用 80～100 位的二进制代码来表示,所以实际上将占用好几个真实的计算机字。

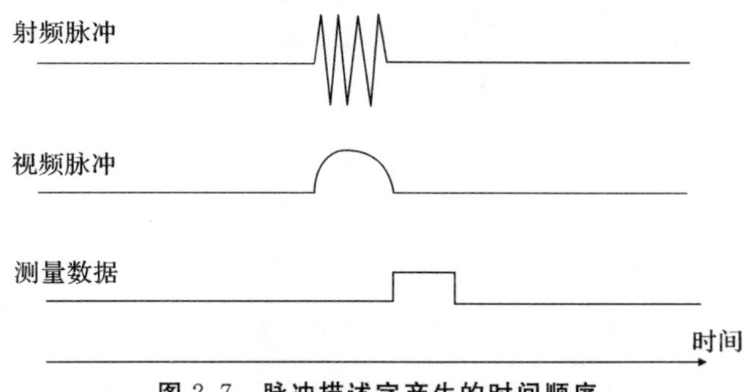

图 2.7　脉冲描述字产生的时间顺序

有了脉冲描述字,一串真实的雷达电磁脉冲就完全由相应的脉冲描述字组成的数据流表示了。它成为侦察信号处理器得以采用计算机技术进一步处理的对象。

4. 侦察信号处理

通过侦察接收机截获到脉冲信号并不意味确切发现了某部雷达，因为电子侦察总是在不确切知道周围电磁环境的境况下进行的，而且总会有不止一部雷达的脉冲进入侦察接收机，那么要完成识别出各个雷达的任务，就不仅要截获到雷达信号、测量出信号的参数，还需要对这些信号进行必要的处理。

侦察信号处理过程一般分成两个步骤进行。第一步是把属于某一部雷达的脉冲从交错混合的输入脉冲信号流中挑选出来，集中在一起。由这些脉冲就能计算出这部雷达重复周期，如图 2.8 所示，这个过程称为信号分选，它处理的对象是接收机送出的脉冲描述字串。信号分选的方法有许多，通常是把具有相同到达方向和相同射频频率的脉冲认作来自于同一部雷达，挑选出来。这需要用计算机来比较脉冲的方向和频率数据是否相同，当信号密度很高时，完成比较运算的计算量是很大的。如果有 200 部雷达，每部雷达平均每秒发射 1 000个脉冲，那么运用通常结构的计算机完成分选比较运算平均需要每秒 16 000 万条指令。这个计算量对于处理计算机的要求太高了。所以为了提高处理能力，往往采用专门的电路来完成分选比较运算。

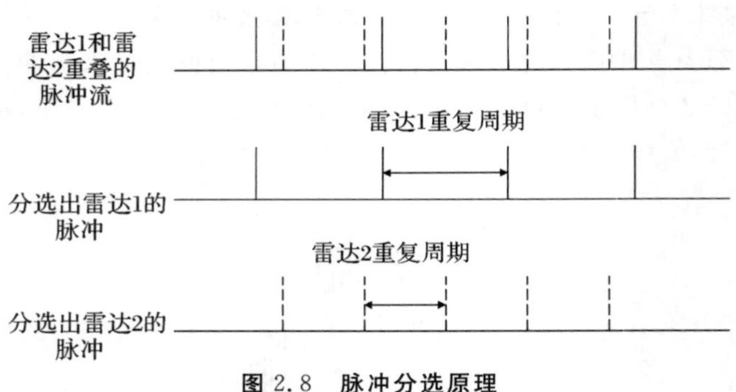

图 2.8　脉冲分选原理

成功分选的结果是对每部感兴趣的雷达，都得到了它的工作参数。接着的第二个处理步骤是识别雷达的类型。在处理计算机中事先建立了一个关于所有雷达型号和参数的数据库，称为威胁数据库。只要把分选出的雷达参数与威胁数据库里的已知雷达数据相比较，就可以识别出雷达的型号。比如，侦察分选得出的某雷达射频频率是 2 902 MHz，脉冲重复频率测出是 1 150 Hz，脉冲宽度是 1.0 μm，那么通过查威胁库，这个数据与 ASR－9 雷达的参数(射频频率 2 900 MHz，脉冲重复频率 1 200 Hz，脉冲宽度 1.05 μm)最相近，并且差异足够小，就可以做出最终的判断，识别出雷达的型号是 ASR－9，为对空警戒雷达。

根据识别出的雷达型号、类型以及雷达的工作状态，下一步判断雷达对我方的威胁程度，并采取相应的对策。例如，识别出雷达的类型是导弹制导雷达，所以对于侦察者来说，预示着地空导弹制导雷达在跟踪目标，并准备或已经发射了导弹，具有很大的威胁性。为了清楚地反映这种情况，侦察信号处理器把雷达的威胁程度分成等级，例如将威胁程度划分成1～10个等级，最高威胁是 10 级。侦察系统在指示出雷达的类型和方位的同时，还给出雷达的威胁等级。在需要的时候，识别的结果还要用来及时控制干扰机施放干扰，或采取其他的

行动。以上是关于识别和威胁判断的一般过程。概括地说,这个过程可以确定雷达的类型、型号、威胁的等级,以及与这雷达相联系的武器系统等许多有价值的信息。

2.2 侦察作用距离

侦察作用距离是指侦察接收机能接收到雷达辐射源辐射信号的最远距离,是衡量雷达侦察设备重要的技术指标。雷达侦察接收机的作用距离用侦察方程来估算。侦察作用距离主要与侦察接收机的灵敏度、被侦察雷达的参数以及电波在传播过程中的多种因素有关。

2.2.1 侦察接收机的灵敏度

雷达侦察系统的灵敏度 P_{rmin}是在满足对所接收的雷达信号正常检测的条件下,雷达侦察接收机输入端的最小输入信号功率。由于被接收的雷达信号大多是脉冲信号,因此,在雷达侦察系统中的灵敏度主要用切线信号灵敏度 P_{TSS}和工作灵敏度 P_{OPS}来表示。

1. 切线信号灵敏度 P_{TSS}和工作灵敏度 P_{OPS}的定义

某一输入脉冲功率电平的作用下,接收机输出端脉冲与噪声叠加后信号的底部与基线噪声(纯接收机内部噪声)的顶部在一条直线上(相切),则称此输入脉冲信号功率为切线信号灵敏度 P_{TSS},如图 2.9 所示。可以证明:当输入信号处于切线电平时,接收机输出端视频信号和噪声的功率比值约为 8 dB。

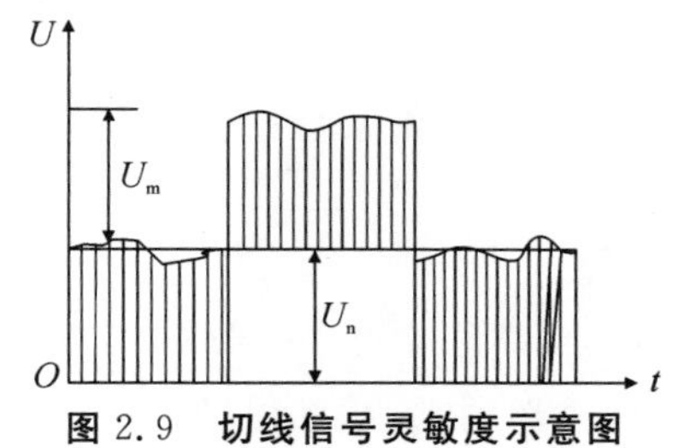

图 2.9 切线信号灵敏度示意图

雷达侦察接收机的工作灵敏度 P_{OPS}是这样定义的:接收机输入端在脉冲信号作用下,其视频输出端信号与噪声的功率比为 14 dB,输入脉冲信号功率即为接收机的工作灵敏度 P_{OPS}。

2. 工作灵敏度的换算

由于切线信号灵敏度的输出信噪比近似为 8 dB,工作灵敏度为 P_{OPS}时的输出信噪比为 14 dB,所以 P_{OPS}可以由 P_{TSS}直接换算得到:

$$P_{ops}=\begin{cases}P_{TSS}+3\ \text{dB}, & \text{平方律检波}\\ P_{TSS}+6\ \text{dB}, & \text{线性检波}\end{cases} \tag{2-2-1}$$

2.2.2 侦察作用距离

距离是衡量雷达侦察系统侦测雷达信号能力的一个重要参数。在现代战争中,谁能先发现对方,谁就掌握了战场的主动权。从原理上分析,侦察接收机接收的是辐射源(雷达)的

直射波，而雷达探测目标接收的是由目标散射形成的回波信号，所以在接收信号能量上，雷达侦察占有优势。但雷达是一个合作系统，具有较多的先验知识，所以在信号处理方面具有明显的优势。因此，对普通雷达来说，保持侦察作用距离大于雷达作用距离是可能的，但对于低截获号信号的雷达却不一定。

1. 简化侦察方程

所谓简化侦察方程是指不考虑传输损耗、大气衰减以及地面或海面反射等因素影响时导出的侦察作用距离方程。

假设侦察接收机和雷达的空间位置如图 2.10 所示，雷达的发射功率为 P_r，天线的增益为 G_t，雷达与侦察接收机之间的距离为 R，当雷达与侦察天线都以最大增益方向互指时，侦察接收天线收到的雷达信号功率为

$$P_r = \frac{P_t G_t A_r}{4\pi R^2} \tag{2-2-2}$$

式中：侦察天线有效面积 A_r 与天线增益 G_r、波长 λ 满足以下关系式：

$$A_r = \frac{G_r \lambda^2}{4\pi} \tag{2-2-3}$$

将其代入式(2-3-3)得

$$P_r = \frac{P_t G_t G_r \lambda^2}{(4\pi R)^2} \tag{2-2-4}$$

若侦察接收机的灵敏度为 $P_{r\min}$，则可求得侦察作用距离 R_r 为

$$R_r = \left[\frac{P_t G_t G_r \lambda^2}{(4\pi)^2 P_{r\min}} \right]^{\frac{1}{2}} \tag{2-2-5}$$

式中：P_t，$P_{r\min}$ 单位相同（一般为 W）；R_r、λ 单位相同（一般为 m）；G_t、G_r 为比值数。

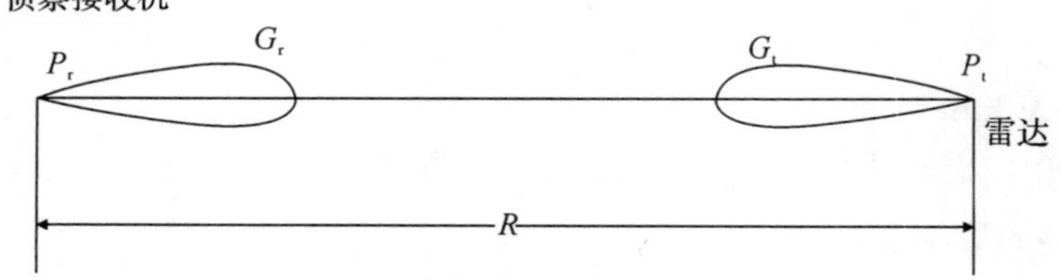

图 2.10　侦察接收机与雷达的空间位置

一般情况下，雷达侦察接收机天线的增益除了要满足侦察方程外，还要满足测向精度、截获概率、截获信号时间等要求，因此往往要根据战术任务要求确定侦察天线的波束宽度。天线的增益与波束宽度之间有如下的经验公式：

$$G_r = \frac{q}{\theta_E \theta_H} = \frac{25\ 000 \sim 40\ 000}{\theta_E \theta_H} \tag{2-2-6}$$

式中：θ_E 和 θ_H 分别为天线的水平和垂直半功率波束宽度。而 q 值的选取则与天线增益有关：对于高增益天线（如雷达天线），q 取小值（25 000～30 000）；而对低增益天线（如侦察接收机天线和干扰机天线的增益一般低于几百），q 取大值（35 000～40 000）。

2. 修正侦察方程

修正侦察方程是指考虑到雷达发出的电磁波经有关馈线和装备时产生损耗的侦察方程。电磁波的主要损耗包括以下几方面。

(1)从雷达发射机到雷达发射天线之间的馈线损耗 $L_1 \approx 3.5$ dB；

(2)雷达发射天线波束非矩形引起的损失 $L_2 \approx 1.6 \sim 2$ dB；

(3)侦察天线波束非矩形引起的损失 $L_3 \approx 1.6 \sim 2$ dB；

(4)侦察天线增益在宽频带内变化所引起的损失 $L_4 \approx 2 \sim 3$ dB；

(5)侦察天线与雷达信号极化失配的损耗 $L_5 \approx 3$ dB；

(6)从侦察天线到侦察接收机输入端的馈线损耗 $L_6 \approx 3$ dB。

总损耗或损失为

$$L = \sum_{i=1}^{6} L_i \approx 14.7 \sim 16.5 \text{ dB}$$

于是，考虑到馈线和实际装置对电磁波的损耗影响时的侦察方程为

$$R_r = \left[\frac{P_t G_t G_r \lambda^2}{(4\pi)^2 P_{r\min} 10^{0.1L}} \right]^{\frac{1}{2}} \tag{2-2-7}$$

3. 侦察的直视距离

由于地球表面的弯曲对电磁波的传播具有遮挡作用，所以侦察接收机与雷达之间的侦察距离还受直视距离的限制，如图 2.11 所示。假设雷达天线和侦察天线的高度分别用 H_a 和 H_t 表示，地球半径用 R 表示，则侦察天线到雷达天线之间的距离为

$$D = \overline{AB} + \overline{BC} \approx \sqrt{2R}(\sqrt{H_a} + \sqrt{H_t}) \tag{2-2-8}$$

考虑到大气层引起电波的折射，使得侦察直视距离得到了延伸。通常，将大气折射对直视距离的影响折算到等效地球半径中考虑，则等效地球半径为 8 490 km，代入式(2-2-8)可得

$$D \approx 4.1(\sqrt{H_a} + \sqrt{H_t}) \tag{2-2-9}$$

式中：D 的单位为 km；H_a 和 H_t 的单位为 m。

对雷达信号的侦察必须同时满足能量和直视距离的要求，所以实际的侦察作用距离 $R_{r'}$ 为二者对应距离的最小值，则有

$$R_{r'} = \min\{R_r, D\} \tag{2-2-10}$$

受到直视距离的限制，即使雷达侦察接收机的作用距离比直视距离大得多，但侦察接收机的实际侦察距离也不会超过 300 km。为了实现超远程或超视距的侦察，目前较为常用的做法是利用卫星进行侦察以及利用电磁波的折射、散射进行侦察。

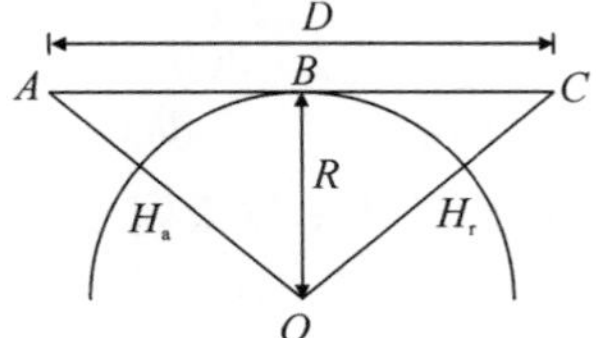

图 2.11　地球曲率对直视距离的影响

4. 地面反射对侦察方程的影响

当雷达或侦察设备附近有反射面(地面或水面)且雷达波束能投射到反射面上时,侦察接收机接收到的信号将是雷达辐射的直射波与反射波的合成。信号的极化方式和反射点反射系数的不同,使得反射波相位在 0°～180°范围内变化,反射波幅度在零到直射波幅度之间变化,结果导致接收合成信号的场强的最小值为零,最大值为不考虑反射(自由空间)时信号场强的 2 倍。

当雷达为水平极化时,若地面发射为镜面反射(见图 2.12),则侦察天线所接收的雷达信号功率密度为

$$S' \approx 4\sin^2\left(2\pi\frac{h_1 h_2}{\lambda R}\right)S \tag{2-2-11}$$

式中:S 为只考虑直射波时侦察天线处的功率密度;h_1、h_2 分别为雷达天线和侦察天线的高度;R 为雷达与侦察设备之间的距离。

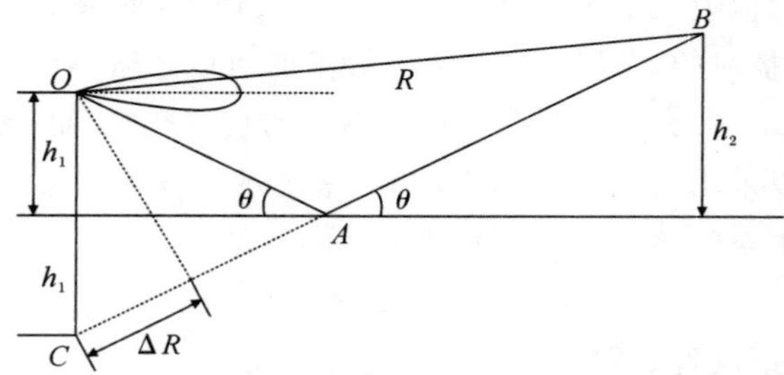

图 2.12　地面镜面反射时的电磁波传输

显然,侦察接收机输入端的信号功率为

$$P_r' = 4\sin^2\left(2\pi\frac{h_1 h_2}{\lambda R}\right)P_r = \frac{P_t G_t G_r \lambda^2}{(4\pi R)^2\, 10^{0.1L}} 4\sin^2\left(2\pi\frac{h_1 h_2}{\lambda R}\right) \tag{2-2-12}$$

侦察作用距离为

$$R_{\max} = \sqrt{\frac{P_t G_t G_r \lambda^2}{(4\pi)^2 P_{r\min} 10^{0.1L}} 4\sin^2\left(2\pi\frac{h_1 h_2}{\lambda R_{\max}}\right)}$$

$$= 2\sin\left(2\pi\frac{h_1 h_2}{\lambda R_{\max}}\right)\sqrt{\frac{P_t G_t G_r \lambda^2}{(4\pi)^2 P_{r\min} 10^{0.1L}}} \tag{2-2-13}$$

比较式(2-2-13)与式(2-2-7)可以看出,当考虑地面反射时,侦察方程乘上了一个修正因子项 $2\sin\left(2\pi\frac{h_1 h_2}{\lambda R_{\max}}\right)$,此时的侦察作用距离 $R_{\max}$ 除了与雷达和侦察接收机参数有关外,还与 h_1、h_2 有关。

当 $2\pi\frac{h_1 h_2}{\lambda R_{\max}} = n\pi(n=0,1,2,\cdots)$ 时,$\sin 2\pi\frac{h_1 h_2}{\lambda R_{\max}} = 0$,$R_{\max} = 0$。

当 $2\pi\frac{h_1 h_2}{\lambda R_{\max}} = n\pi + \frac{\pi}{2}(n=0,1,2,\cdots)$ 时,$\sin 2\pi\frac{h_1 h_2}{\lambda R_{\max}} = 1$,代入式(2-2-13)可以看出,此时侦察作用距离比不考虑地面反射时的侦察作用距离增大一倍。

当 h_1、h_2 较小时,$2\pi\frac{h_1 h_2}{\lambda R_{\max}} \ll 1$,$\sin 2\pi\frac{h_1 h_2}{\lambda R_{\max}} \approx 2\pi\frac{h_1 h_2}{\lambda R_{\max}}$,代入式(2-2-13)可得此时的侦

察方程为

$$R_{\max}=\sqrt[4]{h_1^2 h_2^2 \frac{P_t G_t G_r}{P_{r\min} 10^{0.1L}}} \tag{2-2-14}$$

由方程(2-2-14)可以看出，当 h_1、h_2 较小时，侦察作用距离将迅速减小。

综上所述，地面反射将引起侦察作用距离的变化。由于地面反射系数与地形、频率、入射角和电磁波的极化形式等参数有关，所以同样的地面对于不同类型的雷达的影响也不相同。米波、分米波雷达，由于工作频率低且天线的波束宽度较宽，所以受地面反射影响较大；而厘米波及其更短波长的雷达，由于工作频率高且天线的波束宽度较窄，所以受地面镜面反射的影响较小，一般可以不予考虑。

5. 大气衰减对侦察作用距离的影响

造成电磁波衰减的主要原因是大气中存在着氧气和水蒸气，使得一部分照射到这些气体微粒上的电磁波能量被吸收变成热能消耗掉。一般说来，如果电磁波的波长超过 30 cm 时，电磁波在大气中传播时的能量损耗很小，在计算时可以忽略不计。而当电磁波的波长较短，特别是在 10 cm 以下时，大气对电磁波产生明显的衰减现象，而且波长越短，大气衰减就越严重。大气衰减可以采用衰减因子 δ(dB/km)来表示。考虑到大气衰减时侦察接收机输入端的信号功率与自由空间接收机的信号功率之间满足：

$$10\lg P_r - 10\lg P_r' = \delta R \tag{2-2-15}$$

式中：R 表示雷达与侦察设备之间的距离。

由式(2-2-15)可得：

$$P_r'=10^{-0.1\delta R}P_r=e^{-0.23\delta R}P_r=\frac{P_t G_t G_r \lambda^2}{(4\pi R)^2\,10^{0.1L}}e^{-0.23\delta R} \tag{2-2-16}$$

可得侦察作用距离为

$$R_{\max}=\sqrt{\frac{P_t G_t G_r \lambda^2}{(4\pi)^2 P_{r\min} 10^{0.1L}}e^{-0.23\delta R}}=e^{-0.115\delta R_{\max}}\sqrt{\frac{P_t G_t G_r \lambda^2}{(4\pi)^2 P_{r\min} 10^{0.1L}}} \tag{2-2-17}$$

将式(2-2-17)与式(2-2-7)进行比较可以看出，考虑大气衰减时的侦察作用距离为自由空间的侦察作用距离乘上一个修正因子 $e^{-0.115\delta R_{\max}}$。特别是当 δR 很大时，大气衰减会使侦察作用距离显著减小。

此外，各种气象条件(如云、雨、雾等)也会对电磁波产生衰减，其衰减因子可以从有关手册中查到，计算时可将复杂气象条件下的衰减因子与通常情况下的大气衰减因子一同考虑。

2.2.3 旁瓣侦察作用距离

以上讨论的侦察方程是针对雷达主瓣的，雷达天线的主瓣一般比较窄，而且雷达波束又往往进行扫描，这就使侦察设备发现雷达信号很困难。为了提高侦察设备发现雷达信号的概率、增加接收信号的时间、提高发现目标的速度，可以利用雷达波束的旁瓣进行侦察。

雷达天线的旁瓣电平一般比主瓣的峰值低 20～50 dB，所以对旁瓣进行侦察时要求侦察设备有足够高的灵敏度。利用旁瓣侦察时，侦察方程中雷达天线主瓣增益 G_t，应用旁瓣增

益 G_r' 代替，旁瓣增益则可以用近似公式进行计算。

对于多数雷达天线（如抛物面、喇叭、阵列等），当天线口径尺寸 d 比工作波长大许多倍时，即当 $d/\lambda>(4\sim5)$ 时，天线方向图可近似地表示为

$$F(\theta)=\frac{\sin\left(\frac{\pi d}{\lambda}\theta\right)}{\frac{\pi d}{\lambda}\theta} \tag{2-2-18}$$

式中：θ 表示偏离天线主瓣最大值的角度。则一个平面内天线增益函数可以表示为

$$G(\theta)=G(0)F^2(\theta)=G(0)\left[\frac{\sin\left(\frac{\pi d}{\lambda}\theta\right)}{\frac{\pi d}{\lambda}\theta}\right]^2 \tag{2-2-19}$$

对应于不同角度 θ 的相对增益系数为

$$\frac{G(\theta)}{G(0)}=\left[\frac{\sin\left(\frac{\pi d}{\lambda}\theta\right)}{\frac{\pi d}{\lambda}\theta}\right]^2 \tag{2-2-20}$$

式中：$G(0)$ 为 $\theta=0$ 时的增益，即主瓣增益的最大值。由式(2-2-10)可以看出，当 $\theta=0$ 时，$\frac{G(\theta)}{G(0)}=1$；当 $\frac{\pi d}{\lambda}\theta=n\pi(n=0,1,2,\cdots)$ 时，$\sin\left(\frac{\pi d}{\lambda}\theta\right)=0$，使得 $\frac{G(\theta)}{G(0)}=0$，方向图出现了许多零点，也就形成了许多旁瓣，旁瓣的最大值出现在 $\sin\left(\frac{\pi d}{\lambda}\theta\right)=1$ 处。所以，对应旁瓣最大值时的相对增益系数为

$$\frac{G'(\theta)}{G(0)}=\frac{1}{\left(\frac{\pi d}{\lambda}\theta\right)^2} \tag{2-2-21}$$

对于大多数雷达，其半功率波束宽度与天线口径尺寸及波长应满足：

$$\theta_{0.5}=K\frac{\lambda}{d} \tag{2-2-22}$$

式中：$\theta_{0.5}$ 为天线的半功率宽度；K 为常数，其数值与天线口面场的分布情况有关。口面场分布均匀时 K 值较小，口面场分布不均匀时 K 值较大，一般 K 值在 0.88～1.4 范围内。

将式(2-2-22)代入式(2-2-21)可得

$$\frac{G'(\theta)}{G(0)}=\frac{1}{\left(\frac{\pi K}{\theta_{0.5}}\theta\right)^2}=k'\left(\frac{\theta_{0.5}}{\theta}\right)^2 \tag{2-2-23}$$

式中：$k'=\frac{1}{(\pi K)^2}=0.052\sim0.13$。

在实际使用中，为了保证侦察设备接收的信号基本上连续，应取比旁瓣峰值电平低的增益来进行计算，通常取 $k=(0.7\sim0.8)k'\approx0.04\sim0.10$。旁瓣增益的峰值电平的变化规律如图 2.13 所示。

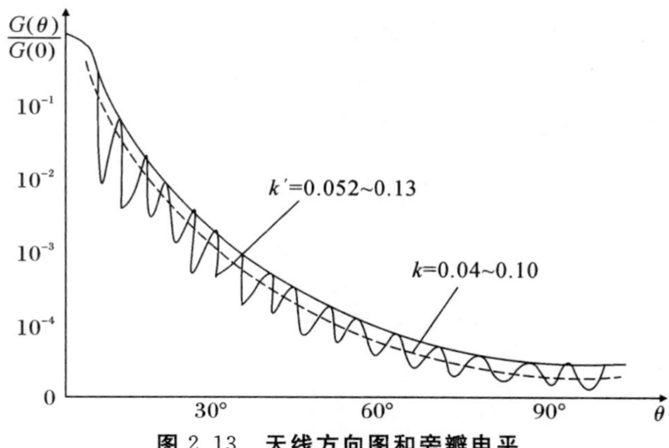

图 2.13　天线方向图和旁瓣电平

通过以上分析可得到旁瓣侦察和干扰时雷达天线增益系数的计算公式为

$$\frac{G'(\theta)}{G(0)}=k'\left(\frac{\theta_{0.5}}{\theta}\right)^2 \tag{2-2-24}$$

显然，天线的旁瓣增益 $G'(\theta)$ 与偏离天线主瓣最大值的角度的二次方 θ^2 成反比。需要说明的是，式(2-2-24)只适用于 $\theta \leqslant (60^\circ \sim 90^\circ)$ 的范围。当 $\theta > (60^\circ \sim 90^\circ)$ 时，旁瓣电平不再与 θ^2 成反比，甚至还有所增高；由于方向图是近似得来的，所以式(2-2-24)不适用于主瓣的计算。

一般厘米波雷达天线的旁瓣电平比主瓣电平低 20～50 dB，即 $\frac{G'(\theta)}{G(0)} \approx 10^{-2} \sim 10^{-5}$，而米波雷达天线旁瓣电平则比主瓣电平低 10～20 dB，即 $\frac{G'(\theta)}{G(0)} \approx 10^{-1} \sim 10^{-2}$。由此可见，对米波雷达进行旁瓣侦察和干扰要比对厘米波雷达容易实现。

当需要计算旁瓣侦察时的侦察作用距离时，应将侦察方程中的雷达天线主瓣增益 G_t 用旁瓣增益 $G'(\theta)$ 来代替。此时的旁瓣侦察方程为

$$R_{\max}=\sqrt{\frac{P_t G_t G_r \lambda^2}{(4\pi)^2 P_{r\min} 10^{0.1L}} \frac{G'(\theta)}{G(0)}}=\sqrt{\frac{P_t G_t G_r \lambda^2}{(4\pi)^2 P_{r\min} 10^{0.1L}} k\left(\frac{\theta_{0.5}}{\theta}\right)^2} \tag{2-2-25}$$

【例题】 某雷达参数如下：$P_t=100$ kW，$G_t=2\ 000$，$\lambda=3$ cm，$\theta_{0.5}=1.5^\circ$，侦察作用距离 $R_{\max}=300$ km，侦察接收机天线增益为 $G_r=700$。如果要求该侦察接收机的侦察范围为 60°(即能对雷达在 $\theta=30^\circ$ 处实施旁瓣侦察)，试求侦察接收机的灵敏度。

【解】 由式(2-2-14)可计算出偏离天线主瓣最大值角度为 30°处的天线增益系数值：

$$\frac{G'(\theta)}{G(0)}=k'\left(\frac{\theta_{0.5}}{\theta}\right)^2=0.08\times\left(\frac{1.5}{30}\right)^2=2\times 10^{-4}$$

将上述计算结果代入式(2-2-15)，并取 $L=15$ dB，可得

$$P_{r\min}=\frac{P_t G_t G_r \lambda^2}{(4\pi)^2 R_{\max}^2 10^{0.1L}} \frac{G'(\theta)}{G(0)}=2.8\times 10^{-7}\times 2\times 10^{-4}=5.6\times 10^{-11}\,(\mathrm{W})$$

由以上计算结果可以看出，对雷达旁瓣侦察时接收机的灵敏度比对主瓣进行侦察时要高得多，所以一般需要采用超外差式接收机。

2.2.4　散射侦察

雷达以强功率向空间发射电磁波遇到目标或不均匀媒质，雷达利用目标散射形成的回波来发现并测定目标的坐标。进行雷达侦察时，侦察接收机除了依靠直接接收对方雷达天线主瓣及旁瓣辐射的直射波来发现雷达信号外，还可以利用目标及不均匀媒质的前向或侧向散射波来发现雷达，实现对雷达的侦察和监视。散射侦察就是通过接收大气对流层、电离层、流星余迹等散射的雷达电磁波实现对雷达的侦察，如图 2.14 所示。采用散射侦察可以实现超视距侦察。

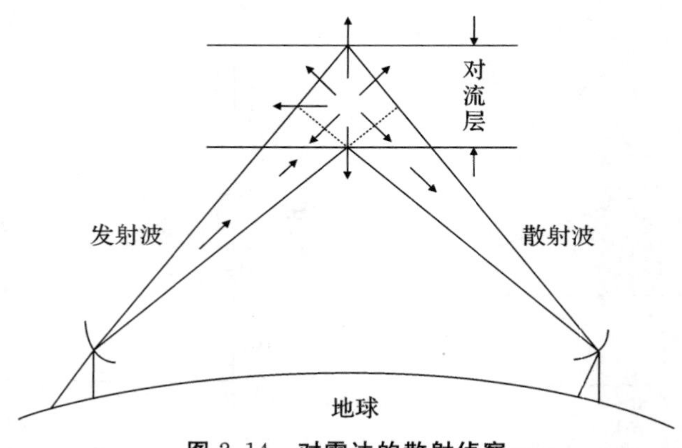

图 2.14　对雷达的散射侦察

可以利用的散射波有对流层、电离层、流星余迹形成的散射波以及由雷达跟踪的导弹、卫星等目标形成的散射波。对流层散射和电离层散射是经常存在的，而流星余迹及导弹、卫星等形成的散射则是季节性的或偶然存在的。利用散射侦察可以实现对某些雷达(例如对洲际导弹发射场的雷达)进行超远距离、长时间的侦察和监视，以获取重要的战略和战术情报，具有重要意义。

通常，对流层散射发生在距地面高度 5～10 km 的大气层，利用对流层散射进行侦察的工作频率为 100～10 000 MHz(波长 3 m～3 cm)，侦察距离可达 500～600 km。电离层散射发生在距地面 60～2 000 km，工作频率为 25～60 MHz。

由于散射侦察接收的是雷达的散射波，所以信号很微弱。通常把散射波相对雷达直射信号减弱程度用散射衰减系数 L 来表征，L 的定义为

$$L = 10\lg\frac{P_r}{P_r'}(\text{dB}) \tag{2-2-26}$$

式中：P_r 表示电磁波在自由空间传播时能直接接收到的信号功率；P_r' 表示电磁波按散射方式传播时能接收到的信号功率。可得散射侦察时的侦察方程为

$$P_r = \frac{P_t G_t G_r \lambda^2}{(4\pi)^2 R^2\ 10^{0.1L}} \times 10^{-0.1L(R)} = \frac{P_t G_t G_r \lambda^2}{(4\pi R)^2\ 10^{0.1L}} \times e^{-0.23L(R)} \tag{2-2-27}$$

$$R_{\max} = \sqrt{\frac{P_t G_t G_r \lambda^2}{(4\pi)^2 P_{r\min} 10^{0.1L}} e^{-0.23L(R)}} \tag{2-2-28}$$

如果同时还考虑到电磁波在传播中的大气衰减，那么侦察方程为

$$R_{\max} = \sqrt{\frac{P_t G_t G_r \lambda^2}{(4\pi)^2 P_{r\min} 10^{0.1L}} e^{-0.23[L(R)+\delta R_{\max}]}} \qquad (2-2-29)$$

对流层散射时信号的衰减比自由空间大 50～100 dB，且随着距离的增加而增加，对流层散射对信号的衰减曲线如图 2.15 所示。该曲线是实验数据综合的结果，对于不同的情况可能引起±5 dB 的误差，但用于侦察作用距离的估算很方便。

电离层散射的衰减系数受频率的影响较大，频率越高，衰减越大，而距离对衰减量的影响较小。经实验得到的衰减曲线如图 2.16 所示。由于电离层散射受频率的限制，只能工作在 25～60 MHz 范围，而雷达很少工作在这个频率范围内，所以，不如对流层散射的实际意义大。

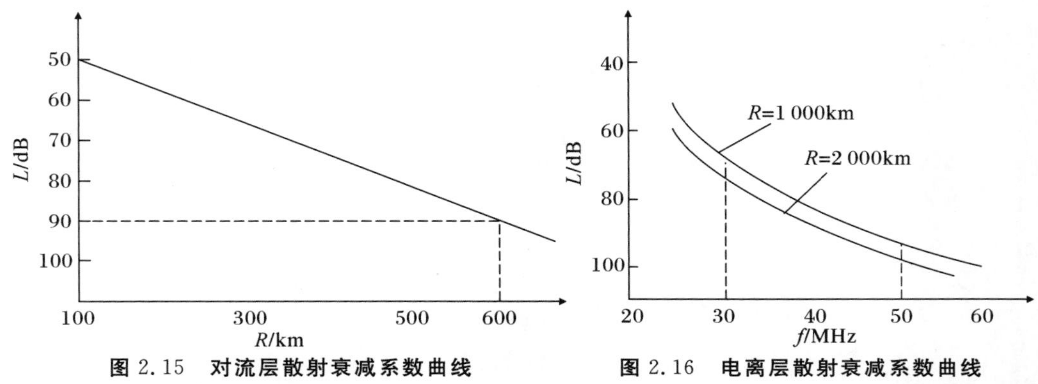

图 2.15 对流层散射衰减系数曲线　　图 2.16 电离层散射衰减系数曲线

【例题】 已知某地面雷达的参数如下：$P_t=100$ kW，$G_t=3\ 000$，$\lambda=10$ cm，侦察接收机天线增益为 $G_r=2\ 000$，如果要求侦察设备利用对流层进行侦察，侦察作用距离 $R_{\max}=300$ km。试求侦察接收机的灵敏度。

【解】 利用图 2.15 可以查出当 $R=600$ km 时，对流层的衰减系数 $L\approx 90$ dB，将其代入式(2-2-27)可得

$$\begin{aligned} P_{r\min} &= \frac{p_t G_t G_r \lambda^2}{(4\pi)^2 R_{\max}^2 10^{0.1L}} e^{-0.23L(R)} \\ &= \frac{10^6 \times 3 \times 10^3 \times 2 \times 10^3 \times 10^{-2}}{(4\pi \times 600 \times 10^3)^2 \times 10^{1.5}} \times e^{-0.23\times 90} \approx 3.3 \times 10^{-4}\,(\mathrm{W}) \end{aligned}$$

可见，要满足散射侦察的要求，必须要用高灵敏度的超外差式接收机，同时还需采用专门的技术措施，以保证对微弱信号的接收。

2.3 对雷达频率的测量原理

一种最简单的侦察接收机称为晶体视频接收机。它可以简单到在一定频段内只由一个晶体检波二极管和视频放大器组成，完成检波的功能，就像最简单的不能选台的收音机，如图 2.17 所示。在这个频段内只要有雷达信号超过一定的强度，即视频放大器输出的信号超过一个规定的电压，就认为发现了雷达信号。

在接收机里，即使没有信号输入，视频输出电压也存在着高低起伏，这是由于晶体检波

管和接收机电路中噪声产生的结果。任何接收机都会有噪声,例如收音机开大音量后听到的“沙沙”声响就是接收机噪声的反映。信号总是和噪声同时存在,接收机放大信号的同时,也放大了噪声,所以不可能通过无限制地提高放大量来达到发现弱信号的目的。既然发现信号要在噪声起伏的条件下进行,所以相对于一定噪声大小,必须对信号的强度有一定要求。

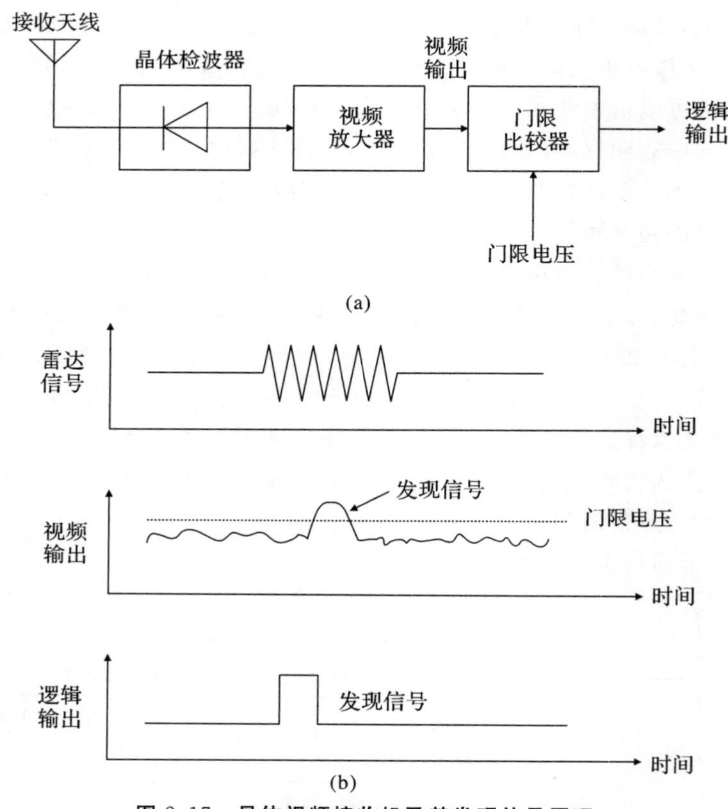

图2.17　晶体视频接收机及其发现信号原理

(a)晶体视频接收机的组成;(b)发现信号波形图

这个要求用信号和噪声功率的比例大小来说明,称为信噪比。实际上,只有接收机输出的信噪比超过某个要求,一般要在6～10倍以上,才能发现信号。

由于放大作用很小,晶体视频接收机灵敏度不高。用于雷达告警的晶体视频接收机灵敏度一般为－40～－50 dBmW,也就是可以发现 $1/10^4 \sim 1/10^5$ mW 的信号。对于地对空导弹的制导雷达,发现距离可以达到20 km。之所以这样简单的接收机也能满足许多侦察任务的要求,是由于侦察作用距离优势原理带来的好处,因此至今它仍被广泛地用于雷达告警接收机之中。

晶体视频接收机可以完成发现信号的任务,但不能测出信号的频率。更多的接收机具有测频的功能,以下将介绍几种测频接收机技术。

1. 搜索超外差接收机

我们日常使用的收音机就是一种超外差接收机。超外差的一般含义是通过接收机把很

高频率的信号搬移到比较低的频率上进行放大。相对于高的信号频率，这个较低的频率习惯上称为中频。之所以要在中频放大，是因为只有在较低的频率上，才能对信号有较好的选择性，并获得足够的放大量。频率搬移是由混频器来完成的，机内本地振荡器(简称本振)产生的本振信号和电台信号在混频器中相互作用，产生频率搬移。搬移后的中频频率 f_I 是本振频率 f_L 和信号频率 f_S 的差，$f_I = f_L - f_S$。中频放大器是选项放大器，只对通频带 Δf 以内的信号进行放大，可以滤除不希望要的信号和通带外的噪声。因此中频放大器对频率的选择作用，就相当于接收机在信号的高频频率上有一个相应的 Δf 宽度的通带。通带在信号频段上的位置就可以由中频和本振频率反推出来，是 $f_S = f_L - f_I$。改变本振频率，就改变了接收机通带的中心频率，可使相应频率的信号进入接收机。调谐接收机时，就是改变本振的频率。当收听到一个电台节目时，就可以从调谐刻度盘上读出电台节目的频率，相当于完成了对电台节目的频率测量。

这样的接收原理当然也能用于对雷达信号频率的测量。但是为了快速截获信号，不能采用人工调谐的方法，而需要自动、连续地改变本振的频率，这种接收机称为搜索超外差接收机，其组成和工作原理如图 2.18 所示。图中，中频带宽 Δf 是 1 MHz，中频频率 f_I 是 50 MHz。让本振频率从 2 050～2 550 MHz 的范围内快速地变化到 500 MHz，就相当于由一个 1 MHz 宽度的选择通带在 2 000～2 500 MHz 的范围内搜索扫过，只要在搜索过程中有雷达信号出现，进入接收机通带，例如信号 1，就能根据输出信号出现的时刻推算出信号的频率。把信号按出现的时间顺序显示出来，就能直接读出频率了。把信号按出现时间的顺序显示出来，就能直接读出频率了。

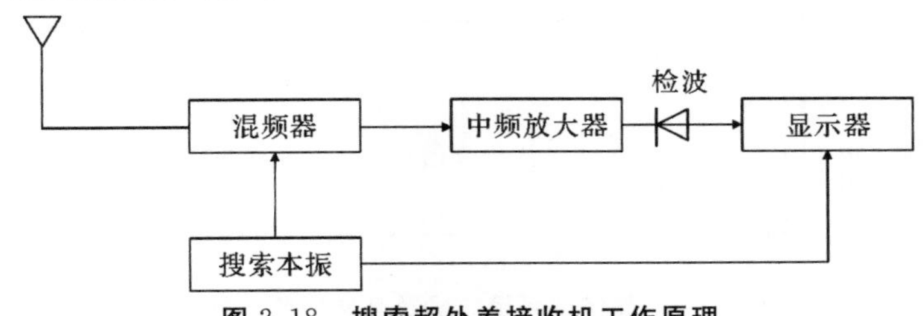

图 2.18　搜索超外差接收机工作原理

很显然，接收机的瞬时带宽就等于中放带宽 Δf，在上面的例子中是 1 MHz。它也是测频的分辨力，即相隔小于 1MHz 的两个信号频率是无法区分的。接收机的测频范围与本振的频率扫描变化范围相当，在这里是从 2 000～2 500 MHz。

由于中频带宽可以做得很窄，所以搜索超外差接收机的测频分辨力和测频精度可以做得很高，例如可以达到 0.5 MHz。接收机灵敏度很高，因此它很早就被用于侦察接收系统之中。但是，它也存在一个重要的缺点，如果想要获得大的测频范围，那么搜索到某一频率的相对时间就比较长，使得信号通带很难在时间上遇到只有零点几到几微秒宽的雷达脉冲，就出于这个原因没有被截获到。所以搜索超外差接收机由于采用搜索的方法寻找信号，使得它的信号截获能力较差，不能适应需要快速反应的情况，例如雷达告警。

2. 瞬时测频接收机

瞬时测频(Instantaneous Frequency Measurement，IFM)的原理可以由图 2.19 来

理解。

输入信号被分成两路，其中下面的一路经过了一个固定长度为 T_d 的时间延迟，两路信号都送入一个称为相关器的微波器件。相关器具有这样的特性，它的输出电压与两路输入信号相位差的余弦成比例。相位差是由 T_d 时间延迟产生的，等于 $2\pi f T_d$，f 就是输入信号的频率。因此只要测出相位差，就能得出信号的频率。最初人们利用正弦和余弦成分的比例关系来计算相位，不能做到及时测量。20 世纪 60 年代，人们发明并使用了一种称为相位量化的技术，可以在很短的瞬间实现相位数字化，才使得 IFM 技术应用到电子侦察接收机中，成为现在应用最为广泛的一种测频接收机。

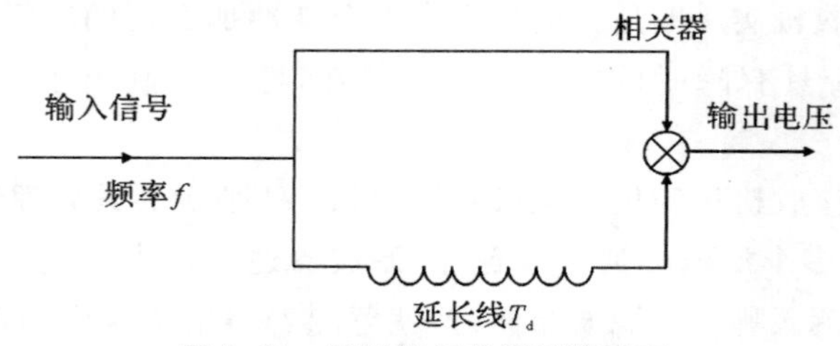

图 2.19　延迟线相关器测频原理

由于延迟线越长，同样频率差异代表的相位差就越大，那么，利用相位差的测量值来推测频率的精度就越高，因此若希望获得高的测频精度就要求用长的延迟线。但是，由于相位是以 2π 为周期的，就好像手表的分针以 60 min 为周期一样，在转过了一个周期之后，又回到了同一个刻度上，因此没有办法断定走过了几个周期。为此，还需要设立短的延迟线相关器一起使用，就像设立一个时针一样。由于缩小了相位差和频率差的比例关系，就能用一个相位周期代表更大的频率范围了。在实际的 IFM 接收机中，要使用 4～7 个长短不同的延迟线组成的相关器，就能在很宽的频率范围内获得高的测频精度，其组成如图 2.20 所示。

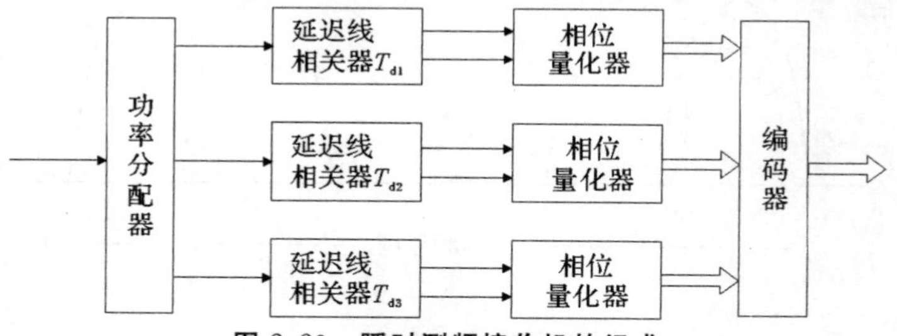

图 2.20　瞬时测频接收机的组成

相位相关器常用微带电路来实现，它可以在很宽的频率范围内工作。相关器内装有微波二极管电路，它的输出已变成了代表相位的视频电压，因此 IFM 在相关器之后的电路都是视频和数字电路。IFM 可以在每个雷达脉冲前沿到达后几十纳秒内完成频率测量，因此说测量是“瞬时”的。

瞬时测频接收机可以覆盖的频率范围很宽，例如常见到的 2～8 GHz，8～18 GHz。测频分辨力和精度可以达到几兆赫。由于 IFM 不需要频率搜索，所以它在任何时刻对全部测频范围内的信号都是畅通的，也就是说它的瞬时带宽和测频范围相同，从而具有良好的信号截获能力。从频域全宽开这点上说，有人称 IFM 对信号是 100% 截获的。瞬时测频接收机的结构

简单，体积不大，造价也不高，因此现代的支援侦察系统，甚至告警接收机，都广泛使用它。

瞬时测频接收机的主要缺点是不能在同时由两个以上信号存在的条件下正常测量。也就是一个信号会影响另一个信号的测量，得到错误的频率读数。好在雷达多数是脉冲工作的，而且脉冲占用的时间比较少，因此发生同时信号的机会不多。目前解决这个问题的主要方法是安装一个同时信号检测的装置，一旦发生同时信号的情况，就通知信号处理器，不把这次测量的数据作为有效的频率数据。

3. 频谱分析接收机

雷达侦察测频接收机实质上是希望在不到一个脉冲那么短的时间内，对信号环境实行频谱分析，这也意味着具有瞬时的宽带特性。现在，已经研制出了几种频谱分析式的接收机。

有一种频谱分析接收机称为信道化接收机，图 2.21 所示为其原理性结构。这种接收机把一个频率范围用许多个滤波器通道来覆盖，滤波器通道称为信道，它们的通频带彼此邻接，这样，检测出信号落入哪一个滤波器通道，就意味着得出了这个通道代表的频率。接收机测频的分辨率就等于滤波器通道的带宽。显然如果想在很宽的频率范围内得到高的频率分辨率，就要有上千个滤波器通道。尽管有一些折中的方法可以减少实际使用的滤波器数目，但仍然使信道化接收机过于复杂，因而造价也较昂贵。然而信道化接收机是一种最佳形式的接收机，它的信号截获能力好，而且可以同时对多个信号频率进行测量，因此在要求高截获能力的系统中仍然用得比较普遍。随着电路微型化、集成化技术的发展，它一定能在今后应用得更为普遍。

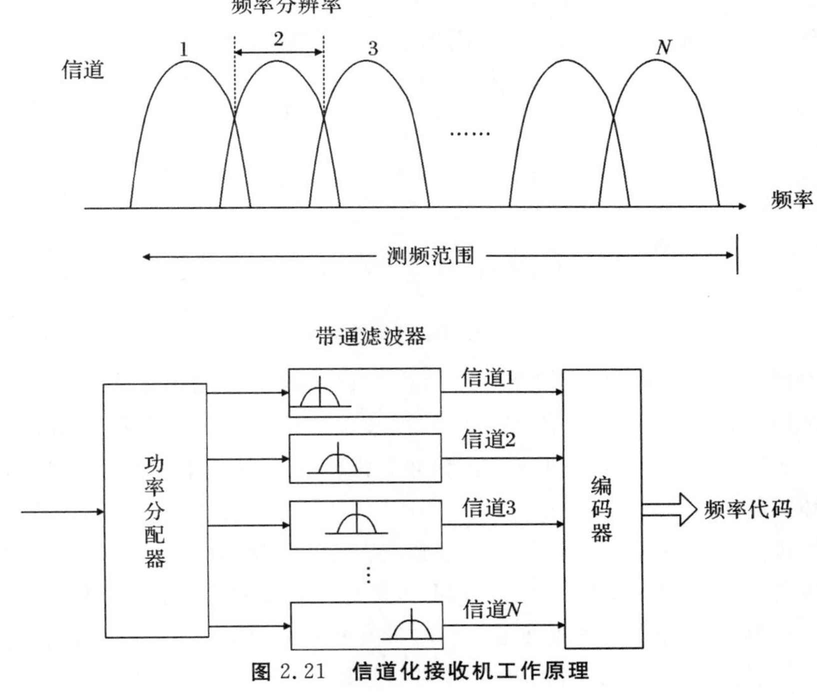

图 2.21　信道化接收机工作原理

另一种谱分析接收机是微扫接收机，也称为压缩接收机。它的组成很像搜索超外差接收机，只是本振频率扫描速度大大提高，来改善接收机的截获性能。这时，中频放大器改成用色散延迟线滤波器，可以使脉冲的宽度得到压缩，从而保证了高的接收灵敏度和高的频率分辨力。可以证明，微扫接收机的输出时间波形相当于输入的频谱形状，因此具有快速频谱分析的功能。微扫接收机的瞬时带宽受色散延迟线的限制，目前做到 500 MHz。这种接收机不但在雷达侦察中使用，而且更多地用在通信侦察中。

此外还有利用光学原理的声光接收机，也能做到在 1 GHz 的瞬时带宽内实现频谱分析。

2.4　对雷达方向的测量原理

电子支援侦察和情报侦察都需要测量雷达信号的到达方向，这个测量称为无源测向。无源测向的实现途径有许多种，最根本的是要依靠天线系统的方向性，利用幅度或相位与方位角的关系来实现测量。

这里所说的雷达定位是指利用侦察系统确定雷达所在的几何位置。因为电子侦察不能直接获得距离信息，所以需要专门的技术，以至于无源定位成为一个专门的研究领域。

1. 比幅单脉冲测向

目前有多种测向的方法适用于雷达侦察。在介绍雷达告警接收机的时候，曾经见到由四副天线组成的测向系统，这种测向体制称为比幅单脉冲测向。天线的方向性增益如图 2.22所示，由于两天线的指向不同，一束来波在 A 和 B 天线得到的增益一般不相等，大小由天线方向图在这个方向上的值确定。A、B 接收通道输出的信号幅度就与天线增益成比例。比较 A、B 通道信号的幅度，就能测算出来波的方位，这种测量可以在一个脉冲内完成。

由于在宽频带内要控制 A、B 两天线和接收通道的一致性很困难，所以比幅单脉冲测向系统的测向精度不高，在 2～8 GHz 范围内只能达到 6°～10°。由 4 副互相垂直放置的天线可以获得 360°全方向的测量能力，采用 6 副或 8 副天线则能进一步改善测向精度。

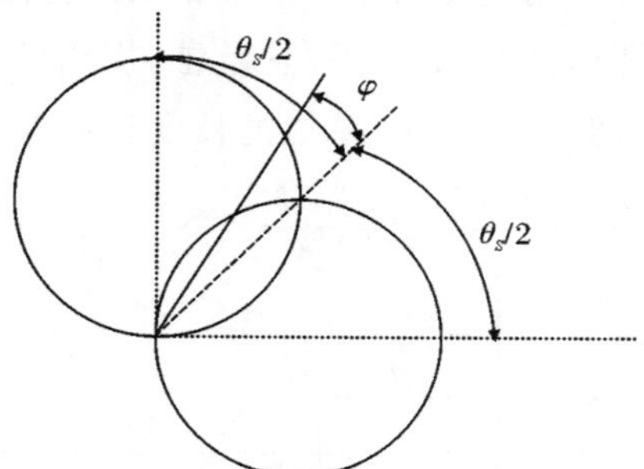

图 2.22　比幅单脉冲测向的原理

2. 相位干涉仪测向

还有一种常用的测向系统称为相位干涉仪，其基本结构与原理如图 2.23 所示。由两个

天线单元 A 和 B 相隔一定距离 d 水平放置。远处雷达电磁波平行传输过来，到达 A 天线比到达 B 天线多经过了长度为 a 的路程，它的长度用三角关系可以知道是 $a=d\sin\theta$，θ 是来波方向与天线轴线的夹角，也就是方位角。这个路程使 A 天线信号比 B 天线信号晚到达，时间的延迟就造成了两天线信号的相位差。距离延迟一个波长就相当于相位相差 2π，所以路程差 a 对应的相位差 ϕ 的大小为

$$\phi=2\pi a/\lambda=2\pi d\sin\theta/\lambda \tag{2-4-1}$$

式中：λ 是信号的波长。

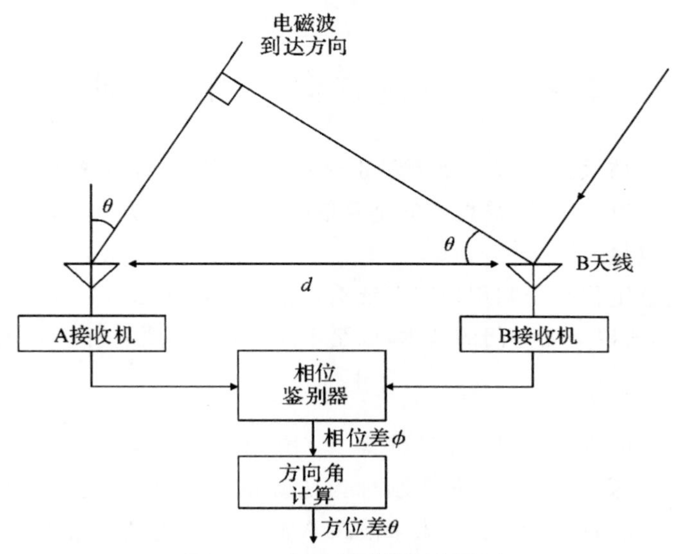

图 2.23　相位干涉仪测向原理

如果已知 λ，测出 A、B 天线的相位差 ϕ，就可以用式(2-4-1)计算出方位角 θ。相位干涉仪一般采用超外差接收机选择信号，从超外差的调谐频率就能够知道信号的频率或波长。

天线间距 d 称为基线，为了覆盖基线一侧 180°的方位角，基线长度应该不大于波长 λ 的一半。另外，基线越长，同样方位角变化引起的信号相位差变化越大，测量越敏感，所以测向精度越高。为了同时兼顾高测向精度和方位覆盖范围，实用的相位干涉仪总是采用几副天线，形成长短不一的基线。如图 2.24 所示，基线的长度分别为 d，$2d$，$4d$。

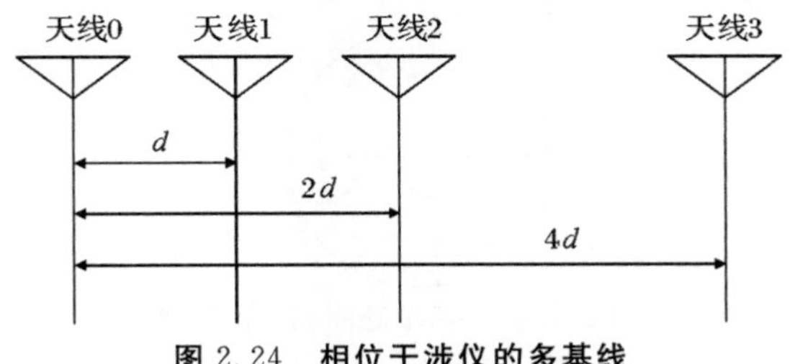

图 2.24　相位干涉仪的多基线

相位干涉仪可以获得比较高的测向精度，高精度系统可以达到 0.1°。相位干涉仪常用于地面侦察站精确测向，对雷达定位也用于机载对地面雷达的定位系统中。

3. 圆阵天线测向系统

相位干涉仪在沿着基线的方向上精度很差,不能满足实用要求,所以它的测向范围仅限制在正向 90°的区间内。有一种全方向的测向设备,由几十个天线均匀排在圆周的一圈形成天线圆阵,天线经过一个复杂的移相网络将信号传到几个接收通道,通过测量接收通道的信号相位差得到方位角,这种测向系统称为线形相位多模圆阵,也有人用移相网络的名字称它为巴特勒阵测向系统。多模圆阵是一种宽带测向技术,信号的频率不影响测向,工作带宽取决于无线和馈电网络的带宽,在 360°全方向上均可获得高精度的测向结果。这种高性能的测向系统由于具有 100%的截获概率,因此特别适合用于支援侦察系统,尤其在舰载系统上得到很好应用。一个 32 单元阵,2～18 GHz 带宽的支援侦察系统可获得测向误差小于 1°～2°的高精度。

4. 多波束测向

还有一种多波束测向技术,需要许多天线单元组成一个天线阵。天线阵形成许多个不同指向的波束,它们在任何时刻同时存在,互相衔接,覆盖一定的角度区域,如图 2.25 所示。因此对于落入不同波束的雷达辐射源,都能够同时测出它们的方位。

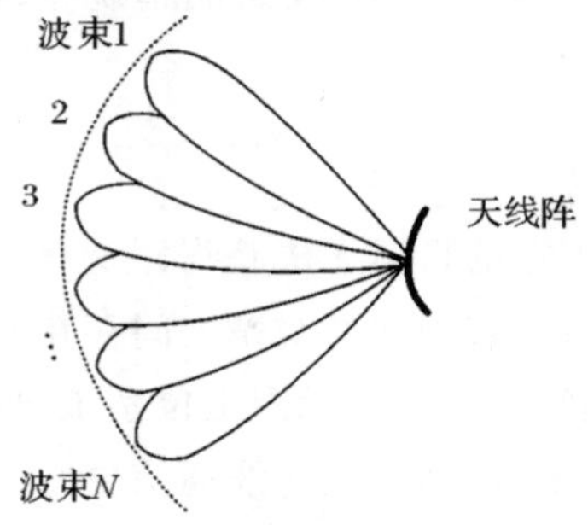

图 2.25　多波束测向天线阵

2.5　对雷达的无源定位技术

2.5.1　无源定位的特点

无源定位是指侦察设备不向目标发射电磁波信号,只是通过接收目标发出的电磁波信号来对目标做出定位的技术,是电子对抗技术中的一个重要组成部分。

通过比较雷达对目标的定位原理和无源系统对目标的定位原理,可以理解到无源定位的特点。雷达对目标的定位原理,就是雷达天线对某个方向发射电磁波,电磁波遭遇到目标后反射,雷达接收器接收反射回波,通过电磁波发射接收的来回时间差可以计算出目标距离,由于方向在发射电磁波时已经事先确定,所以可以以此知道目标位置。作为对比,无源定位只通过接收机被动接收目标发射的电磁波信号,而自身不向外发射信号,故只有当目标具有发射源并正在向外发射电磁波信号时才能被截获,而且只能通过这个接收信号来判断

目标信息。在对所得信号进行检测时，单个侦察站所得的信号往往只能判断截获信号来自的目标方位，而无法判断目标具体的距离，故无源定位一般需要有多站或多个时间提供信息，再经过识别处理计算后生成位置信息。由此无源定位具有以下特点。

1. 对目标的定位是无源的

定位方在对目标进行定位时并不向外界发射电磁信号，故无源定位与雷达侦察一样，具有隐蔽性而不被对方获知，抗干扰性比较强。但是也因为依赖于对方发射的雷达信号，所以在对方实施无线电静默等不向外辐射信号时，是无法对其做出定位的。

2. 需要通过大量计算来得到定位信息

在通过接收回传信号后，系统还需要进行大量的计算和处理才能获取目标的位置信息。由于目标发射信号类型种类是未知的，所以要从获取的信号进行分选处理，通过分选处理后并分析后才能判断是否真的存在需要进行定位的目标。而信号中并没有包含信号反射源位置等信息，例如，在几个不同位置的接收站受到了若干目标所发射的信号，则先需要先把信号配对，只有几个站所获取的信号能正确配对后，才能进行正确的定位计算。而一般情况下，目标均是运动目标，故只有在系统水平较高的情况下才能做到接近实时的无源目标定位。

3. 通常需要多站协同工作

由于固定的单个接收站对固定的目标无法获得距离信息，一般的无源定位系统需要多站协同工作。由于多站之间的协同表现在站与站之间存在通信，而若通信方式为无线通信，则意味着将会打破无源定位的静默特性，故无源定位系统内部的通信原则上应该尽量隐蔽，工作可能是突发的；若是固定站工作，则使用有线通信更好。多站的协同还表现在各站并不完全独立工作，各站之间工作上存在约定，例如共同约定在某个时间对某个频段信号进行侦测，甚至有时会规定得更具体，如约定一个较小的频率范围，约定某一种滤波范围。另外，由于需要多站进行信号比对，所以系统还存在时间统一问题。

4. 系统定位精度与侦察站的位置分布有关

人用双眼看近处的物体有立体感，而对远处景物立体感不强，是由于两眼间的距离有限，随着物体距离的增大，两眼分别所见之景物差别越来越小，故立体感下降。同样的情况在无源定位之中亦存在，如果从目标处反过来观察侦察站，若多个站点几乎在同一位置上时，此时的定位效果会比较差。故使用无源定位系统时，应分析侦察站的布局与性能的关系，且对不同的侦察应用，也应该适当调整系统内侦察站的位置。

对雷达的无源定位分为平面定位和空间定位。平面定位是指确定雷达辐射源在某一特定平面上的位置，空间定位是指确定雷达辐射源在某一空间中的位置。由于雷达侦察设备本身是无源工作的，一般不能测距，因此实现对雷达的定位还必须要具备其他的条件。根据定位条件的不同，可以分为单点定位和多点定位。

2.5.2　单点定位

单点定位是指雷达侦察设备通过在单个位置的侦收，来确定雷达辐射源的位置。主要的定位方法有飞越目标定位法和方位/仰角定位法。这种定位方法需要借助于其他设备辅助(如导航定位设备、姿态控制设备等)，以便确定侦察站自身的位置和相对姿态。

1. 飞越目标定位法

飞越目标定位法主要用于空间或空中飞行器(如卫星、无人驾驶飞机等)上的雷达侦察设备，利用垂直下视锐波束天线，对地面雷达进行探测和定位，如图 2.26(a)所示。

飞行器在运动过程中一旦发现雷达信号，立即将该信号的测量参数、发现的起止时间与飞行器导航数据、姿态数据等记录下来，供事后分析处理。对于地面上固定的雷达站，假设侦察接收到的 N 个脉冲记录整理成波束中心在地面的投影序列 $\{A_i\}_{i=0}^{N-1}$，则每一个脉冲在地面上定位模糊区是一个以 A_i 为中心、R_i 为半径的圆，模糊区面积 S_i 为

$$S_i=\pi R_i^2=\pi\left(H_i\tan\frac{\theta_r}{2}\right)^2 \qquad (2-5-1)$$

N 个脉冲的定位模糊区则是此 N 个非同心圆的交集，如图 2.26(b)所示。显然，受到同一雷达的信号脉冲越多，定位的模糊区就越小。

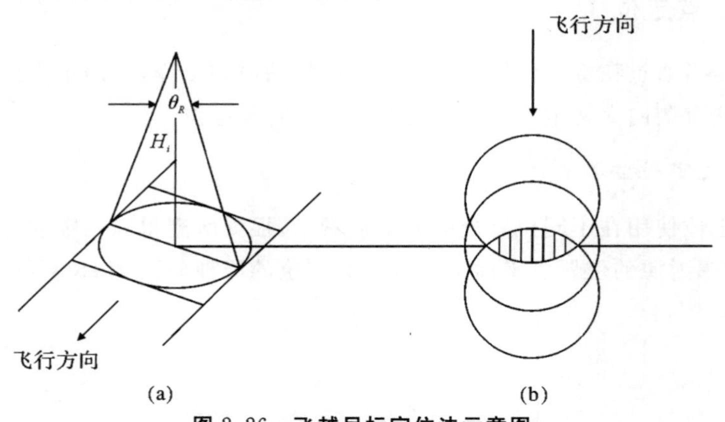

图 2.26　飞越目标定位法示意图

2. 方位/仰角定位法

方位/仰角定位法是利用飞行器上的斜视锐波束对地面雷达进行探测和定位的，如图 2.27(a)所示。同飞越目标定位法一样，飞行器在运动过程中一旦发现雷达信号，立即将该信号的测量参数、发现的起止时间与飞行器导航数据、姿态数据等记录下来，供侦察设备实时处理或做事后分析处理。对于地面上固定的雷达站，假设侦收到的 N 个脉冲记录整理成波束中心在地面的投影序列 $\{A_i\}_{i=0}^{N-1}$，则每一个脉冲在地面上的定位模糊区是一个以 A_i 为中心、a_i 为短轴、b_i 为长轴的椭圆，它与飞行器高度 H_i、下视斜角 β_i 以及两维波束宽度 θ_α、θ_β 的关系为

$$a_i = H_i \csc\beta_i \tan\frac{\theta_\alpha}{2}, \quad b_i = \frac{H_i}{2}\left[\cot\left(\beta_i - \frac{\theta_\beta}{2}\right) - \cot\left(\beta_i + \frac{\theta_\beta}{2}\right)\right] \tag{2-5-2}$$

模糊区面积为

$$S_i = \pi a_i b_i \tag{2-5-3}$$

显然,它受下视斜角 β_i 的影响最大。当 β_i 为 $\pi/2$ 时,方位/仰角定位法与飞越目标定位法一致,且模糊区面积最小;当 β_i 很小时,模糊区面积很大,甚至无法定位。N 个脉冲的定位模糊区是 N 个非同心椭圆的交集,多次测量也可以减小定位的模糊区。

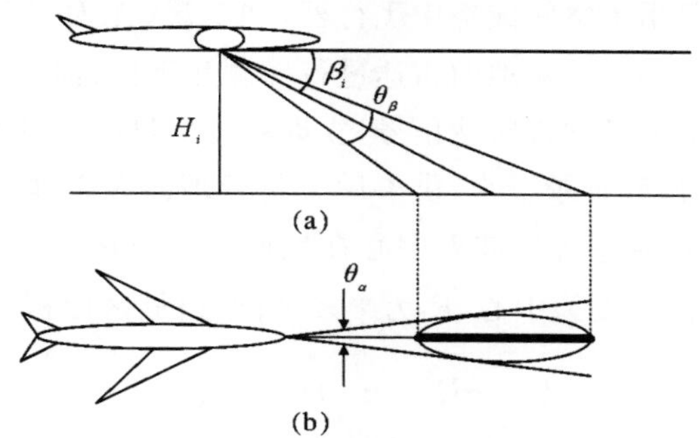

图 2.27　方位/仰角定位法示意图

2.5.3　多点定位

多点定位是指通过在空间位置不同的多个侦察站协同工作,来确定雷达辐射源德位置。主要的定位方法有测向交叉定位、测向-时差定位和时差定位。

1. 测向交叉定位法

测向交叉定位使用在不同位置处的多个侦察站,根据所测得同一辐射源的方向,进行波束的交叉,确定辐射源的位置。平面上测向交叉定位的原理如图 2.28 所示。

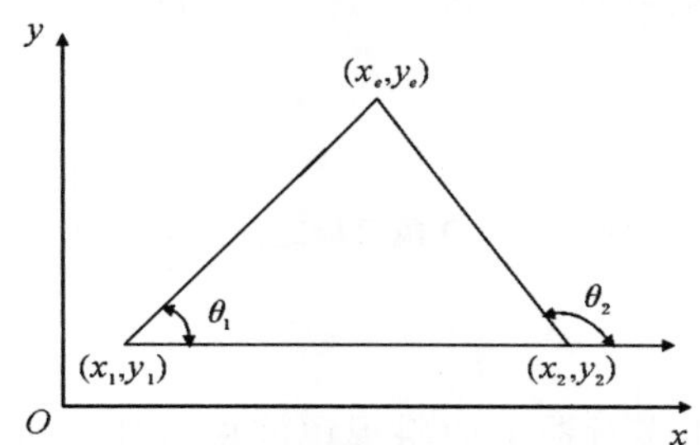

图 2.28　平面上测向交叉定位示意图

假设侦察站 1、2 的坐标位置分别为(x_1, y)、(x_2, y),所测得的辐射源方向分别为 θ_1、θ_2,则辐射源的坐标位置(x_e, y_e)满足直线方程组,即

$$\left.\begin{aligned} \frac{y_e - y}{x_e - x_1} &= \tan\theta_1 \\ \frac{y_e - y}{x_e - x_2} &= \tan\theta_2 \end{aligned}\right\} \tag{2-5-4}$$

解此方程组可得

$$\left.\begin{aligned}x_e&=\frac{-\tan\theta_1 x_1+\tan\theta_2 x_2}{\tan\theta_2-\tan\theta_1}\\y_e&=\frac{\tan\theta_2 y-\tan\theta_1 y-\tan\theta_1\tan\theta_2(x_1-x_2)}{\tan\theta_2-\tan\theta_1}\end{aligned}\right\}\tag{2-5-5}$$

由于波束宽度和测向误差的影响，两个侦察站在平面上的定位误差是一个以(x_e,y_e)为中心的椭圆，如图 2.29 所示。通常将 50％误差概率时的误差分布圆半径 r 定义为圆概率误差半径 $r_{0.5}$。

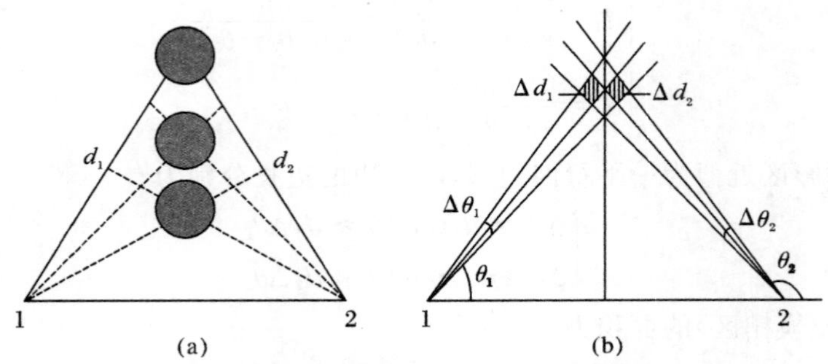

图 2.29　两个侦察站定位误差示意图

根据图 2.29，则有

$$\left.\begin{aligned}\theta_1&=\arctan\frac{y_e-y}{x_e-x_1}\\\theta_2&=\arctan\frac{y_e-y}{x_e-x_2}\end{aligned}\right\}\tag{2-5-6}$$

对式(2-5-6)求全微分，可得

$$\left.\begin{aligned}\mathrm{d}\theta_1&=\frac{\partial\theta_1}{\partial x_e}\mathrm{d}x_e+\frac{\partial\theta_1}{\partial y_e}\mathrm{d}y_e\\\mathrm{d}\theta_2&=\frac{\partial\theta_2}{\partial x_e}\mathrm{d}x_e+\frac{\partial\theta_2}{\partial y_e}\mathrm{d}y_e\end{aligned}\right\}\tag{2-5-7}$$

可将两侦察站的测向误差 $\mathrm{d}\theta_1$、$\mathrm{d}\theta_2$ 转换成 xy 平面上的定位误差 $\mathrm{d}x_e$、$\mathrm{d}y_e$，则有

$$\left.\begin{aligned}\mathrm{d}x_e&=\frac{R}{\sin(\theta_2-\theta_1)}\left(\frac{\cos\theta_2}{\sin\theta_1}\mathrm{d}\theta_1-\frac{\cos\theta_1}{\sin\theta_2}\mathrm{d}\theta_2\right)\\\mathrm{d}y_e&=\frac{R}{\sin(\theta_2-\theta_1)}\left(\frac{\sin\theta_2}{\sin\theta_1}\mathrm{d}\theta_1-\frac{\sin\theta_1}{\sin\theta_2}\mathrm{d}\theta_2\right)\end{aligned}\right\}\tag{2-5-8}$$

求式(2-5-8)的方差，可得

$$\left.\begin{aligned}\sigma_x^2&=\frac{R^2}{\sin^2(\theta_2-\theta_1)}\left(\frac{\cos^2\theta_2}{\sin^2\theta_1}\sigma_{\theta_1}^2+\frac{\cos^2\theta_1}{\sin^2\theta_2}\sigma_{\theta_2}^2\right)\\\sigma_y^2&=\frac{R^2}{\sin^2(\theta_2-\theta_1)}\left(\frac{\sin^2\theta_2}{\sin^2\theta_1}\sigma_{\theta_1}^2+\frac{\sin^2\theta_1}{\sin^2\theta_2}\sigma_{\theta_2}^2\right)\end{aligned}\right\}\tag{2-5-9}$$

定位误差分布密度函数 $\omega(x,y)$ 为

$$\omega(x,y)=\frac{1}{2\pi\sigma_x\sigma_y}\exp\left\{-\frac{1}{2}\left[\left(\frac{x-x_e}{\sigma_x}\right)^2+\left(\frac{y-y_e}{\sigma_y}\right)^2\right]\right\}$$

对上式进行数值积分，可近似求得

$$r_{0.5} \approx 0.8\sqrt{\sigma_x^2+\sigma_y^2}$$

整理后，可得

$$r_{0.5} \approx \frac{0.8R}{|\sin(\theta_2-\theta_1)|}\left(\frac{\sigma_{\theta_1}^2}{\sin^2\theta_1}+\frac{\sigma_{\theta_2}^2}{\sin^2\theta_2}\right)^{\frac{1}{2}}$$

测向交叉定位法的简化分析方法如图 2.29 所示。利用正弦定理可求得两站点到辐射源的距离为

$$\begin{cases} d_1=\dfrac{l\sin(\pi-\theta_2)}{\sin(\theta_2-\theta_1)}=\dfrac{l\sin\theta_2}{\sin(\theta_2-\theta_1)} \\ d_2=\dfrac{l\sin\theta_1}{\sin(\theta_2-\theta_1)} \end{cases}$$

将交叠的阴影区近似为一平行四边形，两对边的边长分别为

$$\begin{cases} \Delta d_1 \approx d_1\tan\Delta\theta_1 \approx d_1\Delta\theta_1 \\ \Delta d_2 \approx d_2\tan\Delta\theta_2 \approx d_2\Delta\theta_2 \end{cases}$$

阴影区（定位模糊区）的面积为

$$A=\left|\frac{\Delta d_1\Delta d_2}{\sin(\theta_1-\theta_2)}\right|=\left|\frac{d_1 d_2\Delta\theta_1\Delta\theta_2}{\sin(\theta_1-\theta_2)}\right|=\left|\frac{4R^2\Delta\theta_1\Delta\theta_2}{\sin\theta_1\sin\theta_2\sin(\theta_1-\theta_2)}\right|$$

上式表明：

(1)辐射源距离越远，侧向误差越大，则模糊区越大；

(2)以 A 为函数，对 θ_1、θ_2 求导，令导数等于 0，可得

$$\begin{cases} \cos\theta_1\sin(\theta_2-\theta_1)-\sin\theta_1\cos(\theta_2-\theta_1)=0 \\ \cos\theta_2\sin(\theta_2-\theta_1)-\sin\theta_2\cos(\theta_2-\theta_1)=0 \end{cases}$$

利用三角函数性质，可将上式简化为

$$\begin{cases} \sin(\theta_2-2\theta_1)=0 \\ \sin(2\theta_2-\theta_1)=0 \Rightarrow \theta_2=2\theta_1+2k\pi\text{，代入式 } 3\theta_1+k\pi=0 \\ 0<\theta_1,\theta_2<\pi \end{cases}$$

可得

$$\begin{cases} \theta_1=\dfrac{\pi}{3} \\ \theta_2=\dfrac{2}{3}\pi \end{cases},\quad \begin{cases} \theta_1=\dfrac{2}{3}\pi \\ \theta_2=\dfrac{\pi}{3} \end{cases}$$

即当侦察站与雷达成等边三角形时，模糊区面积最小。

2. 测向-时差定位法

采用这种方法定位的工作原理如图 2.30 所示。基站 A 和转发站 B 二者间距为 d。转发站有两个天线，一个是全向天线（或弱方向性天线），用于接收来自辐射源的信号，经过放大后再由另一个定向天线转发给基站 A。基站 A 也有两个天线，一个用来测量辐射源的方位角，另一个用来接收转发器送来的信号并测量出该信号与直接到达基站的同一个目标信

号的时间差。显然，

$$c\Delta t=R_2+d-R_1 \tag{2-5-10}$$

式中：c 为电磁波传播速度。

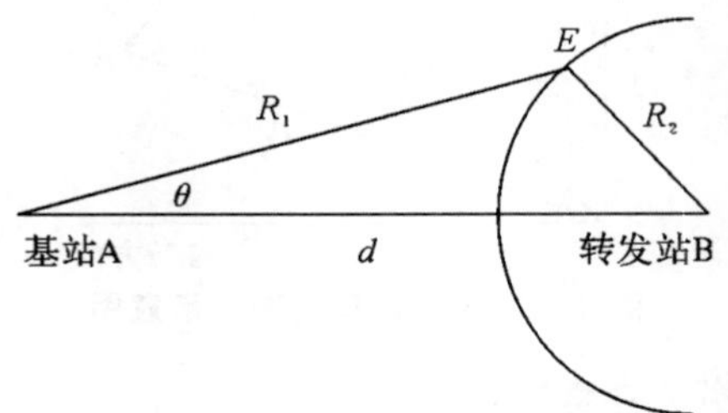

图 2.30　平面上测向-时差定位法的原理图

根据余弦定理，有

$$R_2^2=R_1^2+d^2-2R_1d\cos\theta \tag{2-5-11}$$

经整理可得

$$R_1=\frac{c\Delta t(d-c\Delta t/2)}{c\Delta t-d(1-\cos\theta)} \tag{2-5-12}$$

如果转发站位于运动的平台上，如图 2.31 所示，则它与基站之间的距离 d 以及与参考方向的夹角 θ_0需要用其他设备进行实时测量。如果采用应答机测量两站之间的间距，则有

$$\left.\begin{aligned}d&=c\Delta t_{AB}\\ \theta&=\theta_1-\theta_0\end{aligned}\right\} \tag{2-5-13}$$

代入式(2-5-13)，可得

$$R_1=\frac{c\Delta t(\Delta t_{AB}-\Delta t/2)}{\Delta t-\Delta t_{AB}[1-\cos(\theta_1-\theta_0)]} \tag{2-5-14}$$

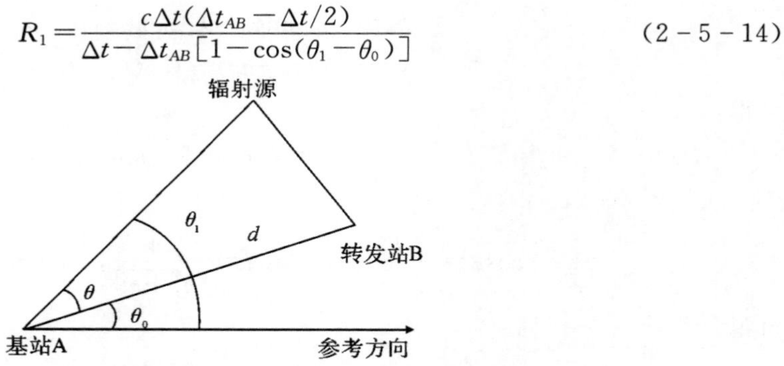

图 2.31　位于运动平台上的测向—时差定位

3. 时差定位法

时差定位是利用平面或空间中的多个侦察站，测量出同一个信号到达各侦察站的时间差，由此确定出辐射源在平面或空间中的位置。以平面时差定位法为例进行分析。

假设在同一平面上，有 3 个侦察站 O,A,B 以及一个辐射源 E，其位置分别为(0,0)，(ρ_B,α_A)，(ρ_B,α_B)，$(\rho,0)$，如图 2.32 所示。3 个侦察站测得的辐射源辐射信号的到达时间分别为 t_0，t_A，t_B。

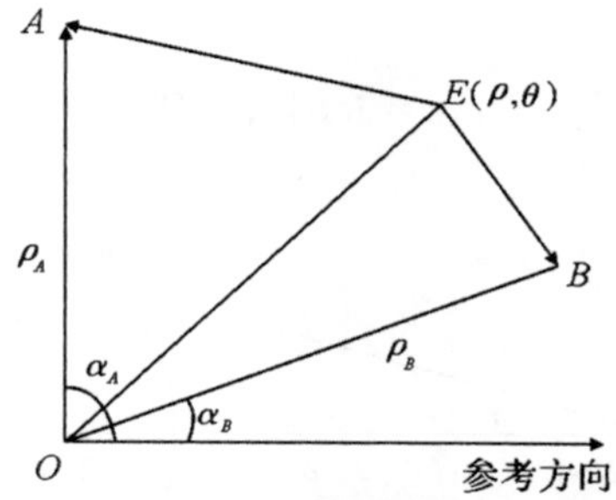

图 2.32　3 个侦察站布站示意图

根据余弦定理，可得到以下方程组：

$$\left.\begin{aligned}c(t_A-t_0)=[\rho^2+\rho_A^2-2\rho\rho_A\cos(\theta-\alpha_A)]^{\frac{1}{2}}-\rho\\c(t_B-t_0)=[\rho^2+\rho_B^2-2\rho\rho_B\cos(\theta-\alpha_B)]^{\frac{1}{2}}-\rho\end{aligned}\right\}\tag{2-5-15}$$

令

$$\rho_A^2-[c(t_A-t_0)]^2=k_1,\quad \rho_B^2-[c(t_B-t_0)]^2=k_2\tag{2-5-16}$$

可得

$$\left.\begin{aligned}\rho=\frac{k_1}{2[c(t_A-t_0)+\rho\cos(\theta-\alpha_A)]}\\\rho=\frac{k_2}{2[c(t_B-t_0)+\rho\cos(\theta-\alpha_B)]}\end{aligned}\right\}\tag{2-5-17}$$

令

$$\left.\begin{aligned}k_3=k_2\rho_A\cos\alpha_A-k_1\rho_B\cos\alpha_B\\k_4=k_2\rho_A\sin\alpha_A-k_1\rho_B\sin\alpha_B\\k_5=k_1c(t_B-t_0)-k_2c(t_A-t_0)\end{aligned}\right\}\tag{2-5-18}$$

可得：

$$k_5=k_3\cos\theta+k_4\sin\theta\tag{2-5-19}$$

令

$$\cos\phi=\frac{k3}{\sqrt{k_3^2+k_4^2}},\quad \sin\phi=\frac{k4}{\sqrt{k_3^2+k_4^2}},\quad \phi=\arctan\frac{k_4}{k_5}$$

可得

$$\left.\begin{aligned}\cos(\phi-\theta)=\frac{k_5}{\sqrt{k_3^2+k_4^2}}\\\theta=\phi\pm\arccos(\frac{k_5}{\sqrt{k_3^2+k_4^2}})\end{aligned}\right\}\tag{2-5-20}$$

一种有效去模糊的方法是增设一个侦察站，产生一个新的时差项，3 条双曲线一半只有一个交点，可以解模糊。因此利用平面上的四站时差定位，可以唯一地确定 θ，进而唯一地确定辐射源的空间距离 ρ。显然，不同的布站方式将影响定位计算的复杂程度和精度。图 2.33 给出了一种较好的平面定位的四站布站方式。

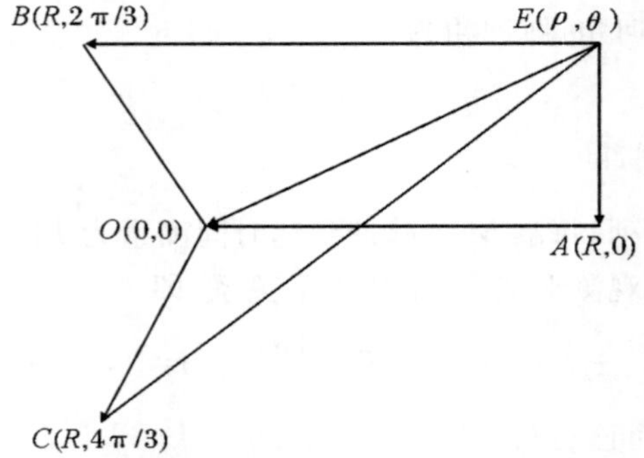

图 2.33　四站布站方式示意图

2.5.4　基于 DOA/TOA 测量的定位法

DOA 是指脉冲信号的到达方向；TOA 是指脉冲到达时间。设脉冲序列具有恒定的脉冲重复周期，则对于运动辐射源，由于发射相继脉冲时，辐射源到观测器的距离发生了变化，使得脉冲传播时间发生变化，这反映到了观测的 TOA 中。因此，从 DOA 和 TOA 信息可以提取出辐射源的运动状态。

1. 利用 DOA 对航向的确定

DOA 对航向的方位角示意图如图 2.34 所示。

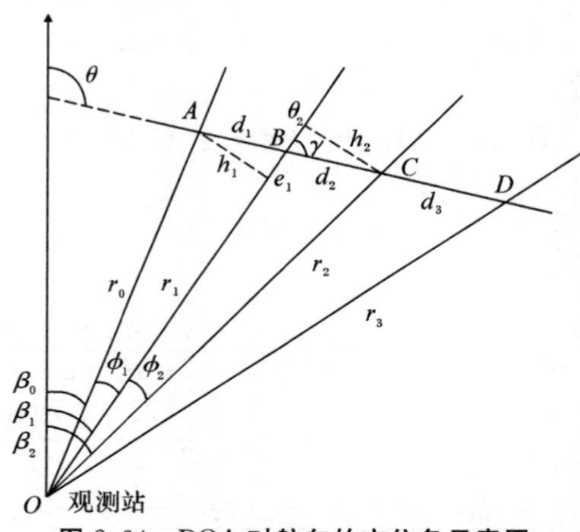

图 2.34　DOA 对航向的方位角示意图

设 O 不动，方位角 $\beta_j(j=0,1,2)$，则 $\varphi_j=\Delta\beta_j=\beta_j-\beta_{j-1}$，可得

$$\left.\begin{aligned}\tan\phi_1&=\frac{h_1}{r_1-e_1}=\frac{\upsilon\Delta t_1\sin\gamma}{\gamma_1-\upsilon\Delta t_1\cos\gamma}\\ \tan\phi_2&=\frac{h_2}{r_1+e_2}=\frac{\upsilon\Delta t_2\sin\gamma}{\gamma_1+\upsilon\Delta t_2\cos\gamma}\end{aligned}\right\}\tag{2-5-21}$$

求得

$$\tan\gamma=\frac{(\Delta t_1+\Delta t_2)\tan\phi_1\tan\phi_2}{\Delta t_2\tan\phi_1-\Delta t_1\tan\phi_2}\tag{2-5-22}$$

进而可以确定目标航向角，航向角为

$$\theta=\beta_1+\gamma \tag{2-5-23}$$

2. 利用 TOA 无源测距

设周期为 T 的脉冲序列，每隔 M 个脉冲到达时间测量为 T_j，MT_r 时间内目标运动距离为 d，则当 T_r 已知时，4 次观测形成 Δt 服从以下关系，即

$$\tau_j \overset{\text{def}}{=\!=\!=} T_j-MT_r=\frac{\Delta r_j}{c},\quad j=1,2,3 \tag{2-5-24}$$

式中：c 为电磁传播速度，而且 $\Delta T_j=T_j-T_{j-1}$，$\Delta r_j=r_j-r_{j-1}$。

设目标匀速运动，有 $h_1=h_2=d\sin\gamma$，$e_1=e_2=d\cos\gamma$，得

$$\left.\begin{aligned}(r_1-e_1)^2+h_1^2=r_0^2=(r_1-d\cos\gamma)^2+(d\sin\gamma)^2\\(r_1+e_2)^2+h_2^2=r_2^2=(r_1+d\cos\gamma)^2+(d\sin\gamma)^2\end{aligned}\right\} \tag{2-5-25}$$

r_1 和 r_2 分别为△ACO 和△BDO 中，AC 和 BD 边上的中线，则由中线定理可得

$$\left.\begin{aligned}2r_1^2=r_0^2+r_2^2-2d^2\\2{r_2}^2=r_1^2+r_3^2-2d^2\end{aligned}\right\} \tag{2-5-26}$$

当 $j=1,2$ 时，有

$$\left.\begin{aligned}r_0^2=(r_1-c\tau_1)^2=r_1^2+c^2\tau_1^2-2c\tau_1 r_1\\r_2^2=(r_1+c\tau_2)^2=r_1^2+c^2\tau_2^2+2c\tau_2 r_1\end{aligned}\right\} \tag{2-5-27}$$

把式(2-5-16)代入式(2-5-15)，得

$$2c(\tau_2-\tau_1)r_1+c^2(\tau_1^2+\tau_2^2)-2d^2=0 \tag{2-5-28}$$

同理，当 $j=2,3$ 时，有

$$2c(\tau_3-\tau_2)r_2+c^2(\tau_2^2+\tau_3^2)-2d^2=0 \tag{2-5-29}$$

又有

$$r_2-r_1=c\tau_2 \tag{2-5-30}$$

由上式可得

$$\left.\begin{aligned}r_1=c\,\frac{(\tau_3^2-\tau_1^2)+2\tau_2\Delta\tau_3}{2(\Delta\tau_2-\Delta\tau_3)}\\r_2=c\,\frac{(\tau_3^2-\tau_1^2)+2\tau_2\Delta\tau_2}{2(\Delta\tau_2-\Delta\tau_3)}\\r_3=c\,\frac{(2\tau_2^2-\tau_3^2-\tau_1^2)+2(2\tau_2\tau_3-\tau_2\tau_1-\tau_1\tau_3)}{2(\Delta\tau_2-\Delta\tau_3)}\\d^2=c^2\,\frac{\Delta\tau_2(\tau_3^2+\tau_2^2)-\Delta\tau_3(\tau_1^2+\tau_2^2)+2\tau_2\Delta\tau_2\Delta\tau_3}{2(\Delta\tau_2-\Delta\tau_3)}\\\Delta\tau_j\triangleq\tau_j-\tau_{j-1}\end{aligned}\right\} \tag{2-5-31}$$

3. 综合利用 DOA 和 TOA 测量获得定位解

由 $h_1=h_2$，$e_1=e_2$，可得

$$\left.\begin{aligned}r_0\sin\phi_1=r_2\sin\phi_2\\r_0\cos\phi_1+r_2\cos\phi_2=2r_1\end{aligned}\right\} \tag{2-5-32}$$

若脉冲周期 T_r 已知，可得

$$r_1=\frac{\sin(\phi_1+\phi_2)}{2\sin\phi_1-\sin(\phi_1+\phi_2)}c(\Delta T_2-MT_r) \tag{2-5-33}$$

2.5.5　无源定位系统的关键技术和发展趋势

1. 关键技术

无源定位系统是历史相对较短的技术，由于在使用上具有有源定位所不具有的优势和作用，故受到很大重视，发展很快。但是要构造一个良好的无源定位系统仍然存在很大的难度，需要克服的技术难点依然很多。无源定位所面临的第一个问题是如何提高定位精度，而从现有的定位系统的体制看，算法本身没有太大的发掘潜力，故现在的投入重点是提高原始测量的精度。测角精度的提高本身就是侦察设备的关键技术，在这里就不在阐述；测时间精度和系统时间统一的提高是特别重要的。如果系统测时差的精度为 0.1 μs，那么它所对应的定位误差是百米级，而电磁波在 0.1 μs 内也只能传播 30 m，如此高的时间精度要求也就要求各站位置精度至少应优于 30 m，这不是很容易做到的。

在多信号下作无源定位，解决不同侦察站所收到的信号配对问题是无源定位的又一个关键技术，可以看作是复杂环境下对信号的判断和识别。目前使用的信号配对大都属于各站独立处理把侦察到的信号与事先保存在侦察站内的数据库相对比，从中确定各信号分别属于数据库中的哪一个已有信号，标定名称，供侦察站间处理使用。这种处理模式比较简单，它不但要求在设备内部事先有一个数据库，而且对数据库中各参数要有一个视为相同的阈值，而阈值的设置就很有争议。如果侦察到的信号与数据库中同一信号差别较大，就不能找出匹配，无法标定名称；反之，如果接收到的其中两个信号与数据库中的某一个已有信号很相近，似乎只能说明这两个信号是同一个，但它们使用同一个名称标定又将不能在侦察站间使用，构成配对。因此，人们采用另一条路，即设法直接比较侦察站间的各信号，在一批信号与另一批信号之间寻求匹配，这一关键技术正在研究之中。

由于无源定位系统的定位效果与各侦察站的布局密切相关，人们自然会想到对不同地域对应采用不同的布局，从而希望各侦察站的机动要方便一点。因此，研究怎样简化侦察站、增加机动性成为无源定位系统的又一关键技术。它有可能引起重大变化，使电子对抗侦察分支在 RWR、ESM 和 ELINT 之后又形成一种特殊的状态，不再是传统的 ESM 和 ELINT。

无源定位系统内的通信也是无源定位的一个关键技术。它所不同于一般通信的是我们总是力图使系统具有隐蔽性，因此一般它采用定向天线相互通信，而且一般还有争取用尽可能高的速率做突发通信。但是另有两条途径解决通信所引发的问题：一是极力减少系统内必须通信的信息量，这就提出了另一个技术难点，就是尽量做好预处理。这本来也是一般侦察中面临的问题，但在无源定位系统中问题有了新的平衡标准。如果把任务都压在各个侦察站，当然可以将通信量压至最低；但对信号处理方面就不能利用系统带来的优势。这里的关键技术之一是怎么样恰到好处地分配处理量，一方面使信息流量降低到可以承受，另一方面又充分享受由于系统的存在所带来的处理信号、分选信号的好处。二是尽量缩小侦察站

间的间距。如果侦察站的间距小到一定程度，有线通信将代替无线通信；而缩小侦察站间距后，如何保证定位的精度是一个有待攻克的技术关键。另外，优秀的算法以及优良的人机交互界面，同样也是无源定位系统的关键技术。

2. 发展趋势

无源定位系统虽然起源很早，甚至有不少应用在民用领域，但相对来说，仍然被认为很神秘，甚至很困难。从其发展来看，目前已经越来越普及，系统简单易用，而且接口可以通用。这种发展趋势要进展得快，往往需要批量应用才能产生一个较大的推动，将会引发民用与军用相结合以造成产品数量增加的趋势。

无源定位系统的技术发展趋势是提高定位精度。虽然从技术上讲，有许多困难；然而，一旦定位的实时性和精度有所发突破，应用自然就会更广，可以说，更进一步的技术发展也就可能存在了。这里有两种发展方向：一种是进一步提高单个侦察站的性能，当测角或测时的精度进一步提高时，定位精度自然就提高了；另一种是进一步简化单个侦察站的性能，使系统从实用的意义上可以允许有较多的侦察站，这样，各侦察站的布局较易做得更加合理，从而，相当程度地提高定位精度。对于那些有效作用地域范围可以与侦察站布局地域重合的应用和相当一些民用，这种体制可能革命性地提高定位精度。

无源定位系统的另一个发展趋势是人们为了方便应用力图缩小侦察站间的距离。目前对于 100 km 处的目标定位，侦察站间合理的距离是 50 km；当侦察站间距小到千米级时，系统的应用自然发生了变化。如果可能是 200 km，那么整个定位系统的应用和技术推动，都将发生新的变革。

根据辐射源的性质，无源探测系统可分为基于目标辐射源与基于外辐射源两大类，如图 2.35 所示。

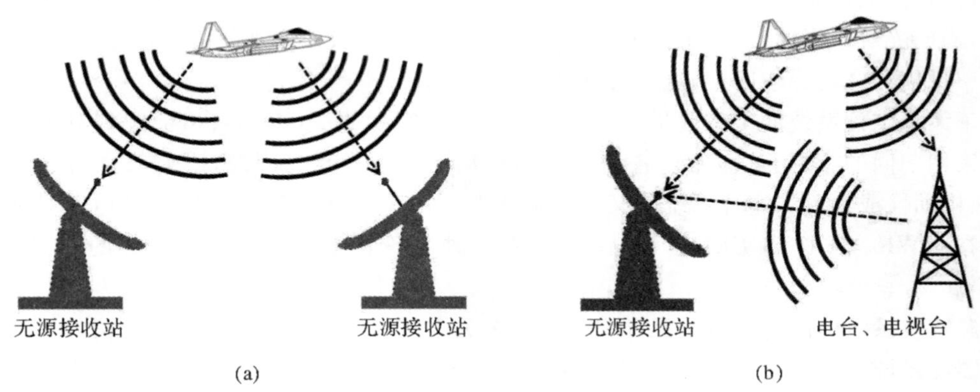

图 2.35 无源探测系统示意图

(a)目标辐射源；(b)外照射源

基于目标辐射源的无源探测系统类似传统意义上的电子战侦察设备。它通过接收目标本身辐射的电磁波测量其参数，从而确定辐射源及其载体平台的位置。可以利用的辐射源有雷达、干扰机、通信设备、应答器等。这类系统不能直接获得目标距离，而要通过多站同时测量或单站运动测量来进行目标定位。

基于外辐射的探测系统是一种新的无源探测手段，它利用空中已有的其他非合作辐射源作为目标的照射源。通过接收来自照射源的直达波和经目标反射后的回波，测得目标回波的多普勒频率、到达时差（TDOA）和到达角（DOA）等信息，并经处理后来实现目标的探测和跟踪。这类系统可利用的非合作辐射源包括：地面广播电台、电视台；运动或固定平台上的雷达、通信设备；导航卫星等。

传统的无源定位系统是通过接收和测量目标辐射的电磁信号的方向、到达时间差、相位差、多普勒频率差等实现对目标的定位。新型的无源探测定位技术，即利用外辐射源（如广播、电视信号等）作为照射源来探测和跟踪空中目标的研究和发展近年来得到了世界范围内的广泛关注。这种技术因其具有较好的探测和跟踪性能、很强的生存能力及良好的反隐身能力等，因此它代表了无源定位系统的最新发展方向，也掀起了对这种新型无源探测系统，即外辐射源目标探测系统的研究高潮。

这种技术是通过检测外辐射源辐射的电磁信号照射在目标上造成的散射，经过检测直达信号和目标上的散射信号后进行处理和定位。由于这种信号原本不是用来探测目标的，它的信号强度通常比较小。因此，对这类信号的无源定位最大的困难就是如何检测到微弱的反射信号，处理增益可以使信号变得能够被检测，而且可能提取频率或时间信息，进而推算出位置信息。而相关积累需要信号样本，因此，这一类无源定位要么需要接收照射源直接到达的电磁波从中提取样本信号，要么根据信号的规律计算可能的样本信号。同时，为了避免相对强度非常大的样本信号干扰目标反射的非常微小的带位置信息的信号，接收通道的设计需要精心地考虑对强的直达信号的充分抑制。

基于外辐射源的无源探测系统除了以广播电台、电视台作为照射源的系统外，还将发展以下几种：

（1）以卫星作照射源的系统。可以用电视转播卫星、导航卫星和通信卫星作为外辐射源对目标进行探测。

（2）以其他雷达作为照射源的系统。空中交通管制雷达、各种军用雷达均可作为这类无源探测系统的照射源。

（3）以环境背景信号作为照射源的系统。可用作照射信号的非合作背景信号有窄带或宽带信号、从高频到 X 频段的任意载频信号、具有任意处理模式的信号、通信和广播信号、雷达监视信号及成像信号。

目前，“寂静哨兵”系统被认为是能实时和高精度检测飞机等空中动目标的无源探测系统之一。尽管“寂静哨兵”无源探测系统有许多优点，但其定位精度和跟踪精度还不够高。所以，未来这类无源探测系统的发展重点是着重研制高速、大容量信号处理机和目标关联、跟踪和估计算法。

专家认为，基于电视、调频广播信号或通信卫星信号的无源探测系统是今后 10～20 年内的一个重要发展方向。而无源探测系统与有源探测系统向结合的综合探测定位系统以其具有极强的抗干扰、抗隐身、抗低空突防、抗反辐射武器攻击能力必将成为未来的发展趋势。

第3章　雷达电子进攻

对雷达的电子进攻是指进攻性地使用电磁波、反辐射导弹和定向能等武器，以破坏敌方雷达工作效能或摧毁敌方雷达为目的所开展的军事行动，它是雷达电子战的重要环节。

3.1　雷达干扰概述

3.1.1　对雷达电子进攻的概念

对雷达的电子进攻过去通常是指对敌方雷达施放电子干扰，以破坏敌方各种雷达（如警戒、引导、炮瞄、制导、轰炸瞄准雷达等）的正常工作，导致敌指挥系统和武器系统失灵而丧失战斗力。从这个意义上来说，雷达干扰是一种重要的进攻性武器。但是由于对雷达施放电子干扰不会造成雷达实体的破坏，而只能利用电子设备或干扰器材改变雷达获取的信息量，从而破坏雷达的正常工作，使其不能探测和跟踪真正的目标，所以是一种“软杀伤”手段。

现代电子战中的电子进攻除了包括对敌方雷达的电子干扰之外，还特别强调了使用反辐射导弹和定向能武器等。由于使用这些武器能够从实体上破坏雷达，具有摧毁性，所以称其为“硬杀伤”武器。因此，现代电子战中的电子进攻既包括使用不具有摧毁性的软杀伤手段，也包括使用具有摧毁性的硬杀伤手段。为了达到最佳的电子进攻效果，将软杀伤与硬杀伤手段结合使用是电子战发展的必然趋势。

3.1.2　雷达干扰分类

雷达干扰是指一切破坏和扰乱敌方雷达监测己方目标信息的战术和技术措施的统称。对雷达来说，除带有目标信息的有用信号外，其他各种无用信号都是干扰。如图3.1所示为雷达干扰的基本原理图。

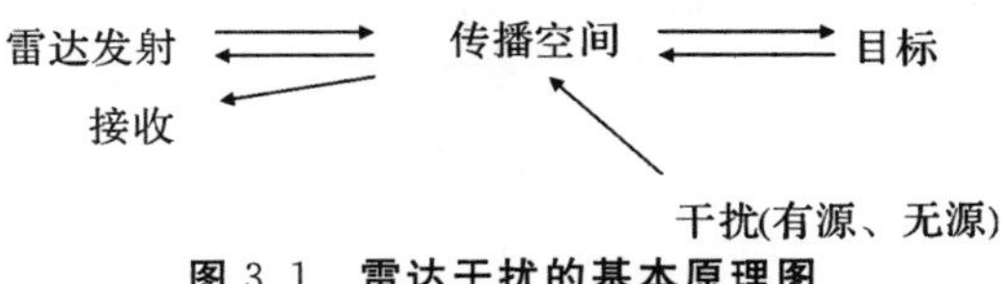

图3.1　雷达干扰的基本原理图

干扰的分类方法很多，可以按照干扰的来源、产生途径以及干扰的作用机理等对干扰信号进行分类。

1. 按照干扰能量的来源分为有源干扰和无源干扰

有源干扰：凡是由辐射电磁波的能源产生的干扰。

无源干扰：利用目标物体对电磁波的散射、反射、折射或吸收产生的干扰。

2. 按照干扰产生的途径分为有意干扰和无意干扰

有意干扰：凡是人为有意识制造的干扰。

无意干扰：因自然或其他因素无意识形成的干扰。

通常，将人为有意识施放的有源干扰称为积极干扰，将人为有意实施的无源干扰称为消极干扰。

3. 按照干扰的作用机理分为遮盖性干扰和欺骗性干扰

遮盖性干扰：干扰机发射强干扰信号，进入雷达接收机，造成对回波信号有遮盖、压制作用的干扰背景，使雷达不能准确地检测目标信息。

欺骗性干扰：干扰发射机与目标信号特征相同或相似的假信号，使得雷达接收机难以将干扰信号与目标回波区分开，使雷达不能正常检测目标。

4. 按照雷达、目标、干扰机的空间位置关系分为远距离支援式干扰、随队干扰、自卫干扰和近距离干扰(见图 3.2)

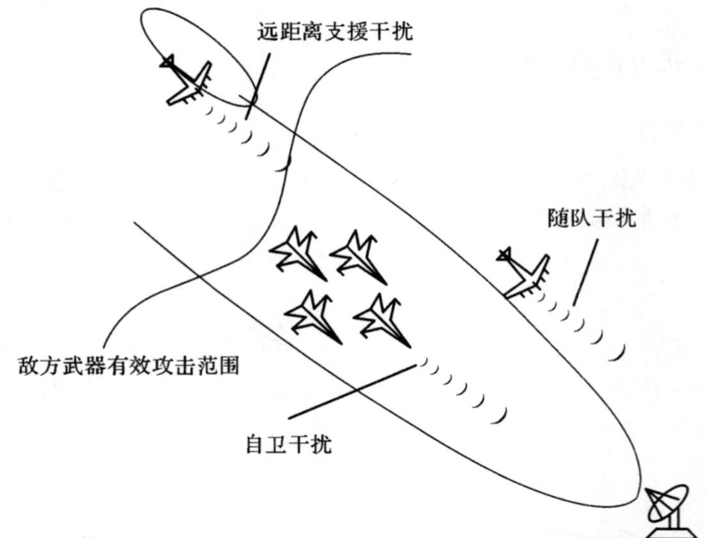

图 3.2　按雷达、目标、干扰机的空间位置关系对雷达干扰的分类

远距离支援干扰(SOJ)：干扰机原理雷达和目标，通过辐射强干扰信号掩护目标。实施远距离支援式干扰时，干扰信号主要是从雷达天线的旁瓣进入雷达接收机，通常用于遮盖性干扰。

随队干扰(ESJ)：又称护航干扰，干扰机位于目标附近，通过辐射强干扰信号掩护目标。随队干扰信号既可以从雷达天线的主瓣进入雷达接收机(此时不能分辨干扰机与目标)，也可以从雷达天线的旁瓣进入雷达接收机(此时能将干扰机与目标分辨开)，一般用于对雷达形成遮盖性干扰。掩护运动目标的 ESJ 飞机应具有与目标相同的机动能力。在空袭作战中的 ESJ 飞机往往略领先于其他飞机，而且在一定的作战距离上同时还要施放无源干扰。出于安全方面的考虑，进入危险战区的 ESJ 任务通常由无人驾驶飞行器担当。

自卫干扰(SSJ)：干扰机位于目标上，干扰的目的是使自己免遭雷达威胁。自卫干扰信

号从雷达天线的主办进入雷达接收机，除了对雷达实施遮盖性干扰外，更重要的是对雷达实施欺骗性干扰。SSJ 是现代作战飞机、舰艇、地面重要目标等必备的干扰手段。

近距离干扰(SFJ)：干扰机到雷达的距离领先于目标，通过辐射干扰信号掩护后续目标。由于距离领先，干扰机可获得宝贵的预先引导时间，使干扰信号频率对准雷达频率。SFJ 主要用于对雷达进行遮盖性干扰。干扰机离雷达越近，进入雷达接收机的干扰能力就越强。出于安全性的考虑，SFJ 主要由投掷式干扰机和无人驾驶飞行器担任。

3.2 干扰方程及有效干扰空间

干扰方程是设计干扰机时进行初始计算以及选取整机参数的基础，同时也是使用干扰机时计算和确定干扰及有效干扰空间(即干扰机威力范围)的依据。由于干扰机的基本任务就是压制雷达、保卫目标，所以干扰方程必然涉及干扰机、雷达和目标三个因素，干扰方程将干扰机、雷达和目标三者之间的空间能量关系联系在一起。

3.2.1 干扰方程

3.2.1.1 干扰方程的一般表示式

1. 基本能量关系

通常雷达探测和跟踪目标时，雷达天线的主瓣指向目标。由于干扰机和目标不一定在一起，故干扰信号通常从雷达天线旁瓣进入雷达。雷达、目标和干扰机的空间关系如图 3.3 所示。

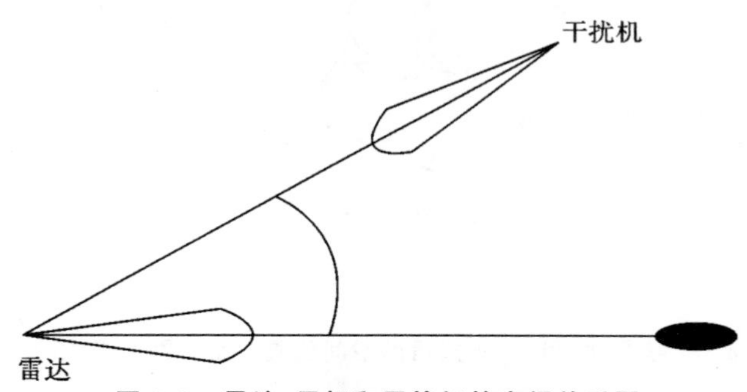

图 3.3 雷达、目标和干扰机的空间关系图

显然，雷达接收机将受到两个信号：目标的回波信号 P_{rs} 和干扰机辐射的干扰信号 P_{ri}。

由雷达方程可得雷达收到的目标回波信号功率 P_{rs} 为

$$P_{rs}=\frac{P_t G_t \sigma A}{(4\pi R_t^2)^2}=\frac{P_t G_t^2 \sigma \lambda^2}{(4\pi)^3 R_t^4} \tag{3-2-1}$$

式中：P_t 为雷达的发射功率；G_t 为雷达天线增益；σ 为目标的雷达截面积；R_t 为目标与雷达的距离；A 为雷达天线的有效面积。

由二次雷达方程得到进入雷达接收机的干扰信号功率 P_{rj} 为

$$P_{rj}=\frac{P_j G_j}{4\pi R_j^2}A'\gamma_j$$

由 A' 为雷达在干扰机方向上的有效面积，$A'=\frac{\lambda^2}{4\pi}G_t'$，得

$$P_{rj}=\frac{P_j G_j G_t' \lambda^2 \gamma_j}{(4\pi)^2 R_j^2} \tag{3-2-2}$$

式中：P_j 为干扰机的发射功率；G_j 为干扰机天线增益；R_j 为干扰机与雷达的距离；γ_j 为干扰信号对雷达天线的极化系数。

由式(3-2-1)和式(3-2-2)可以得到雷达接收机输入端的干扰信号功率和目标回波信号功率的比值是

$$\frac{P_{rj}}{P_{rs}}=\frac{P_j G_j}{P_t G_t}\times\frac{4\pi\gamma_j}{\sigma}\times\frac{G_t'}{G_t}\times\frac{R_t^4}{R_j^2} \tag{3-2-3}$$

仅仅知道进入雷达接收机的干扰信号和目标信号的功率比，还不能说明干扰是否有效，还必须用一个标准来衡量干扰效果的有效性，通常称其为压制系数。

2. 功率准则

功率准则是衡量干扰效果或抗干扰效果的一种方法。功率准则又称信息损失准则，一般用压制性系数 K_j 来表示，适用于对遮盖性(压制性)干扰效果的评定，表示对雷达实施有效干扰(搜索状态下指雷达发现概率 P_d 下降到 10%以下)时，雷达接收机输入端或接收机线形输出端所需要的最小干扰信号与雷达回波信号功率之比，则有

$$K_j=P_j/P_s\big|_{P_d=0.1} \tag{3-2-4}$$

式中：P_j、P_s 分别为受干扰雷达输入端或接收机线性输出端的干扰功率和目标回波信号功率。显然，K_j 是干扰信号调制样式、干扰信号质量、接收机响应特性、信号处理方式等的综合性函数。

压制系数虽然是一个常数，但必须根据干扰信号的调制样式和雷达型式(特别是雷达接收机和终端设备的型式)两方面的因素来确定。例如，对警戒雷达实施噪声干扰时，当干扰功率和信号功率基本相等或略大些时，操纵员仍可以在干扰背景中发现目标信号；只有当接收机输入端干扰信号的功率是回波信号功率的 2～3 倍时，操纵员就不能在环视显示器(属亮度显示器类)的干扰背景中发现目标信号。所以，噪声干扰对以环视显示器为终端设备的雷达的压制系数 $K_j=2\sim3$。而同样大的干扰信号和目标回波信号的功率比值还不足以使距离显示器失效，操纵员仍能在距离显示器(属偏转调制显示器类)上辨识出目标信号。当接收机输入端干扰和信号功率比达到 8～9 时，即使有经验的雷达操纵员也不能在噪声干扰背景中发现目标信号。所以，噪声干扰对与有距离显示器做终端的雷达，其压制系数 $K_j=8\sim9$。对于自动工作的雷达系统，由于没有人的操纵，不能利用干扰和信号之间的细微差别来区别干扰目标，只能从信号和干扰在幅度、宽度等数量上的差别来区分干扰和信号，因而比较容易受干扰。对于这类系统，只要噪声干扰功率比目标回波信号功率大 1.5 倍，就可以使它失效，所以压制系数 $K_j=1.5\sim2$。

总之，压制系数越小，说明干扰越容易，雷达的抗干扰性能越差；压制系数越大，说明干扰越困难，雷达的抗干扰性能越好。此外，压制系数还是用于比较各种干扰信号样式优劣的重要标准之一。

3. 干扰方程

利用压制系数可以推导出干扰方程。由式(3－2－3)知,有效干扰必须满足

$$\frac{P_{rj}}{P_{rs}}=\frac{P_jG_j}{P_tG_t}\times\frac{4\pi\gamma_j}{\sigma}\times\frac{G_t'}{G_t}\times\frac{R_t^4}{R_j^2}\geqslant K_j \tag{3-2-5}$$

或

$$\frac{P_jG_j}{P_tG_t}\geqslant\frac{K_j}{\gamma_j}\times\frac{P_tG_t\sigma}{4\pi\left(\frac{G_t'}{G_t}\right)}\times\frac{R_j^2}{R_t^4} \tag{3-2-6}$$

通常将式(3－2－5)或式(3－2－6)称为干扰方程。

上述分析是针对干扰机带宽不大于雷达接收机带宽($\Delta f_j\leqslant\Delta f_r$)时的情况进行的,只适用于瞄准式干扰的情况。当干扰机带宽比雷达接收机带宽大很多时,干扰机产生的干扰功率无法全部进入雷达接收机。因此,干扰方程必须考虑带宽因素的影响,则有

$$\frac{P_jG_j}{P_tG_t}\times\frac{4\pi\gamma_j}{\sigma}\times\frac{G_t'}{G_t}\times\frac{R_t^4}{R_j^2}\times\frac{\Delta f_r}{\Delta f_j}\geqslant K_j \tag{3-2-7}$$

或

$$P_jG_j\geqslant\frac{K_j}{\gamma_j}\times\frac{P_tG_t\sigma}{4\pi(\frac{G_t'}{G_t})}\times\frac{R_j^2}{R_t^4}\times\frac{\Delta f_j}{\Delta f_r} \tag{3-2-8}$$

式(3－2－7)和式(3－2－8)是一般形式的干扰方程,即干扰机不配置在目标上,而且干扰机的干扰带宽大于雷达接收机的带宽。干扰方程反映了与雷达相距 R_j 的干扰机在掩护与雷达相距 R_t 的目标时,干扰机功率和干扰天线增益所应满足的空间能量关系。

当干扰机配置在目标上(目标自卫)时,$R_j=R_t$,且 $G_t'=G_t$,所以一般形式的干扰方程式(3－2－7)或式(3－2－8)可以简化为

$$P_jG_j\geqslant\frac{K_j}{\gamma_j}\times\frac{P_tG_t\sigma}{4\pi R^2}\times\frac{\Delta f_j}{\Delta f_r} \tag{3-2-9}$$

或

$$R_0=\sqrt{\frac{K_j\sigma}{4\pi\gamma_j}\times\frac{P_tG_t}{P_jG_j}\times\frac{\Delta f_j}{\Delta f_r}} \tag{3-2-10}$$

式中:R_0 为干扰机的最小有效干扰距离。

当 $\Delta f_j\leqslant\Delta f_r$ 时,式(3－2－7)和式(3－2－8)中的$\frac{\Delta f_j}{\Delta f_r}=1$。

3.2.1.2 干扰方程的讨论

从干扰方程可以看出:

(1)干扰机功率 P_jG_j 和雷达功率 P_tG_t 成正比,即压制大功率雷达所需干扰功率大。对于雷达来说,增大 P_tG_t 就可以提高其抗干扰能力;对于干扰来说,增大干扰功率 P_jG_j 就可以提高对雷达压制的有效性。通常把 P_tG_t 和 P_jG_j 分别称为雷达和干扰机的有效辐射功率。

(2)干扰有效辐射功率 P_jG_j 与雷达天线的侧向增益比 G_t' / G_t 成反比。这说明雷达天线方向性越强，抗干扰性能越好，干扰起来就越困难，需要的干扰功率就越大。要进行旁瓣干扰，由于 G_t' / G_t 可达 −30～−50 dB，那么干扰功率 P_jG_j 就应增大 10^3～10^6 倍才能进行有效干扰。所以从节省功率的角度看，干扰机配置在目标上最有利。

(3)P_jG_j 与目标反射面积成正比，被掩护目标的有效反射面积越大，所需干扰功率 P_jG_j 就越大。所以掩护重型轰炸机($\sigma = 150\ \mathrm{m}^2$)比掩护轻型轰炸机($\sigma = 50\ \mathrm{m}^2$)为所需干扰功率 P_jG_j 要大 3 倍，而要掩护大型军舰($\sigma = 15\ 000\ \mathrm{m}^2$)所需的干扰功率 P_jG_j 比掩护重型轰炸机时大 100 倍。

(4)有效干扰功率 P_jG_j 和压制系数 K_j 及极化损失系数 γ_j 的关系。有效干扰功率和压制系数 K_j 的关系成正比，即 K_j 越大，所需 P_jG_j 就越大。极化系数 γ_j 由干扰机天线的极化性质而定。通常干扰天线是圆极化的，在对各种线性极化雷达实施干扰时，极化损失系数 $\gamma_j = 0.5$。

3.2.2　有效干扰区和干扰扇面

3.2.2.1　有效干扰区

满足干扰方程的空间称为有效干扰区或压制区。当干扰机配置在被保卫目标上时，干扰机最小有效干扰距离 R_0 用式(3-2-10)表示。在距离 R_0 上，进入雷达接收机的干扰信号功率与雷达接收到的目标回波信号功率之比 P_{rj}/P_{rs} 正好等于压制系数 K_j，即干扰机刚能压制住雷达，使雷达不能发现目标。

当雷达与目标的距离 $R_t > R_0$ 时，$\dfrac{P_{rj}}{P_{rs}} > K_j$，这时干扰压制住了目标回波信号，雷达不能发现目标，称为有效干扰区。

当雷达与目标的距离 $R_t < R_0$ 时，$\dfrac{P_{rj}}{P_{rs}} < K_j$，这时干扰压制不了目标回波信号，雷达在干扰中仍能够发现目标，称为(目标)暴露区。

显然，由 $\dfrac{P_{rj}}{P_{rs}} = K_j$ 所得 R_0 既是压制区的边界也是暴露区的边界。

对于干扰机来说，R_0 就是干扰机的最小有效干扰距离，常称为暴露半径。

对于雷达来说，R_0 就是在压制性干扰的情况下雷达能够发现目标的最大距离，称为雷达的“烧穿距离”或“自卫距离”(有些书上，定义 $K_j = 1$ 时的距离为烧穿距离)。雷达常采用提高发射功率 P_t 或提高天线增益 G_t 的办法来增大自卫距离。

产生这一现象的物理实质是：随着雷达与目标的接近，目标回波信号 P_{rs} 按距离变化的 4 次方而增大，而干扰信号功率 P_{rj} 则是按距离变化的二次方增大；当距离减小至 R_0 时，$\dfrac{P_{rj}}{P_{rs}} = K_j$；距离再进一步减小时，虽然干扰信号仍在增强，但不如目标回波信号增加得快，使 $\dfrac{P_{rj}}{P_{rs}} < K_j$，目标就暴露出来了，如图 3.4 所示。

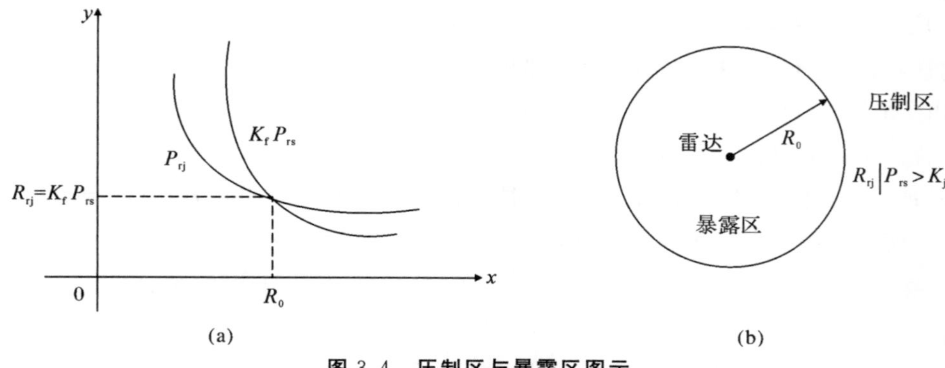

图 3.4　压制区与暴露区图示

当自卫干扰飞机离雷达的距离 $R_t > R_0$ 位于如图 3.5 中的①、②两点时，雷达均处于压制区不能发现目标，但干扰效果不相同。在①点，干扰机离雷达远，在显示器上打亮的干扰扇面窄；在②点，干扰打亮的干扰扇面宽；当飞机离雷达的距离小于 R_0 位于图中③点时，虽然干扰扇面比在①②两点时的宽，但目标回波信号很强，在干扰扇面中就能看到目标。

从干扰方程很容易看出：雷达功率 $P_t G_t$ 越大，被保卫目标的 σ 越大，暴露半径就越大；要减小暴露区，只有提高干扰机的功率 $P_j G_j$，并正确选择干扰样式以降低 K_j。

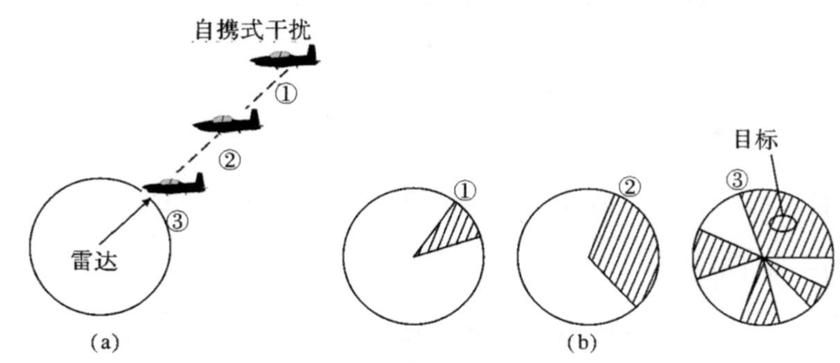

图 3.5　不同距离时的干扰扇面

(a)干扰飞机距雷达的位置；(b)不同距离时的显示器画面

3.2.2.2　干扰扇面

干扰信号在环视显示器荧光屏上打亮的扇形区称为干扰扇面。干扰机在保卫目标时，应使其干扰扇面足以掩盖住目标，使雷达不能发现和瞄准目标。

1. 干扰扇面

雷达环视显示器通常调整在接收机内部噪声电平刚刚不能打亮荧光屏，只有超过噪声电平的目标信号电压才能在荧光屏上形成亮点。干扰要打亮荧光屏，则进入雷达接收机的干扰电平必须大于接收机内部噪声电平一定倍数。干扰要打亮如图 3.6 所示的宽度为 $\Delta\theta_B$ 的干扰扇面，则必须保证干扰机功率在雷达天线方向图的 θ 角（$\theta = \Delta\theta_B/2$）方向上进入雷达接收机的干扰信号电平大于接收机内部噪声电平一定倍数。

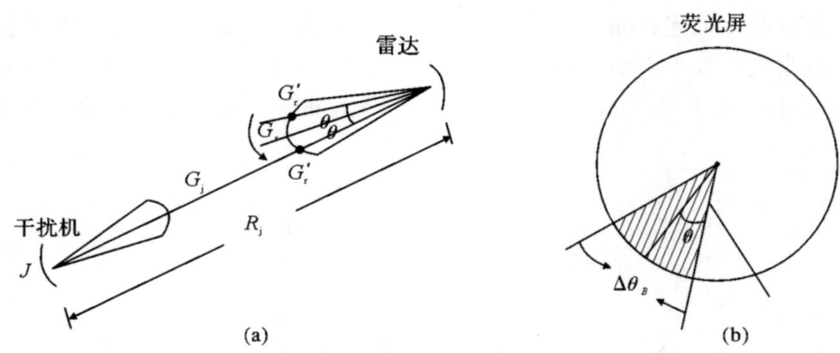

图 3.6　干扰扇面的形成

用 P_n表示雷达接收机输入端的内部噪声电平，m 表示倍数，则进入雷达接收机输入端的干扰信号电平应为

$$P_{rj} \geqslant mP_n \tag{3-2-11}$$

根据图 3.6 的空间关系可以求得 P_{rj}为

$$P_{rj}=\frac{P_j G_j}{4\pi R_j^2}\times\frac{G'_t\lambda^2}{4\pi}\times\varphi\gamma_j \geqslant mP_n \tag{3-2-12}$$

式中：φ 为雷达馈线损耗系数；G'_t为偏离雷达主瓣最大方向 θ 的天线增益。

如果有雷达天线的方向图曲线，可以根据 θ 值，在曲线图上求得 G'_t。为了得到计算干扰参数的数学表达式，通常用 G'_t与 θ 的经验公式，即

$$\frac{G'_t}{G_t}=k\left(\frac{\theta_{0.5}}{\theta}\right)^2 \tag{3-2-13}$$

对于高增益锐方向性天线，k 取大值，即 $k=0.07\sim0.10$；对于增益较低、波束较宽的天线，k 取小值，即 $k=0.04\sim0.06$。还应注意，式(3-2-13)适用的角度范围是：$\theta>\theta_{0.5}/2$ 且小于 60°或 90°。因为实际天线的方向图在大于 60°或 90°角度范围之后，天线增益不再随着 θ 的增大而减小，而是趋于一个平均稳定的增益数值，这个数值可用 $\theta=60°$或 $\theta=90°$时的 G'_t来计算。$\theta\leqslant\theta_{0.5}/2$ 时，G'_t按天线最大增益 G'_t来计算。

将天线增益公式代入式(3-2-12)，便可求得干扰扇面 $\Delta\theta_B$的公式为

$$\Delta\theta_B=2\theta\leqslant 2\left(\frac{P_j G_j G_t\lambda^2 k\varphi\gamma_j}{mP_n}\right)^{\frac{1}{2}}\times\frac{\theta_{0.5}}{4\pi R_j} \tag{3-2-14}$$

干扰扇面是以干扰机方向为中心，两边各为 θ 的辉亮扇面。可以看出，干扰扇面与 R_j成反比，距离越近，干扰扇面 $\Delta\theta_B$越大；干扰扇面与 $\sqrt{P_j G_j}$成正比，$P_j G_j$ 增加一倍，$\Delta\theta_B$增加$\sqrt{2}$倍。

2. 有效干扰扇面

上述干扰扇面只是说明干扰信号打亮的扇面有多大，还不能保证在干扰扇面中一定能压制住信号。因此可能出现这种情况，即在干扰信号打亮的扇面内仍能看到目标的亮点，以致达不到压制目标的目的，如图 3.5 中飞机飞至 3 点时的情况。

有效干扰扇面 $\Delta\theta_j$ 是指在最小干扰距离上干扰能压制信号的扇面，在此扇面内雷达完全不能发现目标。

有效干扰扇面比上述打亮显示器的干扰扇面对干扰功率的要求更高，即干扰信号功率不仅是大于接收机内部噪声功率一定倍数，而且比目标回波信号大 K_j 倍，在这样的扇面内完全不能发现目标，故称为有效干扰扇面。显然，接收机输入端的干扰信号功率应满足

$$P_{rj} \geqslant K_j P_{rs}$$

即

$$\frac{P_j G_j}{4\pi R_j^2} \times \frac{G_t' \lambda^2}{4\pi} \times \varphi \gamma_j \geqslant K_j \frac{P_t G_t^2 \sigma \lambda^2}{(4\pi)^3 R_t^4} \tag{3-2-15}$$

或

$$P_j G_j \geqslant \frac{K_j}{\varphi \gamma_j} \times \frac{P_t G_t \sigma}{4\pi} \times \frac{G_t}{G_t'} \times \frac{R_j^2}{R_t^4} = \frac{K_j}{\varphi \gamma_j} \times \frac{P_t G_t \sigma}{4\pi k} \times \left(\frac{\theta}{\theta_{0.5}}\right)^2 \times \frac{R_j^2}{R_t^4} \tag{3-2-16}$$

根据式(3-2-16)求出 θ，便可得到有效干扰扇面 $\Delta\theta_j$ 的计算式为

$$\Delta\theta_j = 2\theta = 2\left(\frac{P_j G_j}{P_t G_t \sigma} \times \frac{4\pi \varphi \gamma_j k}{K_j}\right)^{1/2} \times \left(\frac{R_t{}^2}{R_j}\right) \times \theta_{0.5} \tag{3-2-17}$$

可以看出，有效干扰扇面 $\Delta\theta_j$ 与很多因素有关，既与干扰参数 $P_j G_j$、K_j 有关，还与雷达参数 $P_t G_t$、$\theta_{0.5}$ 以及目标的有效反射面积 σ 有关，另外，$\Delta\theta_j$ 还与 R_j 和 R_t 有关。

比较式(3-2-17)和式(3-2-14)可知，由于雷达接收到的目标回波电平总是比接收机内部噪声电平高很多，因此满足有效干扰扇面要求所需的干扰功率 $P_j G_j$ 要比能够打亮这样大的扇面所需的干扰功率大得多。换句话说，在干扰功率一定情况下，干扰在荧光屏上打亮的干扰扇面 $\Delta\theta_B$ 比它能有效压制雷达信号的扇面 $\Delta\theta_j$（即有效干扰扇面）要大得多。通常所说的雷达干扰扇面是指干扰实际打亮的扇面 $\Delta\theta_B$，而不是有效干扰扇面。

有效干扰扇面是根据被保卫目标的大小和干扰机的位置确定的。图 3.7 所示为干扰机配置在被保卫目标上的情况。设目标是一座城市，目标半径为 r，干扰机配置在目标中心，为了可靠地压制雷达，使其在最小压制距离 R_{min} 上天线最大方向对向目标边缘时都不能发现目标，所以有效干扰扇面 $\Delta\theta_j$ 应为

$$\Delta\theta_j \geqslant 2\theta_j = 2\arcsin\frac{r}{R_{min}} \tag{3-2-18}$$

式中：$R_{min} \geqslant R_0$，即干扰机的最小有效干扰距离 R_0 应小于或者等于战术要求的最小压制距离 R_{min}。

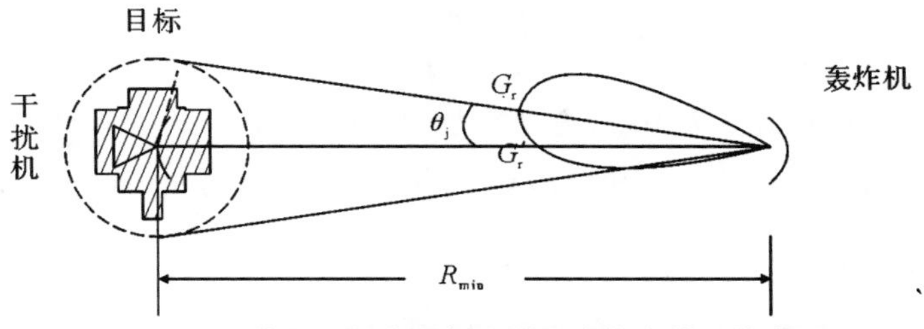

图 3.7　干扰机配置在目标上所要求的有效干扰扇面

当干扰机配置在被保卫目标之外(见图 3.8)，可以使雷达无法根据干扰机的方向(干扰扇面的中心线)来判断目标所在。这时有效干扰扇面应为

$$\Delta\theta_j \geqslant 2(\theta_1 + \theta_2) = 2\left(\arcsin\frac{r}{R_{min}} + \theta_2\right) \tag{3-2-19}$$

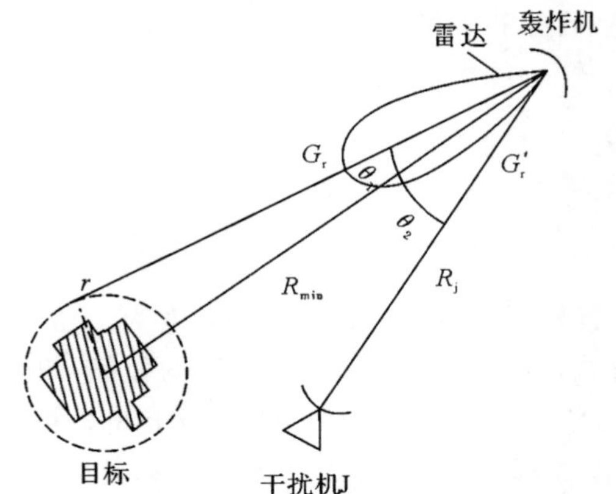

图 3.8　干扰机配置在目标之外所要求的有效干扰扇面

可以看出，干扰机配置在被保卫目标之外所要求的有效干扰扇面比干扰机配置在目标上的要大得多。有效干扰扇面越大，所需要的干扰机功率 P_jG_j 越大，甚至有时会超过一部干扰机所能达到的干扰功率。用两部或两部以上的干扰机配置在被保卫目标之外，共同形成一个有效干扰扇面，这样每部干扰机的功率不至太大，而且雷达也无法根据干扰扇面的中心线来判断目标和干扰机的方向。

3.2.3　干扰机掩护运动目标时的有效干扰区

机载干扰机实施随队干扰和远距离支援干扰都是属于掩护运动目标的情况，所以应用干扰方程式(3-2-20)，即

$$P_jG_j \geqslant \frac{K_j}{\gamma_j} \times \frac{P_tG_t\sigma}{4\pi k}\left(\frac{\theta}{\theta_{0.5}}\right)^2 \times \frac{R_j^2}{R_t^4} \times \frac{\Delta f_j}{\Delta f_r} \tag{3-2-20}$$

如图 3.9 所示，在运动目标状态，只有 θ、R_t 和 R_j 为变量。为了便于讨论，先假定干扰机及雷达均是固定的，且被掩护的目标是一个运动的点目标，并令 $\Delta f_r = \Delta f_j$。

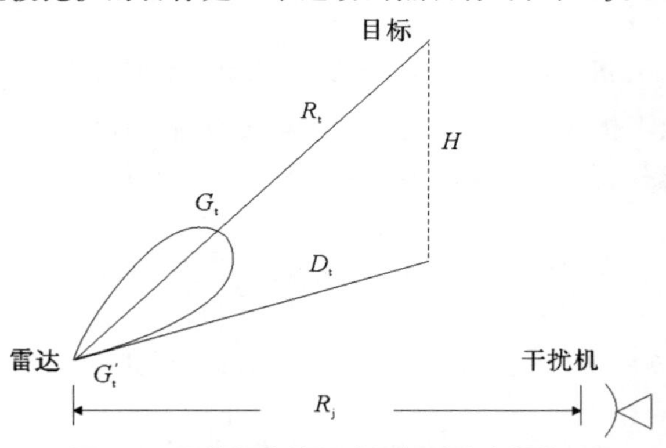

图 3.9　干扰机掩护运动目标时的空间关系

雷达天线指向目标，干扰机天线指向雷达，干扰信号偏离雷达主瓣方向的角度为 θ，目标高度为 H，距离雷达的水平距离为 D_t，将上述空间关系代入干扰方程，可得

$$P_jG_j \geqslant \frac{K_j}{\gamma_j} \times \frac{P_tG_t\sigma}{4\pi k\theta_{0.5}^2} \times \theta^2 \times \frac{R_j^2}{(D_t^2+H^2)^2} \Rightarrow \frac{P_jG_j}{P_tG_t} \times \frac{\gamma_j}{K_j} \times \frac{4\pi k\theta_{0.5}^2}{\sigma} = \frac{R_j^2}{(D_t^2+H^2)^2} \times \theta^2 \tag{3-2-21}$$

其左边是一个与雷达、目标和干扰机参数有关的不变量，以 A 表示，于是式(3-2-21)可写为

$$\left.\begin{aligned} D_t^2 &= \frac{R_j}{\sqrt{A}}\theta - H^2 \\ A &= \frac{P_jG_j}{P_tG_t}\times\frac{\gamma_j}{K_j}\times\frac{4\pi k\theta_{0.5}^2}{\sigma} \end{aligned}\right\} \tag{3-2-22}$$

式(3-2-22)就是干扰机固定、雷达固定、掩护高度为 H 的目标有效干扰区边界的曲线方程式。根据这个方程式，以 θ 为自变量，代以不同的数值，即可求得相应方向上的最小有效干扰距离 D_t。画成图形，就是以雷达为原点的极坐标的掩护区图形。

图 3.10 所示为目标高度 $H=0$ 时的有效干扰区图形，其中实线是根据式(3-2-22)画出的曲线。由于方程中所用的天线增益近似式只适用于 $\theta_{0.5}/2 \leqslant \theta \leqslant 60°\sim 90°$之间，而在 $\theta \leqslant \theta_{0.5}/2$ 时可认为 $G_t'/G_t=1$，此时的最小干扰距离为

$$R_{t0} = \sqrt[4]{\frac{P_tG_t\sigma}{P_jG_j\lambda_j}\times\frac{K_jR_j^2\theta^2}{4\pi k\theta_{0.5}^2}\times\frac{\Delta f_j}{\Delta f_r}} \tag{3-2-23}$$

$\theta \geqslant 60°\sim 90°$之后天线的平均增益电平基本不变，不再随 θ 的平方律增加而减少。所以修正后的有效干扰区(掩护区)的曲线如图 3.10 中虚线所示。

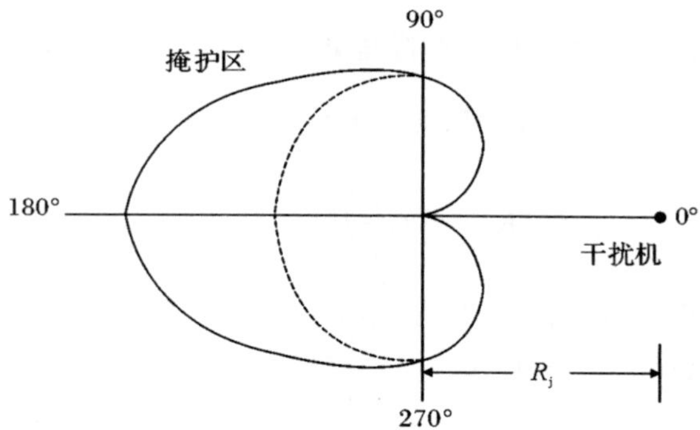

图 3.10 $H=0$ 时，干扰机对运动目标的掩护区

由曲线可知，有效干扰区是以干扰机和雷达联线为轴、两边对称于此联线的一个心状曲线。修正后的最大暴露区在Ⅱ、Ⅲ象限为半圆、暴露半径近似等于 $\theta \geqslant 60°\sim 90°$时的数值为

$$R_{t0\max} = \left(\frac{1}{\sqrt{2}}\sim\frac{1}{\sqrt{3}}\right)\times\frac{\sqrt{\pi R_j}}{\sqrt[4]{\dfrac{P_jG_j}{P_tG_t}\times\dfrac{\gamma_j}{K_j}\times\dfrac{4\pi k_{0.5}^2}{\sigma}}} \tag{3-2-24}$$

最小暴露半径在 $\theta = 0°$方向上，即干扰机所在方向上，其值为

$$R_{t0\min} = D_{\theta=0} = \frac{\sqrt{R_j}}{\sqrt[4]{\dfrac{P_jG_j}{P_tG_t}\times\dfrac{\gamma_j}{K_j}\times\dfrac{4\pi}{\sigma}}} \tag{3-2-25}$$

当目标高度不为零时($H\neq 0$)，则由式(3-2-22)可知，掩护区的形状与 $H=0$ 时基本相同，而且暴露区缩小了，掩护区扩大了。这是因为雷达至目标的距离增大而干扰机到雷达的距离没有变而引起的。

干扰机处于运动状态时的有效干扰区，可以看成干扰机对以雷达为中心的径向移动和旋转运动两个因素的合成结果。其径向运动影响有效干扰区的增大或缩小；而旋转运动使有效干扰区随着干扰机和雷达的连线转动。但有效干扰区的基本形状都是以雷达为中心、以雷达和干扰机连线为轴对称的心状曲线。

3.3 对雷达的有源干扰

按照干扰信号的作用机理可将有源干扰分为遮盖性干扰和欺骗性干扰。

3.3.1 遮盖性干扰

3.3.1.1 概述

雷达是通过对回波信号的检测来发现目标并测量其参数信息的，而干扰的目的就是破坏或阻碍雷达对目标的发现和参数的测量。

雷达获取目标信息的过程如图 3.11 所示。

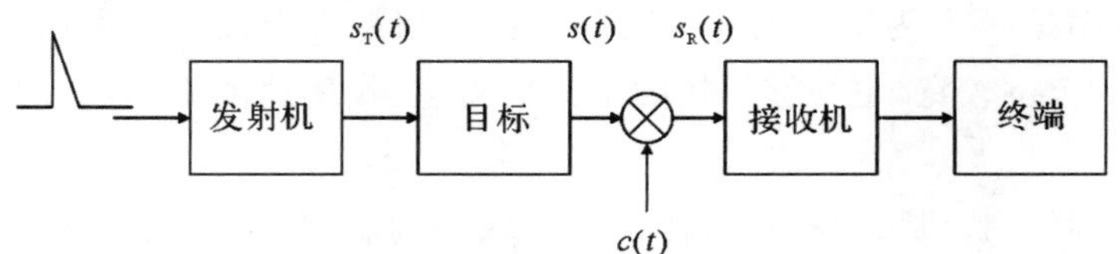

图 3.11　雷达获取信息的过程

首先，雷达向空间发射信号 $s_T(t)$，当该空间存在目标时，该信号会受到目标距离、角度、速度和其他参数的调制，形成回波信号 $s_R(t)$。在接收机中，通过对接收信号的解调与分析，便可得到有关目标的距离、角度和速度等信息。图中增加的信号 $c(t)$ 表示雷达接收信号中除目标回波以外不可避免存在的各种噪声（包括多径回波、天线噪声、宇宙射电等）和干扰，正是这些噪声和干扰的加入影响了雷达对目标的检测能力。可见，如果在 $s_T(t)$ 中，人为引入噪声、干扰信号或是利用吸收材料等都可以阻碍雷达正常地检测目标的信息，达到干扰的目的。

1. 遮盖性干扰的作用

遮盖性干扰就是用噪声或类似噪声的干扰信号遮盖或淹没有用信号，阻碍雷达监测目标的信息。由于任何一部雷达都有外部噪声和内部噪声，所以，雷达对目标的监测是基于一定的概率准则在噪声中进行的。一般来说，如果目标信号能量 S 与噪声能量 N 之比（信噪比 S/N）超过检测门限 D，则可以保证雷达以一定的虚警概率 P_{fa} 和检测概率 P_d 发现目标，简称发现目标，否则称为不发现目标。遮盖干扰使强干扰功率进入雷达接收机，降低雷达接收机的信噪比 S/N，使雷达难以检测目标。

2. 遮盖性干扰的分类

按照干扰信号中心频率 P_j 和频谱宽度 Δf_j 与雷达接收机中心频率 f_s 和带宽 Δf_r 的关

系，遮盖性干扰可以分为瞄准式干扰、阻塞式干扰和扫频式干扰。

(1)瞄准式干扰。瞄准式干扰一般满足

$$\Delta f_j=(2\sim5)\Delta f_r,\quad f_j=f_s \tag{3-3-1}$$

采用瞄准式干扰首先必须测出雷达信号频率 f_s，然后调整干扰机频率 f_j，对准雷达频率，保证以较窄的 Δf_j 覆盖 Δf_r，这一过程称为频率引导。瞄准式干扰的主要优点是在 Δf_j 内干扰功率强，是遮盖干扰的首选方式；缺点是对频率引导的要求高，有时甚至难以实现。

(2)阻塞式干扰。阻塞式干扰一般满足

$$\Delta f_j>5\Delta f_r,f_s\in\left[f_j-\frac{\Delta f_j}{2},f_j+\frac{\Delta f_j}{2}\right] \tag{3-3-2}$$

由于阻塞式干扰 Δf_j 相对较宽，所以对频率引导精度的要求低，频率引导设备简单。此外，由于其 Δf_j 宽，便于同时干扰频率分集雷达、频率捷变雷达和多部工作在不同频率的雷达。但是阻塞式干扰在 Δf_r 内的干扰功率密度低，干扰强度弱。

(3)扫频式干扰。扫频式干扰一般满足

$$\Delta f_j=(2\sim5)\Delta f_r,\quad f_s=f_j(t),t\in[0,T] \tag{3-3-3}$$

即干扰的中心频率是以 T 为周期的连续时间函数。扫频式干扰可对雷达形成间断的周期性强干扰，扫频的范围较宽，也能够干扰频率分集雷达、频率速变雷达和多部不同工作频率的雷达。

应当指出，实际干扰机可以根据具体雷达的载频调制情况，对上述基本形式进行组合，对雷达施放多频率点瞄准式干扰、分段阻塞式干扰和扫频锁定式干扰等。

3.3.1.2 干扰机的组成与资源管理

1. 干扰机的组成结构

瞄准式压制干扰机的一般组成结构如图 3.12 所示。雷达信号经过接收天线，进入侦察接收机被放大，经过分析，找出要干扰的威胁雷达，并确定干扰参数。引导控制系统控制干扰信号产生器选定适当的干扰样式和干扰频率，同时也控制干扰发射机工作，产生带有噪声调制的大功率干扰信号，经发射天线辐射出去。由于干扰功率很大，发射的信号会经接收天线进入接收机，严重时将影响侦察引导，所以常常是干扰和侦察引导分时工作，在侦察的时候就关闭大功率发射机。

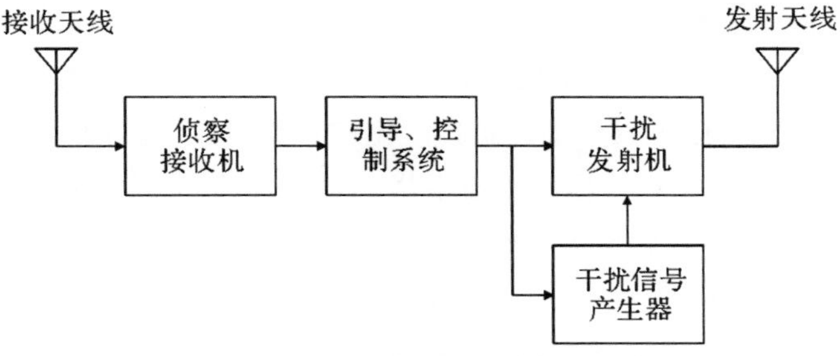

图 3.12 瞄准式压制干扰机的组成

阻塞式干扰机可以没有侦察引导部分。但在条件许可的情况下，使用侦察系统来分析电磁威胁，做到有的放矢，实施有针对性的干扰还是必要的。

2. 发射机功率放大器

压制干扰机的核心是大功率干扰发射机，发射机的关键器件是功率放大器。为了使干扰机能覆盖雷达的各个工作频段，要求放大器具有比雷达设备宽得多的工作带宽，这也是电子战设备的最显著特点。适合用于现代干扰机功率放大器的器件主要有行波管和场效应管。行波管利用强磁场来形成电子束，电子束与输入信号的行波相互作用，使信号功率得到放大。行波管输出功率高，工作频带宽，容易进行杂波频率调制，因此自 20 世纪 70 年代以来广泛地用于现代电子干扰系统之中。现在，一只行波管可以覆盖 2～8 GHz 或 8～18 GHz的频率范围，产生 1 kW 以上的功率。行波管放大器是大功率干扰机不可替代的功率放大器件。但是它体积、质量稍大，而且需要一个数百、上千伏的高电压电源，不利于在小型携载平台上使用。

场效应管放大器由砷化镓半导体材料制成，它不需要高压电源，而且由于是固态器件，所以体积小、质量轻、可靠性高，因此尽管目前价格还比较昂贵，但近年来已有大量应用。在目前的技术水平条件下，场效应管放大器在较低频段上可以获得较大功率，但在较高频段上，还难以做到几十瓦以上的输出功率，无法达到行波管的水平。但场效应管放大器的水平仍然在不断向前发展，因此将来一定会有更多的干扰机采用这种功率放大器件。

3.3.1.3　干扰机功率管理

由于战场上先进雷达的数目越来越多，电子战的威胁环境正在越来越复杂，电子干扰的任务也越来越艰巨，于是如何最充分地利用干扰系统的有限资源，取得最佳的干扰效果，对于压制干扰就显得十分重要。现在，由一种称为功率管理的技术通过一体化和自动化来达到干扰能力的最充分运用。被称功率管理也许容易产生误解，确切地说，功率管理是对电子干扰资源的管理。

电子干扰的主要资源包括射频功率和可供选择的各种干扰样式。功率管理的原则应该是针对每一种威胁雷达，选择最有效的干扰样式，例如选择不同参数的调制。同时，对要干扰的每一部雷达，都能在需要遮盖回波的时刻利用最少的发射功率，产生足够的干扰，确保达到必需的干信比。这样，假定一部干扰机原来只能干扰一部雷达，现在就可以同时干扰战区内的多部雷达。为了做到资源管理，干扰系统必须配备侦察接收机和计算机处理系统，来判断当前的威胁，得出最佳的对策。

功率管理是在时间、频率、空间和幅度几方面综合进行的。例如当侦察到有几部不同工作频率的雷达需要干扰，就在时间上分配好各个雷达的干扰时间窗，在频率上用瞄准式干扰对每部雷达用相应的带宽进行干扰，如图 3.13 所示，而且可以根据距离的远近不同，对每一部雷达使用不同的干扰功率（幅度）。当发现一部具有高威胁等级的频率捷变雷达或几部频率相近的雷达时，也可以改用宽带阻塞或扫频的干扰方式，以保证最好的干扰效果。

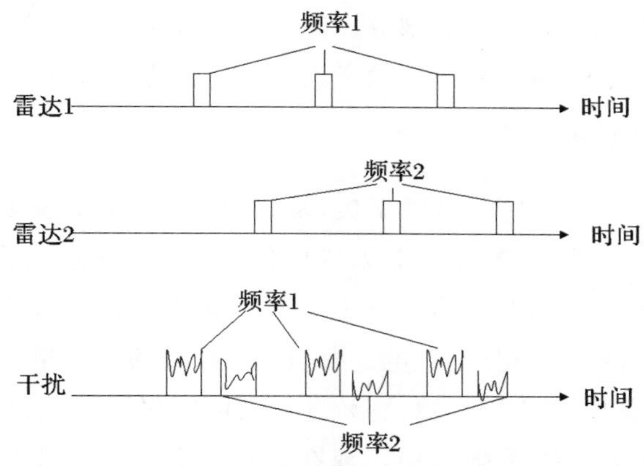

图 3.13　干扰机在时间、频率上的功率管理

在空域上实行功率管理是对不同方位上的雷达，使用对准该雷达的窄天线波束实施空间对准的干扰，如图 3.14 所示。发射天线的波束通常可以把在干扰方向上的能量增大 10～20 倍。这样就大大减轻了对发射机功率放大器的要求。正如在前一节例子里计算的，不采用定向天线完成旁瓣压制干扰需要的辐射功率为 2 000 W，当采用 20 倍增益的定向波束，发射机的放大器只需要产生 100 W 的干扰功率就够了。实现波束在各雷达方向上快速转换主要是依靠多波束天线阵和相控阵天线技术。

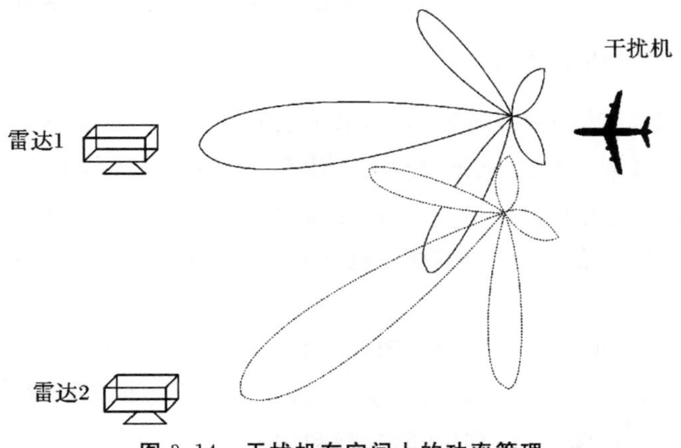

图 3.14　干扰机在空间上的功率管理

计算机技术、自动化技术以及电子技术的发展将使功率管理的水平越来越先进，因此未来的干扰系统将必定更充分地利用资源，起到更大的作用。

3.3.2　欺骗性干扰

欺骗性干扰是指使用假的目标和信息作用于雷达的目标监测和跟踪系统，使雷达不能正确地检测真正的目标，或者不能正确地测量真正目标的参数信息，从而达到迷惑和扰乱雷达对真正目标检测和跟踪的作用。

3.3.2.1　概述

1. 欺骗性干扰的作用

设雷达对各类目标的检测空间(也称目标检测的威力范围)为 V,对于具有四维(距离、方位、仰角和速度)检测能力的雷达,其典型的 V 为

$$V=\{(R_{\min},R_{\max}),(\alpha_{\min},\alpha_{\max}),(\beta_{\min},\beta_{\max}),(f_{d\min},f_{d\max}),(S_{\min},S_{\max})\} \tag{3-3-4}$$

式中:$R_{\min}$、$R_{\max}$、$\alpha_{\min}$、$\alpha_{\max}$、$\beta_{\min}$、$\beta_{\max}$、$S_{\min}$、$S_{\max}$、$f_{d\min}$、$f_{d\max}$分别表示雷达的最小和最大检测距离、最小和最大检测方位、最小和最大检测仰角、最小和最大检测的多普勒频率、最小可检测信号功率(灵敏度)和饱和输入信号功率。理想的点目标 T 仅为目标检测空间中的某一个确定点,即

$$T=\{R,\alpha,\beta,f_d,S_i\} \tag{3-3-5}$$

式中:R、α、β、f_d、S_i分别为目标所在的距离、方位、仰角、多普勒频率和回波功率。雷达能够区分 V 中两个不同点目标 T_1、T_2 的最小空间距离 ΔV,称为雷达的空间分辨力,有

$$\Delta V=\{\Delta R,\Delta\alpha,\Delta\beta,\Delta f_d,(S_{i\min},S_{i\max})\} \tag{3-3-6}$$

式中:ΔR、$\Delta\alpha$、$\Delta\beta$、Δf_d 分别称为雷达的距离分辨力、方位分辨力、仰角分辨力和速度分辨力。一般雷达在能量上没有分辨能力,因此,其能量分辨力就是能量的检测范围。

在一般条件下,欺骗干扰形成的假目标 T_f 也是 V 种的某一或某一群不同于真目标 T 的确定点的集合,即

$$\{T_{fi}\}_{i=1}^{n},T_{fi}\in V,T_{fi}\neq T,\forall i=1,2,\cdots,n \tag{3-3-7}$$

式中:$\forall i$ 表示对于所有的 i 都成立。

由此可知,假目标也能被雷达监测,并达到以假乱真的干扰效果。特别要指出的是,许多遮盖性干扰的信号也可以形成 V 中的假目标,但这种假目标往往具有空间和时间上的不确定性,也就是说形成的假目标的空间位置和出现时间是随机的,这就使得假目标与空间和时间上确定的真目标相差甚远,难以被雷达当作目标进行检测和跟踪。显然,式(3-3-7)既是实现欺骗干扰的基本条件,也是欺骗性干扰技术实现的关键点。

由于目标的距离、角度和速度信息是通过雷达接收到的回波信号与发射信号振幅、频率和相位调制的相关性表现出来的,而不同雷达获取目标距离、角度、速度信息的原理并不相同,并且发射信号的调制样式又与雷达对目标信息的检测原理密切相关。因此,实现欺骗性干扰必须准确地掌握雷达获取目标距离、角度和速度信息的原理和雷达发射信号调制中的一些关键参数。有针对性地合理设计干扰信号的调制方式和调制参数,才能达到预期的干扰效果。

2. 欺骗性干扰的分类

对欺骗性干扰的分类主要采用以下两种方法。

(1) 按照假目标 T_f 与真目标 T 在 V 中参数信息的差别分类,可将欺骗性干扰分为以下 5 种:

1)距离欺骗干扰。距离欺骗干扰是指假目标的距离不同于真目标,且能量往往比真目

标强，而其余参数则与真目标参数近似相等，即

$$R_f \neq R,\ \alpha_f \approx \alpha,\ \beta_f \approx \beta,\ f_{df} \approx f_d, S_{if} > S_i \tag{3-3-8}$$

式中：R_f，α_f，β_f，f_{df}，S_{if}分别为假目标 T_f在 V 中的距离、方位、仰角、多普勒频率和功率。

2)角度欺骗干扰。角度欺骗干扰是指假目标的方位或仰角不同于真目标，且能量强于真目标，而其余参数则与真目标参数近似相等，即

$$\alpha_f \neq \alpha \text{ 或 } \beta_f \neq \beta,\ R_f \approx R, f_{df} \approx f_d,\ S_{if} \approx S_i \tag{3-3-9}$$

3)速度欺骗干扰。速度欺骗干扰是指假目标的多普勒频率不同于真目标，且能量强于真目标，而其余参数则与真目标参数近似相等，即

$$f_{df} \neq f_d,\ R_f \approx R,\ \alpha_f \approx \alpha,\ \beta_f \approx \beta,\ S_{if} \approx S_i \tag{3-3-10}$$

4)AGC 欺骗干扰。AGC 欺骗干扰假目标的能量不同于真目标，而其余参数覆盖或与真目标参数近似相等，即

$$S_{if} \neq S_I \tag{3-3-11}$$

5)多参数欺骗干扰。多参数欺骗干扰是指假目标在 V 中有两维或两维以上参数不同于真目标，以便进一步改善欺骗干扰的效果。AGC 欺骗干扰经常与其他干扰配合使用，此外还有距离-速度同步欺骗干扰等。

(2)按照假目标 T_f 在 V 中参数差别的大小和调制方式分类与真目标 T，可将欺骗性干扰分为以下 3 种：

1)质心干扰。质心干扰是指真、假目标参数的差别小于雷达的空间分辨力，即

$$\| T_f - T \| \leqslant \Delta V \tag{3-3-12}$$

式中：$\| \ \|$ 表示泛函数，ΔV 表示雷达空间分辨力。雷达不能将 T_f 与 T 区分为两个不同的目标，而将真、假目标作为同一个目标 T'_f进行检测和跟踪。由于在许多情况下，雷达对 T'_f的最终监测、跟踪往往是针对真、假目标参数的能量加权质心(重心)进行的，故称这种干扰为质心干扰，则有

$$T'_f = \frac{S_f T_f}{S_f + S} \tag{3-3-13}$$

2)假目标干扰。假目标干扰是指真、假目标参数的差别大于雷达的空间分辨力，即

$$\| T_f - T \| > \Delta V \tag{3-3-14}$$

雷达能将 T_f 与 T 区分为两个不同的目标，但可能将假目标作为真目标进行监测和跟踪，从而造成虚警，也可能发现不了真目标而造成漏报。此外，大量的虚警还可能造成雷达监测、跟踪和其他信号处理电路超载。

3)拖引干扰。拖引干扰是一种周期性地从质心干扰到假目标干扰的连续变化过程。典型的拖引干扰过程可以表示为

$$\| T_f - T \| = \begin{cases} 0, & 0 < t < t_1 \\ 0 \rightarrow \delta V_{max}, & t_1 \leqslant t < t_2 \\ T_f \text{ 消失}, & t_2 \leqslant t < T_j \end{cases} \tag{3-3-15}$$

即在停拖时间$[0, t_1)$，假目标与真目标出现的空间和时间近似重合，很容易被雷达监测和捕获。由于假目标的能量高于真目标，捕获后 AGC 电路将按照假目标信号的能量来调整接

收机的增益,使增益降低,以便对其进行连续测量和跟踪。停拖时间段的长度应与雷达监测和捕获目标所需时间(包括雷达接收机 AGC 电路增益调整时间)相对应;在拖引时间段$[t_1, t_2)$,假目标与真目标在预定的欺骗干扰参数(距离、角度或速度)上逐渐分离(拖引),且分离的速度 v' 在雷达跟踪正常运动目标的速度响应范围$[v_{\min}, v_{\max}]$之内,直到真、假目标的参数差达到预定的程度 $\delta V_{\max}$,即

$$\| T_{\mathrm{f}} - T \| = \delta V_{\max}, \qquad \delta V_{\max} \gg \Delta V \tag{3-3-16}$$

由于拖引前假目标已经控制了接收机增益,而且假目标的能量高于真目标,所以雷达的跟踪系统很容易被假目标拖引开而抛弃真目标。拖引段的时间长度主要由最大误差 $\delta V_{\max}$ 和拖引速度 v' 所决定;在关闭时间段$[t_2, T_j)$,欺骗式干扰机停止发射,使假目标 T_f 突然消失,造成雷达跟踪信号突然中断。通常,雷达跟踪系统需要滞留和等待一段时间,AGC 电路也需要重新调整雷达接收机的增益,提高增益。如果信号重新出现,则雷达可以继续进行跟踪。如果信号消失超过一定时间,雷达确认目标丢失后,才能重新进行目标信号的搜索、监测和捕获。关闭时间段的长$\{T_{\mathrm{f}i}\}_{i=1}^{n}$度主要由雷达跟踪中断后的滞留和调整时间决定。

(3)欺骗性干扰效果的度量。根据欺骗性干扰的作用原理,主要使用以下几个参数对干扰的效果进行度量。

1)受欺骗概率 P_{f}。受欺骗概率是指在欺骗性干扰条件下,雷达监测和跟踪系统把假目标当作真目标的概率。如果以表示 V 中的假目标集,则只要有一个 $T_{\mathrm{f}i}$ 被当作真目标,就会发生受欺骗事件。如果将雷达对每个假目标的监测和识别作为独立的试验序列,在第 i 次试验中发生受欺骗的概率记为 $P_{\mathrm{f}i}$,则有 n 个假目标时的受欺骗概率 P_{f} 为

$$P_{\mathrm{f}} = 1 - \prod_{i=1}^{n} (1 - P_{\mathrm{f}i}) \tag{3-3-17}$$

2)参数测量(跟踪)误差均值 δV、方差 σ_v^2。在随机过程中的参数测量误差往往是一个统计量,δV 是指雷达监测跟踪的实际参数与真目标的理想参数之间误差的均值,σ_v^2 是误差的方差。根据欺骗性干扰的第一种分类方法,δV 可分为距离测量(跟踪)误差 δR、角度测量(跟踪)误差 $\delta\alpha$、$\delta\beta$ 和速度测量(跟踪)误差 δf_{d},σ_v^2 也可分为距离误差方差 σ_R^2、角度误差方差 σ_α^2、σ_β^2,速度误差方差 σ_{fd}^2 等,其中误差均值 δV 对雷达的影响更为重要。

对欺骗性干扰效果的上述度量参数适用于各种用途的雷达。根据雷达在具体作战系统中的作用和功能,还可以将其换算成武器的杀伤概率、生存概率、突防概率等进行度量。

3.3.2.2 距离欺骗干扰

1. 距离欺骗干扰的对象

雷达距离欺骗干扰针对搜索雷达和跟踪制导雷达,其作用对象是雷达距离测量和自动距离跟踪系统。雷达常用的测距方法有脉冲测距法和连续波调频测距法,根据雷达不同工作原理和不同工作阶段,应采用不同的干扰方法。

2. 距离欺骗干扰的产生和作用原理

(1)假目标距离欺骗干扰。

1)对脉冲雷达的假目标距离欺骗干扰。脉冲雷达测量距离是利用回波信号的时延特性实现的,距离假目标则利用这一特点完成欺骗任务。

真实目标回波到达雷达接收机的延迟时间为

$$t_r = \frac{2R_r}{c} \tag{3-3-18}$$

式中:t_r 为真目标回波延迟时间,s;R_r 为真目标到雷达的距离,m;c 为光速,m/s。

如果改变延迟时间,并且该延迟时间对应的距离与真实目标的距离差大于雷达距离分辨率,则可以产生距离假目标。

假目标产生的虚假距离可以用下式计算:

$$R_j = \frac{1}{2}t_j c \tag{3-3-19}$$

式中:t_j为假目标延迟时间,s;R_j为假目标到到雷达的距离。

假目标距离 R_j可以大于或小于真目标距离 R_r,当假目标距离小于真目标距离时,要求干扰机具有储频系统或载频信号生成系统。

对脉冲雷达的距离假目标干扰信号示意图如图 3.15 所示,图 3.15 中实线为真目标回波信号,虚线为假目标信号。

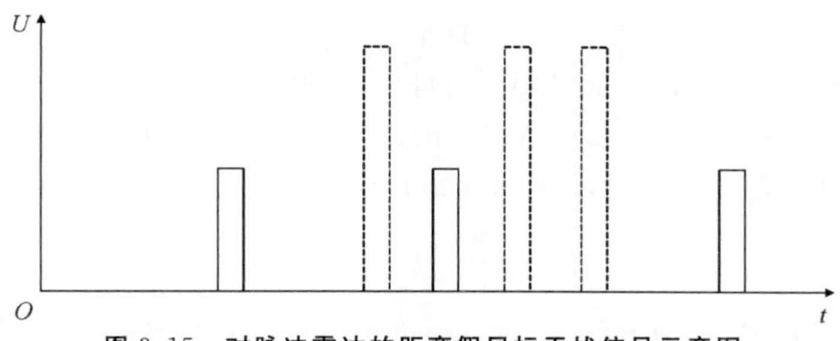

图 3.15 对脉冲雷达的距离假目标干扰信号示意图

假目标距离欺骗干扰中假目标产生固定的假距离,它不能遮盖住真目标。当假目标信号明显比目标回波信号大时,雷达首先发现假目标,因此,假目标距离欺骗干扰应用在雷达的搜索和截获阶段比较有效。为了有效遮蔽目标回波,通常同时产生多个假目标。

当雷达载频和脉冲重复频率固定,则每个雷达脉冲的到达时间和载频是可以预测的。如果干扰机具有储频系统或频率引导系统,干扰机利用存储或调谐的频率可以产生距离小于真实目标距离的假目标。如果雷达是频率捷变的,或采用重频抖动技术时,干扰机只能在接收到雷达脉冲信号后才能发射干扰信号,因此只能产生大于真实目标距离的假目标。

假目标距离欺骗干扰可用于自卫干扰,也可用于远距离支援干扰。

2)对连续波调频测距雷达的假目标距离欺骗干扰。连续波调频测距雷达的距离信息由收发信号的频差表示,因此假目标的产生是在接收到的雷达信号基础上再增加一个频移,使其产生虚假目标信息。实现的方法主要有移频转发方法和延迟转发方法。

根据连续波调频测距雷达的工作原理,真目标回波信号与当前发射信号的频差为 f_i,调频锯齿波的周期稳定在

$$T = \frac{2R\Delta f_m}{cf_i} \tag{3-3-20}$$

式中：R 为真目标的距离，m；Δf_m 为调频带宽，Hz；c 为光速，m/s。

设 f_{cj} 为干扰机对收到雷达照射信号频率的移频值，$f_{cj}>0$，表示转发频率高于接收频率；反之，$f_{cj}<0$，表示转发频率低于接收频率。此时，雷达接收到的信号频差为 (f_i+f_{cj})，当雷达捕获和跟踪此干扰信号时，设 R_j 为干扰机与雷达间的距离，则其调频锯齿波周期 T' 稳定在

$$T'=\frac{2R_j\Delta f_m}{c(f_i+f_{cj})} \tag{3-3-21}$$

此时，雷达跟踪的假目标距离为

$$R_f=\frac{cT'f_i}{2\Delta f_m}=\frac{R_j f_i}{f_i+f_{cj}} \tag{3-3-22}$$

在自卫干扰条件下，$R_j=R$，假目标与真目标的相对距离误差为

$$\frac{\delta R}{R}=\frac{R_f-R}{R}=\frac{-f_{cj}}{f_i+f_{cj}} \tag{3-3-23}$$

式(3-3-23)表明，f_{cj} 的正负决定距离偏差的方向，$|f_{cj}|$ 的大小影响距离偏差的大小。

采用延迟转发方法时，是利用延迟引起的收发频差产生假目标。设延迟时间为 Δt_j，则其对应的假目标距离为

$$R_f=R_j+\frac{1}{2}c\times\Delta t_j \tag{3-3-24}$$

(2)距离波门拖引欺骗干扰。当雷达对目标距离进行连续测量时，则形成了距离跟踪。根据雷达工作原理，实现距离跟踪必须产生一个时间位置可调的波门，称为距离波门，通过调整距离波门的位置使之在时间上与目标回波信号重合，然后读出波门的位置作为目标的距离数据。通过这种方法，雷达就只对距离波门内的回波和干扰信号做出响应，而将其他所有距离上的信号都抑制了。

对距离跟踪状态的雷达可以采用距离波门拖引干扰。

距离波门拖引干扰是利用干扰信号将雷达距离波门从真目标上拖开，一般以周期循环方式实施，可分为捕获、拖引和停拖阶段(见图 3.16)。

1)捕获阶段。干扰机接收到目标雷达信号后将其放大，其幅度一般应比回波信号幅度大 6～10 dB 并以最短的延时发射出去。该信号被雷达接收到后，其 AGC 电路根据干扰信号的幅度进行自动调整，从而压制了雷达回波信号，使雷达距离波门捕获该假目标信号。第一个假目标信号有延时，是因为干扰机对接收到的雷达信号有一个处理过程，延时的长短，取决于干扰机处理系统的工作速度，一般不超过几十纳秒。该延时越短越好，力求能完全覆盖雷达回波信号，以使雷达距离波门不能区分目标回波和干扰信号。

2)拖引阶段。逐步改变干扰信号的延时，当延时增大时，距离向增大方向变化，一般称为后拖干扰；当延时减小时，距离向减小方向变化，一般称为前拖干扰。前拖干扰要求干扰机必须具有储频系统或频率引导系统，它通过预测下一个雷达脉冲的到达时间来提前发射干扰脉冲，前拖干扰对频率捷变或采用重频抖动技术的雷达效果不好。拖引速度可以是均匀的，也可以是不均匀的，取决于干扰对象和干扰时机。拖引的终止位置应与雷达回波信号有几个波门的延时时间，这时，认为干扰信号消失后，雷达将丢失目标信号，其工作状态由跟

踪状态转到搜索状态。

3)停拖阶段。停止发射干扰信号或只发射不移动脉冲干扰信号的阶段称为停拖阶段。停拖阶段的时间跟雷达从搜索状态重新转到跟踪状态的时间有关。传统雷达所需要的时间比较长,因此停拖阶段可以有几秒的时间。现代雷达采用相应抗干扰技术和信号处理技术后,重新转入跟踪原目标所需要的时间很短,因此,停拖阶段的时间也应该很短,甚至没有停拖阶段。

距离拖引原理示意图如图 3.16 所示。雷达不断跟踪上目标,距离波门拖引干扰就循环实施。

距离波门拖引干扰各阶段参数的选取有一定要求。干扰过程各阶段的时间,应当基于如下原则设计。

干扰信号捕获距离波门,是指雷达能稳定地跟踪在干扰信号上,其时间应大于等于自动增益控制系统的调节时间。

拖引的时间决定与最大延迟时间(距离波门偏离目标回波的最大时间差)的要求和允许的拖引速度。

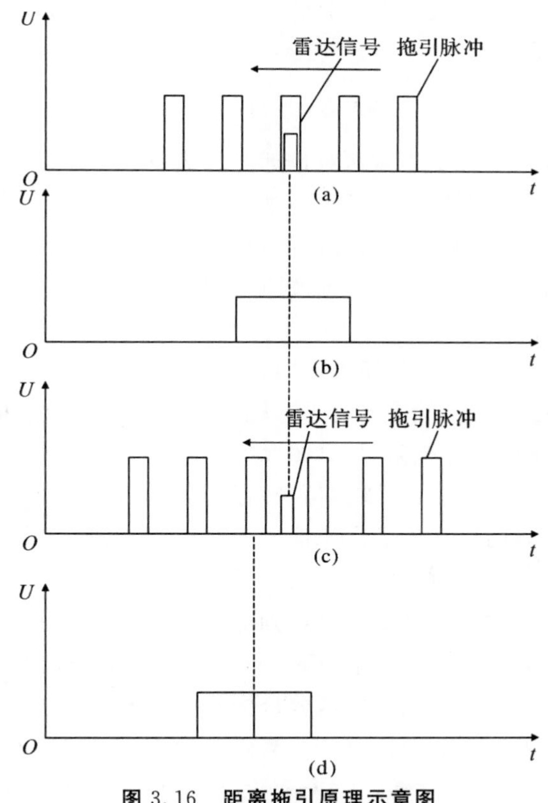

图 3.16　距离拖引原理示意图

设拖引速度是均匀的,即在每一个脉冲重复周期 T_r 内,干扰脉冲都比前一周期的脉冲延迟 $\Delta t(\Delta t=T_j-T_0)$,则干扰脉冲移动速度为

$$v_j=\frac{\Delta t}{T_r} \tag{3-3-25}$$

v_j 必须小于等于跟踪系统的最大跟踪速度，即小于等于最大波门移动速度 v'_{max}，否则雷达无法跟踪上假目标，即

$$v_j \leqslant v'_{max} \tag{3-3-26}$$

而 v'_{max}决定于所能跟踪的目标的最大飞行速度 v_{max}。当目标的最大飞行速度为 v_{max}，则在一个脉冲重复周期 T_r 内移动的距离为

$$\Delta R = v_{max} T_r = \frac{1}{2} c \Delta t' \tag{3-3-27}$$

距离波门的最大移动速度为

$$v'_{max} = \frac{\Delta t'}{T_r} = \frac{2 v_{max}}{c} \tag{3-3-28}$$

将式(3-3-28)代入式(3-3-26)，得

$$v_j = \frac{\Delta t}{T_r} \leqslant \frac{2 v_{max}}{c} = v'_{max} \tag{3-3-29}$$

式中：v_{max}是目标飞行速度；c 为光速。

在给定最大目标飞行速度 v_{max}或最大的距离波门移动速度 v'_{max}后，若能求出拖引过程结束时，距离波门相对回波的最大延迟时间 τ_{max}，则拖引过程的时间 T 便可由下式求得：

$$T = \frac{\tau_{max}}{v_j} = \frac{\tau_{max}}{\Delta t} T_r = N T_r \tag{3-3-30}$$

式中：$N = \frac{\tau_{max}}{\Delta t}$表示拖引阶段必须经历的信号脉冲数。

由于现代雷达在设计时都采取了多种抗干扰措施，因此，在设计距离波门拖引干扰时，应充分考虑这些因素，采取相应的对抗方法。

对后拖干扰，由于第一个假目标信号有延时，不能完全覆盖雷达回波信号。如果雷达能分辨目标回波的前沿和干扰信号的前沿，则可利用前沿跟踪技术抗掉后拖干扰，但这会影响雷达的距离分辨力。对脉冲前沿跟踪雷达欺骗干扰的方法是尽量减少干扰脉冲相对于回波脉冲的延迟时间。由于雷达回波脉冲的上升边时间决定于雷达的测距精度。当测距精度为 20～30 m 时，上升边时间为 100 μs～150 ns，而且，雷达需要几十至上百纳秒的能量积累才能满足测量要求，如果干扰脉冲的延迟时间小于这个值，雷达就难以利用微分脉冲前沿跟踪技术。

雷达抗前拖干扰的方法之一称为脉冲后沿跟踪。脉冲后沿跟踪式雷达对输入的回波脉冲微分，并跟踪其后沿。对具有后沿跟踪能力雷达欺骗干扰的方法是在接受雷达信号后，干扰机回答一组脉冲，当脉冲组的重复频率接近于但不等于雷达脉冲的重复频率时，只要适当选择脉冲组的延迟时间，这些脉冲组将在距离跟踪门内慢慢地移过回波脉冲。由于干扰脉冲先通过目标回波的后沿，雷达很难进行后沿跟踪。这种干扰也将破坏雷达丢失距离波门后的重新捕获。

抗前拖的另一种方法为重频捷变。如果重频变化范围较大，噪声或杂乱脉冲干扰是有效的干扰方法。因为脉间频率捷变雷达下一周期的工作频率已经改变了，在干扰机没有接收到此雷达信号之前是无法确知的，迫使干扰机只能采用距离后拖干扰，雷达再采用前沿跟

踪便可以抗干扰。但当重频变化量较小时，脉冲组干扰仍是有效的。

脉冲多普勒雷达先测量目标的速度，再测量目标距离。它测出目标速度后，可以预测目标的运动方向和下一时刻目标的距离。当干扰信号的运动方向突然改变，或距离变化比较突然时，雷达处理系统将判定此为干扰信号，它控制距离波门不随干扰信号移动，而是在预测距离上寻找目标。因此，干扰信号的拖引规律必须符合目标速度的变化规律。

随着数字技术的发展，现在多数雷达都具有记忆功能。当拖引干扰关闭时，雷达失去跟踪对象后，它并不转入盲目搜索状态，而是根据记忆和预测的信息，转向前一个目标的可能距离上进行小范围搜索，可以很快搜索到目标。对付的办法可以采用在停拖阶段发射多个距离假目标，使雷达自动跟踪系统可能错误搜索到假目标(见图 3.17)。也可以与无源干扰结合使用，在关闭阶段投放相应波长的箔条弹，使雷达收到两个回波信号，雷达跟踪箔条弹的概率为 50%。

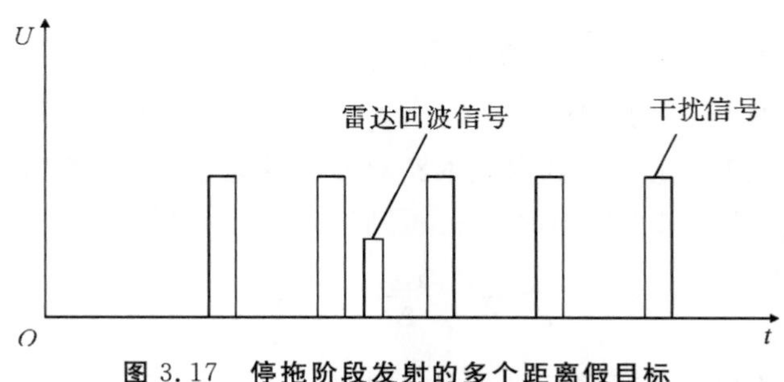

图 3.17 停拖阶段发射的多个距离假目标

抗距离拖引干扰可增加两个保护跟踪波门(四波门跟踪)，当雷达跟踪系统受到前拖和后拖干扰时，由于干扰信号很强，则在保护跟踪波门中将检测到强信号，控制跟踪波门，重新恢复对真实目标的跟踪。

雷达在处理回波信号时，还可以对信号幅度的突然变化做出反应。当它接收到幅度突然变大的干扰信号时，它根据综合信息可能判断出这是干扰信号而控制距离波门不跟随其移动。因此，在干扰机中应对第一个干扰脉冲的幅度进行控制。

3.3.2.3 速度欺骗干扰

速度欺骗干扰事实被干扰辐射源的测速和速度跟踪系统产生错误跟踪或增大跟踪误差的一种干扰。

1. 速度欺骗干扰的对象

速度欺骗干扰的对象是雷达速度测量和跟踪系统。

机载火控脉冲多普勒雷达设有多普勒滤波器组合速度跟踪波门。设置多普勒滤波器的目的是滤除强地物杂波和区分不同径向速度的目标。速度跟踪波门的用途则是把特定径向速度的目标与其他目标分离开。雷达通常在进行速度跟踪的基础上再进行距离跟踪，在实现了速度跟踪和距离跟踪之后再进行角度跟踪，控制武器对目标实施攻击。

2. 速度欺骗干扰的作用原理

雷达对目标速度的测量是通过测量目标的多普勒频率完成的。在跟踪时，通常利用速

度波门实现对目标多普勒频率的跟踪。对雷达速度测量和跟踪系统的干扰主要是根据其工作特点设计的。主要的干扰样式为速度波门拖引干扰、多普勒频率干扰、多普勒频率闪烁干扰、多普勒频率噪声干扰和距离-速度同步干扰。

由于飞机的多普勒频率最大只有几十千赫，对雷达速度测量和跟踪系统的干扰需要很高的载频存储精度，对具有信号相干检测能力的雷达还要求干扰信号具有相干性。因此，在实施速度欺骗干扰时，通常是直接将接收到的雷达信号调制后转发出去，或利用储频精度高的数字射频存储器存储雷达信号载频。

速度波门拖引干扰是最常见的速度欺骗技术。速度波门拖引技术有前拖和后拖之分，分别指多普勒频移的逐渐减小。速度波门拖引的时间关系如图 3.18 所示。

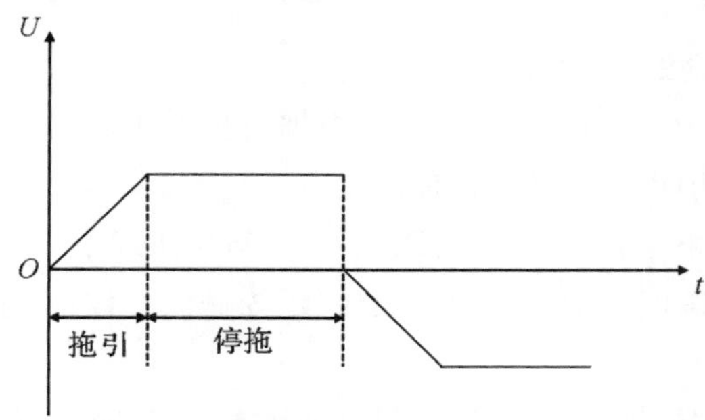

图 3.18　速度波门拖引的时间关系

干扰机实施速度波门拖引干扰时，首先将接收到的雷达照射信号放大后以最小的延迟时间转发回去，该信号具有与目标回波相同的多普勒频率 f_d 上，从干扰的角度说，就是干扰信号捕获了雷达的速度跟踪波门，此段时间称为捕获期，时间长度为 0.5～2 s(略大于速度跟踪电路的捕获时间)。如果与其他干扰样式如角欺骗干扰配合使用，这段时间可以按需要延长。然后逐渐增大或减小干扰信号的多普勒频率 f_{dj}，变化的速度 v_f(Hz/s)不大于雷达可跟踪目标的最大加速度 a，以免雷达跟不上，即

$$v_f \leqslant \frac{2a}{\lambda} \tag{3-3-31}$$

由于此时雷达的速度跟踪波门跟踪在干扰的多普勒频率 f_{dj}上，当干扰信号的多普勒频率 f_{dj}变化时，雷达的速度跟踪波门将随干扰的多普勒频率 f_{dj}移动而逐渐被拖离开目标，此段时间称为拖引期，时间长度(t_1-t_2)按照 f_{dj}与 f_d 的最大频差 δf_{max}计算，即

$$t_1-t_2=\frac{\delta f_{max}}{v_f} \tag{3-3-32}$$

当 f_{dj}与 f_d 的频差 $\delta f = f_{dj}-f_d$ 达到 δf_{max}后，停止拖引。停止发射干扰信号或只发射频率不变化脉冲干扰信号的阶段称为停止拖引阶段。当停止发射干扰信号时，由于被跟踪的信号突然消失，雷达速度跟踪波门内既无干扰又无目标回波，且消失的时间大于速度跟踪电路的等待时间和 AGC 电路的恢复时间(为 0.5～2 s)，速度跟踪电路将重新转入搜索状态，在雷达速度跟踪波门重新捕获到目标后，新的一轮拖速过程又开始了，从而使得雷达速度波门无法对目标速度建立稳定的跟踪。现代雷达具有记忆功能后，重新转入跟踪原目标所需要的时间很短，因此，在停拖阶段还应该发射几个固定多普勒频率的信号，雷达在丢失

信号后找不到真信号;或者缩短甚至取消停拖阶段。

在速度波门拖引干扰中,干扰信号多普勒频率 f_{dj} 的变化过程为

$$f_{dj}(t)=\begin{cases} f_d, & 0\leqslant t<t_1 \\ f_d+v_f(t-t_1), & t_1<t<t_2 \\ \text{停拖}, & t_2\leqslant t<T_j \end{cases} \tag{3-3-33}$$

式中:v_f 的正负取决于拖引的方向(也是假目标目标加速度的方向)。

当单独的速度波门拖引不能起到有效的干扰作用时,通常将其作为组合干扰中的一种干扰样式,将雷达的速度跟踪波门从真目标上拖开,从而为角度干扰等提供一个较高的干信比。

抗速度拖引干扰的方法如下。

(1)雷达可采用距离-速度相关判断方式。根据目标的距离和速度,将距离变化率和多普勒频移进行相关比较,即可判断其假目标信息。

(2)可增加两个保护跟踪波门(四波门跟踪)。当雷达跟踪系统受到拖引干扰时,由于干扰信号很强,则在保护跟踪波门中将检测到强信号,控制跟踪波门,重新恢复对真实目标的跟踪。

(3)扩展速度波门带宽。使用扩展速度门带宽技术,可以缩短雷达重新捕获目标转入跟踪的时间,待速度跟踪环重新截获跟踪上目标后恢复正常的速度波门宽度。

(4)根据目标加速度判断。如果目标速度变化率超过设定的最大值,则表明探测的不是所需要的目标,而是干扰。

3.3.2.4 角度欺骗干扰

角度欺骗干扰是一种重要的欺骗干扰形式,它常与速度欺骗干扰和距离欺骗干扰同时使用。因为如果仅对距离通道进行干扰,雷达仍能得到精确的角度信息,这时即使雷达距离通道被干扰了,由于其天线仍是指向目标的,在距离欺骗干扰停止后,雷达能很快重新截获信息(毫秒量级)。同时加入角度欺骗干扰,将迫使雷达在距离和角度两个通道内同时对目标进行搜索,会大大增加发现和截获目标的时间。

但不同体制雷达的测角方法有很大的不同,角度欺骗干扰必须根据对象的不同采取对应的技术才可能有良好的效果。

雷达测量脉搏角度的方法主要依靠雷达收发天线对不同方向达到的电磁波的振幅或相位响应,并采用相应的算法解算出正确的角度信息。具体实现方法主要有圆锥扫描法、线形扫描法(顺序波瓣法)和单脉冲测量法。

1. 对圆锥扫描角跟踪系统的欺骗干扰

圆锥扫描法是指雷达的天线波束方向不指向雷达的中心轴,而是围绕着中心轴做旋转运动,通过探测目标回波的最大值方向来确定目标方向。由于其波束最大增益方向以雷达中心轴为中心形成一个圆锥形,故称为圆锥扫描法(见图 3.19)。

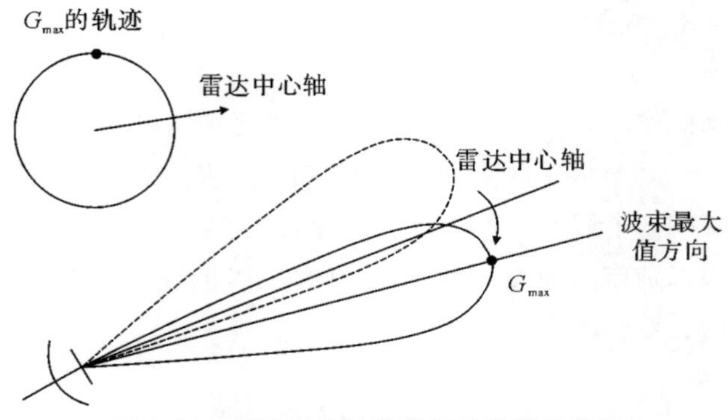

图 3.19　雷达天线的圆锥扫描远离示意图

雷达的发射波束和接收波束都扫描的方式为暴露式圆锥扫描法。暴露式圆锥扫描角度跟踪系统的特点是发射波束在扫描，因此被照射目标可以根据接收到的照射信号确定其扫描周期和误差信号包络，采用移相干扰与移相方波干扰。移相干扰是发射的干扰信号比接收到的雷达照射信号延迟一个相位 φ_j，使雷达接收到的信号最大值发生偏移，达到干扰效果。移相干扰机原理如图 3.20 所示。

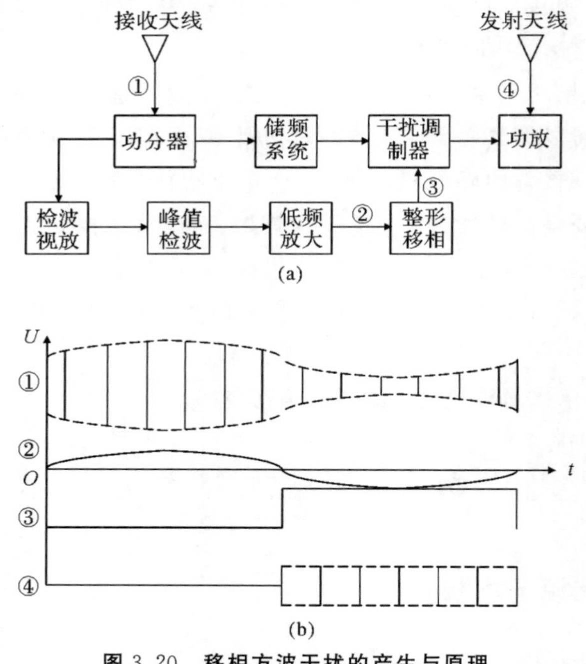

图 3.20　移相方波干扰的产生与原理

2. 雷达有源欺骗性干扰的效果评估

欺骗性干扰一般不影响工作于搜索状态雷达对目标的检测，对雷达的干扰效果是产生多个假目标，使雷达处理系统工作量增加，影响雷达正常工作，甚至使处理系统饱和或过载，造成雷达瘫痪。而对工作于跟踪状态的雷达，它将妨碍或阻止雷达对真目标的跟踪，使敌雷

达不能跟踪在真目标上，或跟踪出现偏差，使其控制的攻击武器不能击中目标，或击中和杀伤概率下降。

根据欺骗性干扰的作用原理，评估其干扰效果主要采用以下几种参数。

(1)受欺骗概率 P_f。P_f 是在欺骗性干扰条件下，雷达监测、跟踪系统发生以假目标当作真目标的概率。只要有一个假目标被当作真目标，就会发生受欺骗的事件。如果将雷达对每个假目标的监测和识别作为独立试验序列，在第 i 次试验中发生受欺骗的概率记为 P_{fi}，则有 n 个假目标时的受欺骗概率 P_f 为

$$P_f = 1 - \prod_{i=1}^{n}(1 - P_{fi}) \tag{3-3-34}$$

(2)参数跟踪误差均值 δ_V、方差 $\sigma_V{}^2$。由于跟踪雷达的主要技术指标是跟踪误差，因此，可以用干扰引起的跟踪误差大小来衡量干扰效果。

在随机过程中的参数测量误差往往是一个统计量，因此，通常用其统计参数来计算测量误差。用 δ_V 表示雷达检测跟踪的实际参数与真目标的理想参数之间误差的均值，$\sigma_V{}^2$ 是误差的方差。δ_V 可分为距离跟踪误差 δR、角度跟踪误差 $\delta\alpha$、$\delta\beta$ 和速度跟踪误差 δf_d，$\sigma_V{}^2$；也可分为距离跟踪误差方差 $\sigma_R{}^2$、角度跟踪误差方差 $\sigma_\alpha{}^2$、$\sigma_\beta{}^2$ 和速度跟踪误差方差 $\sigma_{fd}{}^2$ 等，其中特别是误差均值 δ_V 对雷达的影响更为重要。

对欺骗性干扰效果的上述评估参数适用于各种用途的雷达。根据雷达在具体作战系统中的作用和功能，还可以将其换算成武器的杀伤概率、生存概率、突防概率等。

(3)攻击武器杀伤概率的降低程度 K_w。衡量干扰效果，可以分几个阶段进行，在雷达的搜索跟踪阶段，主要是衡量其对雷达的干扰效果，而当雷达控制的攻击武器发射后，更关心干扰是否能降低敌攻击武器的命中率和其对目标的杀伤概率。可以用干扰前后杀伤概率的下降程度来评估这一阶段的干扰效果。K_w 为杀伤概率下降比，则有

$$K_w = W_{sr}/W_{sj} \tag{3-3-35}$$

式中：W_{sr}、W_{sj} 分别是干扰前后敌攻击武器的杀伤概率。

3.4 雷达无源干扰

3.4.1 雷达无源干扰概述

1. 雷达无源干扰的定义与分类

无源干扰是利用特制器材反射(散射)或吸收电磁波，以扰乱电磁波的传播，改变目标的反射特性或形成假目标、干扰屏幕，以掩护真目标的一种干扰，又称消极干扰。

而雷达无源干扰是利用本身不发射电磁波的器材，反射(散射)或吸收电磁能量，破坏或削弱敌方雷达对目标的探测和跟踪能力的一种电子干扰。

无源干扰按其作用性质，分为压制性干扰和欺骗性干扰。按其干扰原理，分为反射型干

扰和吸收型干扰。反射性无源干扰是采用散射或反射特性好的器材,大面积投放,形成假目标,对敌方雷达进行欺骗。吸收型无源干扰是采用电磁波吸收材料,把照射到目标上的电磁能量转换成其他形式的能量,从而把反射的电磁能量减至最小,导致敌方雷达对该目标的探测能力严重下降。常用的雷达无源干扰器材主要有箔条、角反射器、龙伯透镜反射器、假目标、电波吸收材料以及气旋体等。

2. 雷达无源干扰的发展与作用

雷达无源干扰的器材制造简单,使用方便,易于大量生产和装备部队;无源干扰适应性强,具有同时干扰不同方向、不同频率、不同形式的多部雷达的能力,能够对付新频段、新体制雷达;不主动辐射电磁波,可避免反辐射武器的攻击,甚至能利用此特点对付反辐射武器。雷达无源干扰是最基本、最普遍应用的雷达电子对抗手段,在战争中曾发挥了重要作用。当今,世界上几乎所有作战飞机、舰艇都装备有雷达无源干扰设备。

雷达无源干扰的缺点是:依靠敌方雷达的照射,比较被动;对速度参数的模拟不够真实,容易被具有速度鉴别能力的雷达识别。

将雷达有源干扰和雷达无源干扰结合起来,可构成复合干扰。它利用有源干扰辐射源辐射能量照射无源干扰器材形成反射体,用反射能量干扰敌方探测系统,该方式结合了有源无源干扰的优点,形成的欺骗参数更逼真。

常用的雷达无源干扰技术手段包括箔条、反射器、假目标、雷达诱饵和隐身技术。

3.4.2 箔条干扰

箔条是具有一定长度的金属(或介质表面涂镀金属薄层)细丝、箔片的总称。箔条干扰是由大量的、在空间任意分布的箔条对入射电磁波反射,或由箔条云对入射电磁波衰减而形成的干扰。

1. 箔条简介

无源干扰技术中使用最早的和最广的是箔条干扰。早在第二次世界大战雷达出现的初期,箔条干扰就成为一种重要的干扰手段。在欧洲战场上,轰炸机群投掷了数万吨箔条,取得了非常显著的干扰效果。据估计它使近500架轰炸机免遭击落,从而保住了几千名飞行人员的生命。因此,战后几乎所用军用飞机都装备了箔条干扰。1973年第四次中东战争中的海战证明了箔条干扰在保卫舰船免遭飞航式反舰导弹方面具有十分优越的性能,因而,世界各国的海军都装备了许多性能优良的箔条干扰系统。

箔条干扰依靠投放在空间的大量随机分布的金属反射体产生二次辐射对雷达造成干扰,它在雷达荧光屏上产生和噪声类似的杂乱回波,以遮盖目标的回波。所以,箔条干扰也称为杂乱反射体干扰。

箔条通常由金属箔切成的条、镀金属的介质(最常用的是镀铝、锌、银的玻璃丝或尼龙丝)或直接由金属丝等制成。

箔条中使用最多的是半波长的振子。半波长振子对电磁波谐振，反射波最强，材料最省。短的半波长箔条在空气中通常水平取向。考虑干扰各种极化的雷达，也同时使用长达数十米以至百米的干扰带和干扰绳。

2. 箔条的特性

箔条干扰要求的技术指标不仅有电性能指标，如箔条的有效反射面积、箔条包的有效反射面积、箔条的各种特性（频率特性、极化、频谱、衰减特性）及遮挡效应等，而且也有许多使用指标，如散开时间、下降速度、投放速度、结团和混合效应及体积、质量等。

箔条的性能指标，由于受许多因素（特别是受大气密度、湿度、气流等因素）的影响，所以设计时其性能参数通常要靠实验来确定。

(1)箔条的有效反射面积。为了求大量箔条的平均有效反射面积，首先来研究单根箔条的有效反射面积。

1)单根箔条的有效反射面积。目标的有效反射面积是一个与入射波垂直的、其反射到接收点的能量与真实目标在该方向所反射的能量相等的理想导电平面的面积。目标有效反射面积 σ 的表达式为

$$\sigma=4\pi R^2\frac{S_2}{S_1}=4\pi R^2\frac{E_2^2}{E_2^2} \tag{3-4-1}$$

式中：R 为目标至雷达的距离；S_1、E_1 为雷达在目标处的功率密度和电场强度；S_2、E_2 为目标反射的回波在接收点的功率密度及电场强度。

设箔条为半波长的理想导体，入射的电磁波的电场强度为 E_1，与箔条的夹角为 θ，如图 3.21 所示。

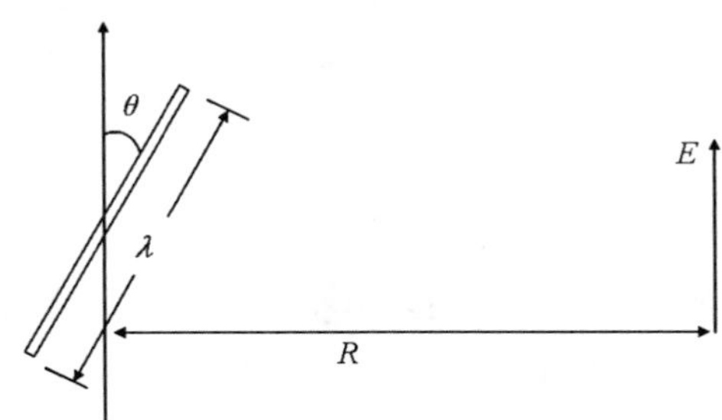

图 3.21　半波长箔条的有效面积

E_1 在箔条上感应产生电流，其幅度按正弦分布，最大值 I_0 是在箔条的中心，其数值为

$$I_0=\frac{\lambda}{\pi}\frac{E_1}{R_\Sigma}\cos\theta \tag{3-4-2}$$

式中：R_Σ 为半波长的辐射电阻，$R_\Sigma=73\ \Omega$；λ 为波长。

箔条上的这一电流所产生的电场，在距离 R 处的电场强度 E_2 为

$$E_2=\frac{\sigma_0 I_0}{R}\cos\theta \tag{3-4-3}$$

将式(3-4-2)、式(3-4-3)代入式(3-4-1)，便可得到半波长箔条的有效反射面积为

$$\sigma_{\lambda/2}=4\pi R^2\frac{E_2^2}{E_1^1}=4\pi R^2\left(\frac{60\lambda}{\pi RR_\Sigma}\right)^2\cos^4\theta=0.86\lambda^2\cos^4\theta \tag{3-4-4}$$

当入射波 E_1 与箔条平行时($\theta=0°$)时，有效反射面积最大，即

$$(\sigma_{\lambda/2})_{\max}=0.86\lambda^2 \tag{3-4-5}$$

2)单根箔条的平均有效反射面积。箔条在空间是按等概率随机分布。因此箔条的平均有效反射面积应是箔条有效反射面积的概率平均值。

设电磁波为水平极化波，箔条在三维空间作等概率分布，则箔条的平均有效反射面积就应将 $\sigma_{\lambda/2}$ 对空间的整个立体角求平均，即

$$\overline{\sigma_{\lambda/2}}=\int_\Omega\sigma_{\lambda/2}(\theta)W(\Omega)\mathrm{d}\Omega \tag{3-4-6}$$

式中：Ω 为立体角。

箔条在整个立体角作等概率分布，即 $W(\Omega)=\frac{1}{4}\pi$；二维空间的积分单元为 $\mathrm{d}\Omega$，取球坐标系且取半径为 1，则有

$$\mathrm{d}\Omega=\mathrm{d}S=\sin\theta\mathrm{d}\theta\mathrm{d}\varphi \tag{3-4-7}$$

因此，可得一根箔条的三维空间的平均有效反射面积为

$$\overline{\delta_{\lambda/2}}=\int_0^{2\pi}\mathrm{d}\varphi\int_0^{\pi}(0.86\lambda^2)\cos^4\theta\frac{1}{4\pi}\sin\theta\mathrm{d}\theta=0.86\frac{\lambda^2}{5}=0.17\lambda^2 \tag{3-4-8}$$

N 条箔条总的有效反射面积 σ_N 为

$$\sigma_N=\sum_{i=1}^{N}\overline{(\sigma_{\lambda/2})i}=N\bar{\sigma}_{\lambda/2} \tag{3-4-9}$$

3)箔条包的箔条数 N。用箔条掩护目标时，要求在每个脉冲体积内至少投放一包箔条(脉冲体积是沿着天线波束方向由脉冲宽度的空间长度所截取的体积)。每一包箔条的总有效反射面积 σ_N 应大于被掩护目标的有效反射面积 σ_t，即

$$\sigma_N\geqslant\sigma_t \tag{3-4-10}$$

而 $\sigma_N=N\overline{\sigma_{\lambda/2}}$，因此可以求得每一箔条包中应有的箔条数 N 为

$$N\geqslant\sigma_t/\overline{\sigma_{\lambda/2}} \tag{3-4-11}$$

由于箔条在投放后的相互黏连以及箔条本身的损坏，所以计算箔条数 N 时应考虑一定的余量，一般取

$$N=(1.3\sim1.5)\sigma_t/\overline{\sigma_{\lambda/2}} \tag{3-4-12}$$

(2)箔条的频率响应和回波信号的频谱。

1)箔条的频率响应。为了得到大的有效反射面积，基本上都采用半波长谐振式箔条。将箔条带宽定义为其最大有效反射面积降为 1/2 时的频率范围。半波长箔条的谐振峰都很尖锐，适用的频段很窄，其带宽一般只有中心频率的 15%～20%。

增大箔条带宽的途径，一是增大箔条的直径 d(或宽度 W)，以使带宽有所增宽，二是采用长度不同的半波长箔条混合包装，以使箔条干扰能覆盖较宽的带宽。

半波长箔条的带宽和长度直径比(l/d)的关系如图 3.22 所示。

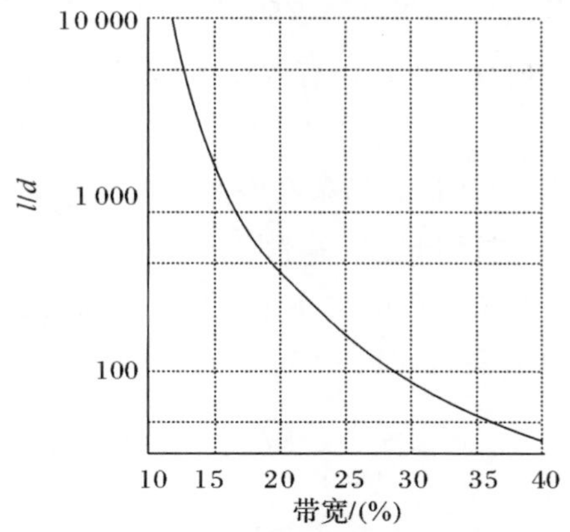

图 3.22　半波长箔条的带宽与 l/d 的关系

从图 3.22 中可以看出，带宽随着 l/d 的减小而单调地增宽，l/d 为 5 000 时，带宽为 11.5%；l/d 为 500 时，带宽为 16.5%；l/d 减小为 100 时，带宽才达 26%。但增大箔条的直径(或宽度)会使箔条的质量和体积增大，导致箔条下降速度增大，单位质量和单位体积箔条有效反射面积减小等一系列弊病。所以实际上都是采用很细的箔条，并利用多种长度不同的箔条混合以得到宽频带。同时由于采用了细箔条，其单位质量(或体积)的箔条数也可增多，也有利于得到大的有效反射面积。

可以利用箔条对其对应波长的二次谐波、甚至三次谐波也有良好反射的特性拓展箔条的适用范围。

2)箔条回波信号的频谱。箔条云的回波信号是大量箔条的反射信号之和，每个箔条回波的强度和相位是随机的不断变化的，所以回波是随机起伏的。

箔条回波信号的频率取决于箔条云中心移动的平均速度和每个箔条随机运动的速度这两个因素。箔条云的中心相对于雷达的平均运动速度为

$$v_0=\sqrt{v_F^2+v_L^2} \tag{3-4-13}$$

式中：v_F 为风的平均速度；v_L 为箔条下降平均速度。

箔条云的平均运动速度决定了箔条云回波信号功率谱的中心频率相对于雷达载波频率的多谱勒频移。箔条云中单个箔条的随机运动速度决定着功率谱的频率分布。良好天气条件下，箔条云内偶极子下降速度为 0.3 m/s，在各种条件下其变化范围为 0.3～1 m/s，在高湿度情况下下降速度最快。功率谱最大值的频率相对于雷达照射信号频率的频移 F_{od} 与箔条云中心的平均速度成正比，即

$$F_{od}=\frac{2v_0}{\lambda}\cos\alpha \tag{3-4-14}$$

式中：α 为平均速度与雷达径向的夹角。

箔条云回波信号功率谱的宽度是箔条云中各箔条受到各种影响而产生的速度所引起的多普勒频移。这些运动速度主要受各种大气气象参数的影响，但即使在风速很大时，箔条云回波信号的频谱也是相当窄的，其带宽只有几十赫。当箔条不断扩散，箔条云所占据的空间

很大，其中一部分受到阵风或旋风、湍流的作用时，回波信号的频谱宽度将会展宽，但也只有几百赫兹。所以，箔条设计中应考虑箔条应具有什么样的结构形式才能增大它的随机运动速度，从而得到更宽的回波信号频谱。

3. 箔条干扰的极化特性

箔条投放在空中后，人们希望它能随机取向，使其平均有效反射面积与极化无关，对任何极化的雷达均能有效地干扰。

实际上由于箔条的形状、材料、长短不同，箔条在大气中有其一定的运动特性。例如均匀的短箔条($l\leqslant 10$ cm)，不论它有没有 V 形凹槽，都将趋于水平取向而且旋转地下降。这种箔条对水平极化雷达的回波强，而对垂直极化雷达则干扰效果很小。为了干扰垂直极化的雷达，可以将箔条的一端配重，这样可使箔条降落时垂直取向，但下降的速度快了。箔条由于外形及材料的不完全对称或者有截痕变形，其运动特性也趋于垂直取向，快速下降。

短箔条的这种快速、慢速的运动特性，使投放后的箔条云经过一段时间的降落后形成两层，水平取向的一层在上边，垂直取向的一层在下边，时间越长，两层分开得越远。

长箔条(长于 10 cm)在空中的运动规律可认为是完全随机的，它对各种极化都能干扰。

短箔条在刚投放时，受飞机湍流的影响，可以达到完全是随机的，所以飞机自卫时投放的箔条能干扰各种极化的雷达。

箔条云的极化特性还与箔条云对雷达波束方向的仰角大小有关。在 90°仰角时，即使水平取向的箔条，它对水平极化和垂直极化的回波是差不多的。但在低仰角时，则水平极化的回波就远比垂直极化的强。

4. 箔条的空间特性

(1)箔条的遮挡效应。箔条的遮挡效应是指箔条云中一些箔条被另一些箔条所遮挡而不能充分发挥反射雷达信号的效能，即当箔条相当密集时，前面的箔条就阻碍了后面的箔条对雷达照射来的电磁波能量的充分接收，从而产生了遮挡效应。

这种遮挡现象，特别在飞机或舰船进行自卫而投放箔条的期间，是一种主要的影响。它影响了作为自卫用的箔条包的有效反射面积的正确估算。只是当箔条扩散开来，直到各箔条之间的距离为波长的 10 倍以上时，遮挡效应才不大了。

由于存在着遮挡效应，所以计算箔条云的有效反射面积的理论值就只能作为可能达到的上限值。而实际的箔条云，要根据箔条的密度，采用考虑了遮挡效应的计算方法。

一种根据电磁波吸收理论得出的估算遮挡效应的模型为

$$\sigma/A_a=1-e^{-N\sigma_0} \tag{3-4-15}$$

式中：A_a 为箔条云对雷达的投影面积；N 为箔条云投影面积内单位面积的箔条数；σ_0 为单根箔条在不考虑遮挡效应时的平均有效反射面积($\sigma_0=0.17\lambda^2$)。

因此，$N\sigma_0$ 就是箔条云单位面积可能达到的有效反射面积的理论上限值。

当 $N\sigma_0$ 很大时(即箔条很密)时，由式(3-4-15)有 $\sigma/A_a=1$。这说明，箔条云的有效反射面积可能达到的最大值为 A_a，即为其投影面积。

当 $N\sigma_0$ 很小时，将 $e^{-N\sigma_0}$ 展为级数，取一级近似，有 $\sigma/A_a=N\sigma_0$。说明箔条密度很小时，

不存在遮挡效应，箔条云的有效反射面积为 $\sigma = N\sigma_0 A_a$。

例如，对于 $\lambda = 10$ cm 的雷达，在 $N\sigma_0 = 2$ 时的密集情况下，箔条的浓度为

$$N = \frac{2}{\sigma_0} = \frac{2}{0.17\lambda^2} = \frac{2}{0.17\times 10^{-2}} = 1\ 176(\text{根/m}^2)$$

箔条云的相对有效反射面积，由式(3－5－15)计算，得

$$\sigma/A_a = 1 - e^{-N\sigma_0} = 1 - e^{-2} = 1 - 0.135 = 0.865(\text{m}^2/\text{m}^3)$$

(2)箔条云对电磁波的衰减。电磁波通过箔条云时，由于箔条的反射而使它受到衰减，从而减小雷达的作用距离。电磁波通过厚度为 x 的箔条云时被衰减后的功率为

$$p = p_0 e^{-\bar{n}\cdot(0.17\lambda^2)x} \tag{3-4-16}$$

将式(3－4－16)变换为以分贝表示衰减量的表示式，即

$$p = p_0 10^{0.1\beta x} \tag{3-4-17}$$

则箔条云对电磁波的衰减系数 $\beta = 0.43[\bar{n}(0.17\lambda^2)]$，单位为 dB/m。

对于雷达电波为双程衰减时，两次衰减后的电磁波功率为

$$p = p_0 \times 10^{-0.2\beta x} \tag{3-4-18}$$

在利用式(3－4－17)和式(3－4－18)计算时，x 的单位为 m。

例如，设在空中形成箔条云以掩护目标，如图 3.23 所示。如果它使雷达对目标的作用距离减小到远离的 1/10，试确定箔条云的“浓度”($\bar{n}$)及箔条云厚度(x_0)。

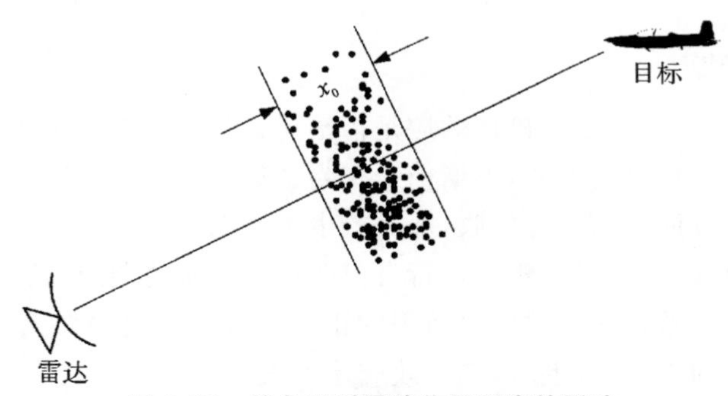

图 3.23　箔条云对雷达作用距离的影响

由于雷达作用距离和功率成四次方的关系，则作用距离减小原来的 1/10，相当于电波被箔条云衰减 40 dB。设 $x_0 = 1\ 000$ m，则箔条云的衰减系数为 $\beta = 0.02$(dB/m)，可求得箔条云的平均浓度 $\bar{n}$。

对于 $\lambda = 3$ cm 的雷达：

$$\bar{n} = \frac{\beta}{0.73\lambda^2} = \frac{0.02}{0.73\times 9\times 10^{-4}} \approx 30(\text{根/m}^3) \tag{3-4-19}$$

对于 $\lambda = 10$ cm 的雷达：

$$\bar{n} = \frac{0.02}{0.73\times 10^{-2}} = 2.73 \approx 3(\text{根/m}^3) \tag{3-4-20}$$

3.4.3　反射器

金属反射器可以产生强烈的雷达回波，因此，可以用作对雷达的无源反射物。一个理想的导电金属甲板，当其尺寸远大于波长时，可以对法线入射的电波产生强烈的回波。其有效反射面积为

$$\delta_{\max}=4\pi\frac{A^2}{\lambda^2} \tag{3-4-21}$$

式中：A 为金属平板的面积。

如果不是从法线方向垂直入射，而是从其他方向入射，这时平板虽然也能很好地将电波反射出去，但电波反射到其他方向去了，使其回波变得微弱，相应的有效反射面积就很小，不能满足对雷达干扰的要求。因此，对反射器的主要要求是以小的尺寸和质量，获得尽可能大的有效反射面积，并要具有足够宽的方向图。

1. 角反射器的分类

角反射器是利用 3 个互相垂直的金属平板制成的，如图 3.24 所示。根据其各面的形状不同可分为三角形、圆形、方形 3 种角反射器。

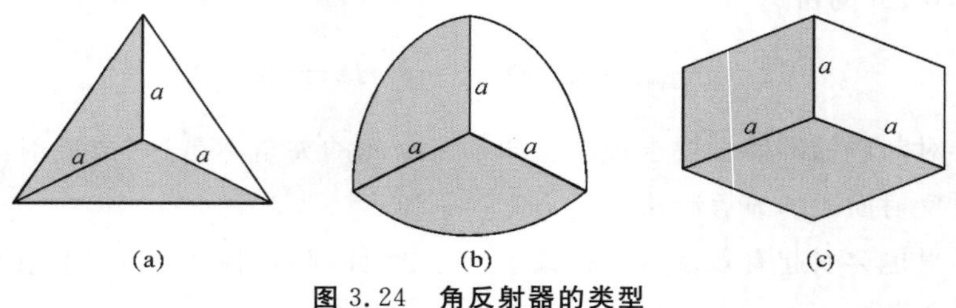

图 3.24　角反射器的类型

(a)三角形；(b)圆形；(c)方形

2. 角反射器的有效反射面积

角反射器可以在较大的角度范围内，将入射的电波经过三次反射，按原入射方向反射回去，如图 3.25(a)所示，因而具有很大的有效反射面积。角反射器的最大反射方向称为角反射器的中心轴，它与 3 个垂直轴的夹角相等，等于54°45′(或 54.75°)，如图 3.25(b)所示。在中心轴方向的有效反射面积为最大，因此，只要求得角反射器对于中心轴的等效平面面积。代入式(3-4-21)，便可求得它的最大有效反射面积的表达式，即

$$\delta_{\triangle\max}=\frac{4\pi}{3}\frac{a^4}{\lambda^2}=4.19\frac{a^4}{\lambda^2} \tag{3-4-22}$$

$$\delta_{\mathrm{o}\max}=15.6\frac{a^4}{\lambda^2} \tag{3-4-23}$$

$$\delta_{\square\max}=12\pi\frac{a^4}{\lambda^2}=37.3\frac{a^4}{\lambda^2} \tag{3-4-24}$$

比较式(3-4-22)～式(3-4-24)，可以看出，在垂直轴 a 相等的情况下，三角形反射器的有效反射面积最小，圆形角反射器的次之，方形角反射器的最大，即为三角形角反射器

的 9 倍。

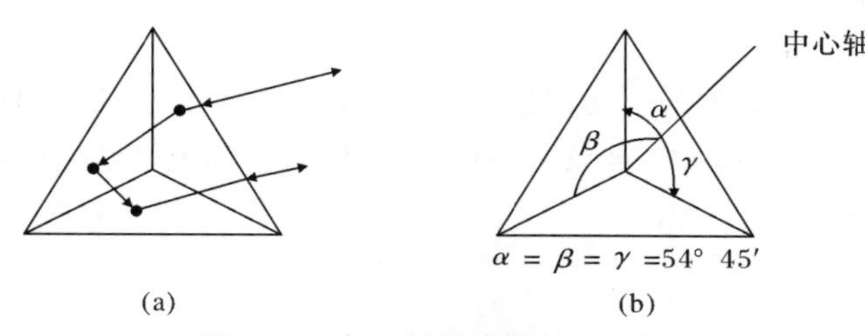

图 3.25　角反射器的最大反射方向

角反射器的有效反射面积与其垂直边长 a 的四次方成正比，增加 a 可以得到很大的有效反射面积。

角反射器的有效反射面积与波长 λ 的二次方成反比。同样尺寸的角反射器，对于不同波长的雷达，其有效反射面积亦不同。例如，设三角形反射器的 $a=1$ m，则对于 $\lambda=3$ cm 的雷达，有

$$\delta_{\triangle\max}=4.19\times\frac{1}{9\times10^{-4}}=4\ 656(\mathrm{m}^2)$$

对于 $\lambda=10$ cm 的雷达，有，

$$\delta_{\triangle\max}=4.19\times\frac{1}{10^{-2}}=419(\mathrm{m}^2)$$

角反射器对制造的准确性要求很高。如果三个面的夹角不是 90°或反射面的凹凸不平都将引起有效反射面积的显著减小。

反射面不平也会引起有效反射面积减小，当三个面都向相同的方向凹陷时，其有效反射面积减小得更严重。

3. 角反射器的方向性

角反射器的方向性以其方向图宽度来表示，即其有效反射面积降为最大有效面积的 1/2 时的角度范围。角反射器的方向性，包括水平方向性和垂直方向性，它们在对雷达的干扰中都有重要意义。

角反射器的方向图越宽越好，以便在较宽的角度范围对雷达都有较强的回波。图 3.26 是三角形反射器水平方向图的实验曲线，它的 3 dB 宽度约为 40°(理论结果为 39°)；曲线两边的尖峰是当入射波平行于一个边时，由其余的两个面产生的反射波。

圆形角反射器和方形角反射器的方向图要比三角形的窄。圆形角反射器的方向图宽度约为 30°；方形的最窄，约为 25°。

角反射器的垂直方向性对于反雷达伪装具有重要意义。图 3.26 所示是三角形角反射器的角度数值，中心轴为最大方向，其仰角为 35°，垂直方向图的宽度为 40°。角反射器的垂直方向图如图 3.27 所示。圆形角反射器和方形角反射器的垂直方向图宽度都比三角形反射器的窄，但比起它们自己的水平方向图则略宽，分别为 31°和 29°。

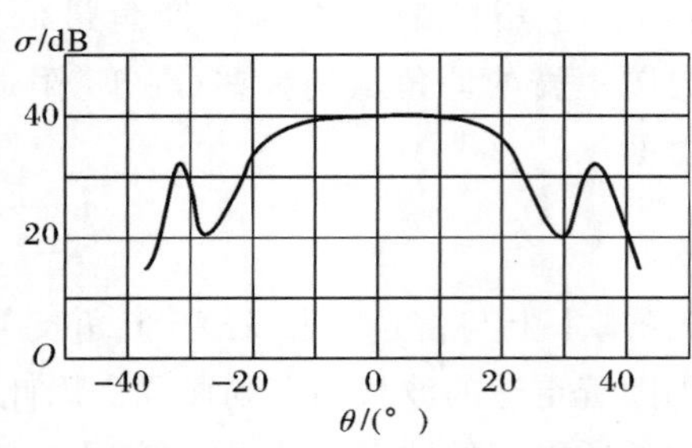

图 3.26　三角形角反射器的水平方向图的实验曲线

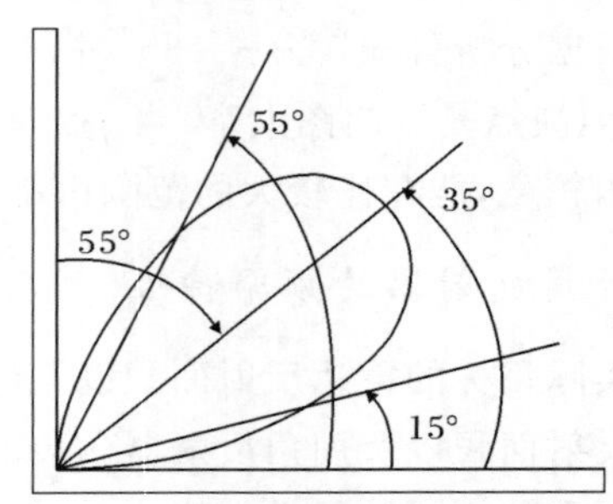

图 3.27　三角形反射器的垂直方向图

角反射器的低仰角反射太弱，这对反雷达伪装是不利的。因为来袭飞机由远及近，角反射器在远距离（低仰角）上反射太弱，就达不到伪装地面目标的目的，所以需要改善角反射器的低仰角性能。其常用的方法有如下两种。

(1)增大角反射器的底边面积，使低仰角入射的电磁波仍能得到反射，这样，便可改善低仰角性能。如图 3.28(a)所示，图中下部的虚线部分为反射器的底边面积。通常，角反射器安装在地面上时，可利用平坦的地面作为底边的一部分，如能利用水平则效果更好。利用增大底面积的方法只能得到几度的改善。

(2)利用地面反射波和纸射波的干涉作用。将角反射器架高，并将它倾斜一个角 φ，如图 3.28(b)所示，则投射到角反射器的电磁波有直射波①和地面反射波②，经角反射器反射后，又将两个波沿原方向反射回去，其总的回波就是这两个回波的矢量和。由于两个回波存在着相位差，使有的方向的电波同相相加出现最大值，有的方向的电波反相相加出现最小值，所以合成的垂直方向图将呈现瓣状。

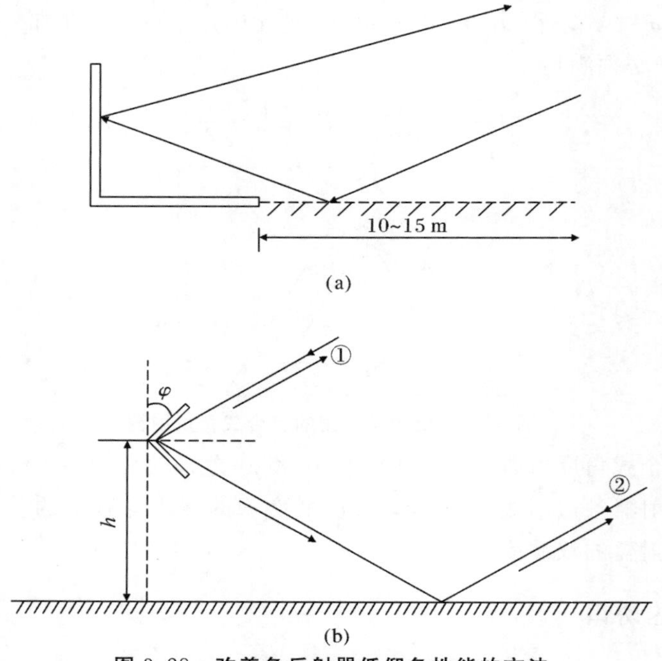

图 3.28　改善角反射器低仰角性能的方法

根据分析可知，当 $\varphi=35°$时，合成的垂直方向图主瓣的最大方向的仰角最低（小于10°），但缺点是方向图太窄；当 $\varphi=15°$时，垂直方向图主瓣的仰角虽稍大些（在 15°附近），但方向图较宽，能在比较大的范围内都有较大的反射面积。

4. 角反射器的频率特性

实际目标的雷达反射面积以及地面的雷达图像基本上与雷达波长无关，但角反射器的有效反射面积以及用角反射器伪装的地形地物，则随着雷达的波长的不同而异。因此，当雷达利用两种不同波长进行工作时，通过比较两种波长所得到的地面图像，便可辨别出真实目标和用以伪装目标的角反射器来。由于角反射器的有效反射面积 $\sigma_{\max}\propto 1/\lambda^2$，所以同一角反射器对两个波长 λ_1 和 λ_2 的有效反射面积之比为

$$\frac{\delta_{\max}(\lambda_1)}{\delta_{\max}(\lambda_2)}=\left(\frac{\lambda_2}{\lambda_1}\right)^2 \tag{3-4-25}$$

或

$$\frac{\delta_{\max}(f_1)}{\delta_{\max}(f_2)}=\left(\frac{f_1}{f_2}\right)^2 \tag{3-4-26}$$

例如，轰炸瞄准雷达常常采用两个波段工作，在远距离时用 3 cm 波段，在近距离时用 8 mm 波段，以便得到清晰的地面图像。设 $\lambda_1=3.2$ cm，$\lambda_2=8$ mm，波长相差 4 倍，则同一角反射器的有效反射面积相差 16 倍。

为了使角反射器对两个波段都呈现出相同的有效反射面积，可采用如下两种方法。

(1)利用金属网和金属板做成复合式角反射器，如图 3.29 所示。复合式角反射器外部的金属网部分让波长短的 λ_1 电波穿透过去，不产生反射，而对波长长的 λ_2 电波又能全部反射，可根据所需的 σ 对 λ_1 求得 a_1，对 λ_2 求得 a_2，进而确定角反射器各部分的尺寸。这时，金属网的网眼直径 d 必须满足

$$\left(\frac{1}{6}\sim\frac{1}{8}\right)\lambda_2>d>\left(\frac{1}{6}\sim\frac{1}{8}\right)\lambda_1 \tag{3-4-27}$$

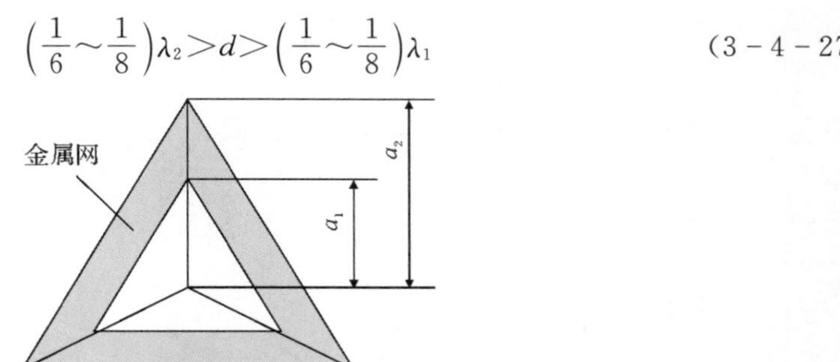

图 3.29 双波段运用的复合式角反射器

显然，这种复合式角反射器只适用于波长 λ_1 和 λ_2 差别较大的两个波段。

(2)利用角反射器各边不成 90°时，有效反射面积的减小与频率的关系，选择合适的偏差角，以实现角反射器的双波段运用。

3.4.4 雷达诱饵

雷达诱饵是破坏防空系统对目标的选择、跟踪和杀伤的有效对抗手段之一。它广泛用

于飞机、战略武器的突防和飞机及舰船的自卫。雷达诱饵一般在目标受雷达或导弹跟踪时才发射或投放，可分为火箭式、拖曳式、投掷式雷达诱饵等 3 种类型。下面主要介绍火箭式雷达诱饵的应用。

雷达诱饵用于使来袭导弹偏离其预定目标。它们在对抗采用单脉冲导引头的导弹时特别有效。诱饵既可以是有源的也可以是无源的，但目前的趋势是采用有源诱饵。无源诱饵经常使用角反射器或龙伯透镜来加大其雷达横截面。在低频上，这些装置会变得很大，当要求增强低频时的雷达特征时，就有必要使用有源转发器。

诱饵是一种特殊形式的平台外电子进攻系统，通过在敌方武器系统中建立假目标信息来提高舰船和飞机的生存概率。诱饵的一种工作模式是用大量假的诱饵目标来饱和敌方的防御系统，从而导致武器对这些假目标的跟踪，降低其总的攻击效能。另一种模式是利用诱饵大的信号特征（包括雷达和红外信号特征），将武器吸引到诱饵上。

火箭式诱饵是一次性使用的，它模拟飞机，引诱敌武器攻击系统。火箭式诱饵自身带发动机系统，可以自主飞行，携带无源反射器或有源干扰机，用于目标自卫，可以在更多的特征上模拟目标达到欺骗干扰的目的。为了破坏雷达对目标的跟踪，它应具有大的雷达反射面积或干扰功率，以便将雷达的跟踪吸引到诱饵上来。

为了有效地掩护目标，在发射诱饵的同时，目标应进行速度和方向上的机动。火箭式诱饵的初速度取决于雷达（或寻的导弹制导系统）的跟踪支路的动态特性，在诱饵刚被发射出的瞬间，其初速度必须保证把跟踪支路的选通门引诱到诱饵上。这一初速度的选择，应根据诱饵和被掩护的目标在角度、距离和速度上都应在导弹或雷达的分辨单元之内这一要求。

下面来求火箭式雷达诱饵干扰半主动寻的防空导弹制导系统的功率关系（干扰方程）。

设诱饵（D）、雷达及防空导弹的空间关系如图 3.30 所示。目标和初发射出的诱饵均处在照射雷达的波束宽度之内，它们到雷达的距离可认为相同，并且也都同时处于防空导弹寻的系统的天线波束宽度之内，而且张角都不大。这时，导弹的导引头接收的目标雷达信号功率为

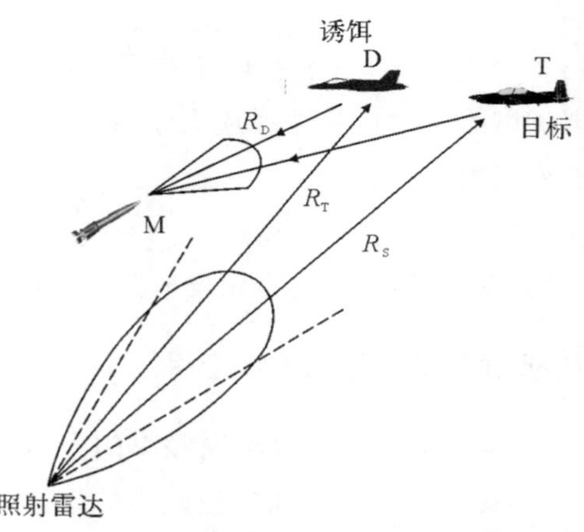

图 3.30　火箭式雷达诱饵干扰半主动寻的导弹的空间关系图

$$P_{r,s}=\frac{P_t G_t \sigma_T}{4\pi R_s^2 \cdot 4\pi R_T^2}A_r \tag{3-4-28}$$

式中：P_t、G_t 为照射雷达的发射功率及天线增益；σ_T 为目标的有效反射面积；R_s、R_T 为目标至雷达的距离及目标至导弹的距离；A_r 为导弹导引头接收天线的有效面积。

导弹导引头接收到诱饵的干扰信号功率为

$$P_{r,j}=\frac{P_j G_j \gamma_j \Delta f_r}{4\pi R_D^2 \Delta f_j}A_r \tag{3-4-29}$$

式中：P_j、G_j 为干扰发射机的功率及干扰天线的增益（为了简化分析，设诱饵天线增益各处相等）；γ_j 为极化系数（干扰信号极化和导引头接收天线极化不同而引起的功率损失）；R_D 为诱饵至导弹的距离；Δf_r、Δf_j 为导引头接收机的通频带宽度和干扰信号的频谱宽度。

为了将导弹引向诱饵，诱饵的干扰信号功率应大于等于目标信号功率的 K_j 倍（例如 $K_j=2$ 或 3），即应有

$$P_{r,j}\geqslant K_j P_{r,s} \tag{3-4-30}$$

将式(3-4-28)及式(3-4-29)代入式(3-4-30)，则得诱饵干扰机应满足的功率要求为

$$P_j G_j \geqslant \frac{K_j}{\gamma_j}\frac{P_t G_t \sigma_T}{4\pi}\frac{R_D^2}{R_s^2 R_T^2}\frac{\Delta f_j}{\Delta f_r} \tag{3-4-31}$$

如果诱饵上采用转发式回答干扰机，还应求出干扰机的功率放大倍数 K_P。

诱饵上回答式干扰机的接收端收到的照射雷达信号功率为

$$P_r=\frac{P_t G_t \gamma_r}{4\pi R_s^2}A_{rD}=\frac{P_t G_t G_r \lambda^2 \gamma_r}{(4\pi)^2 R_s^2} \tag{3-4-32}$$

式中：A_{rD}、G_r 为回答式干扰接收天线的有效接收面积和增益系数；γ_r 为接收天线的极化系数。

因此可求得回答式干扰机的功率放大倍数。考虑到转发的干扰信号与导弹上接收机是匹配的，即 $\Delta f_j \approx \Delta f_r$，则有

$$K_P=\frac{P_j}{P_r}=\frac{K_j}{\gamma_j \gamma_r}\frac{\sigma_T}{G_j G_r \lambda^2}\frac{R_D^2}{R_T^2} \tag{3-4-33}$$

如果诱饵为无源的，则诱饵的反射信号功率应大于等于目标的反射信号功率的 K_j 倍。由于 $P_r \propto \sigma$，可得诱饵的有效反射面积为

$$\sigma_D \geqslant K_j \sigma_T \tag{3-4-34}$$

为了得到大的有效反射面积，诱饵上应装有角反射器或龙伯透镜反射器等无源反射器。

3.4.5 无源干扰在机载条件下的战术应用

箔条干扰能同时对处于不同方向上和具有不同频率的很多雷达进行有效的干扰，但对于连续波、动目标显示、脉冲多普勒等具有速度处理能力的雷达，其干扰效果将降低。对付这类雷达，需要同时配合上其他干扰手段，才能有效地干扰。

箔条的优越性能,使它在现代战争中有着日益广泛的应用。它用于在主要突击方向上形成干扰走廊,以掩护机群进入重要军事目标或制造假的战役突击方向;用于洲际导弹再入大气层时形成假目标;用于飞机自卫时的雷达诱饵,世界上几乎所有的作战飞机和越来越多的运输机都安装了箔条投放装置。

箔条的基本用途有两种。一种是在一定空域中(宽数千米,长数十千米)大量投掷,形成干扰走廊,以掩护战斗机群的通过。这时,如果在此空间的每一雷达单元(脉冲体积)中,箔条产生的回波功率超过飞机的回波功率,雷达便不能发现或跟踪目标。这种应用由于动目标检测雷达的普及已越来越少了。另一种是飞机或舰船自卫时投放的箔条,这种箔条要快速散开,形成比目标自身的回波强得多的回波,使雷达的跟踪转移到箔条云上而不能跟踪目标。实际应用时,不论大规模投放或自卫时投放,通常都是做成箔条包由专门的投放器来投放。

1. 箔条用于支援掩护机群

对于大气中布撒的箔条走廊的一个关键因素是初步确定要干扰的雷达的立体分辨单元。一种适合的箔条走廊布撒方法是在径向即距离方向上以分隔最小的雷达立体分辨单元的距离逐一投放箔条弹。这保证了沿着箔条布撒飞机的航路上每个雷达分辨单元都含有一个最初投放的初始箔条包。

第二个问题是在每次发射中要投放多少箔条。一般来讲,箔条的有效反射面积应当是要保护的最大目标的有效反射面积的两倍以上。

同时箔条在突防飞机进入受保护的走廊前必须有足够的时间散开。设计用于走廊保护的敷铝玻璃丝箔条可能要用约 100 s 的时间才能达到其最大值,而对于 25 mm×25 mm 的铝箔箔条其相应的值是 40 s。只要箔条云中的箔条单元位于立体雷达分辨单元中,走廊的保护作用就是有效的。在典型情况下,在一个雷达立体分辨单元中敷铝玻璃丝箔条的有效雷达横截面将在 250 s 内下降到其最大值的 50%。上面给出的箔条 RCS 只适用于水平极化值,对于垂直极化箔条情况,铝箔条 RCS 值从其最大值降到 90%要花去 80 s,而敷铝玻璃丝箔条其 RCS 从最大值降到 50%就要花去 280 s。

箔条下落时还将明显出现另一个现象,尤其是玻璃丝箔条,即会逐步分离成两团箔条云,一团主要是水平极化的,另一团是垂直极化的。这是因为垂直取向的偶极子比水平取向的偶极子下降要快,造成水平极化层的箔条云位于垂直极化箔条云之上。解决这个问题的方法是使箔条偶极子的一段比另一端重,这样使箔条以缓慢的螺旋方式下降,这就近以于 45°极化。

2. 箔条用于飞机自卫

箔条用于保护飞机是利用箔条对雷达信号的强烈反射,将雷达对飞机的跟踪吸引到对箔条气团的跟踪。因此,箔条必须在宽频段上具有比被保护飞机大 2～3 倍以上的有效反射面积,还必须有合适的投掷速度(即每投放一包箔条的间隔时间),应保证在雷达的分辨单元内至少有一包箔条,如图 3.31 所示。

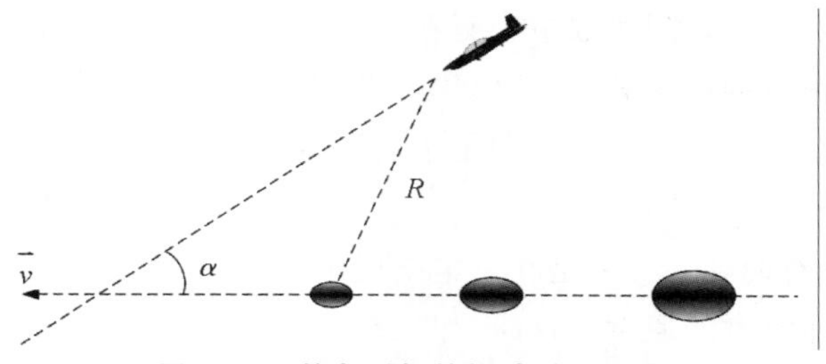

图 3.31　箔条诱饵的投放时间要求

自动跟踪系统的距离分辨单元取决于其距离选通脉冲（波门）的宽度 t_d，因此箔条包的投放时间间隔为

$$t_i \leqslant \frac{ct_d}{2v\cos\alpha} \tag{3-4-35}$$

式中：c 为光速；v 为飞机的速度；α 为雷达跟踪方向和电机轴的夹角。

箔条间隔小于雷达角度分辨力的投放时间间隔应为

$$t_d \leqslant \frac{R_{\min}\Delta\theta}{v\sin\alpha} \tag{3-4-36}$$

式中：$R_{\min}$ 为对雷达压制的最小距离；$\Delta\theta$ 为雷达角跟踪波束宽度。

可以看出，对于告诉飞机和高分辨性能的雷达，要求投放速度很快，每秒钟需投放数包箔条。

箔条散开时间的长短，在很大程度上决定着保护飞机的效果。箔条的散开时间是指箔条从投放至达到额定的有效反射面积的时间。

箔条投放后，其有效反射面积的变化可用以下经验公式近似，即

$$\delta=\delta_{\max}[1-\exp(-t/\tau)] \tag{3-4-37}$$

式中：δ 为 t 时刻的箔条有效反射面积；$\delta_{\max}$ 为箔条最大有效反射面积；τ 为时间常数。

良好天气下，箔条云内偶极子下降速度为 0.3 m/s，在各种条件下其变化范围为 0.3 m/s，在高湿度情况下下降速度最快。

充分散开的另一重要因素是箔条不应相互黏连或出现所谓鸟窝状连接。如何减小在高速气流中箔条的黏连是现代箔条生产中的关键工艺和技术。

飞机在确知已受到火控雷达的跟踪时，只要采用连续点投箔条，同时进行方向上的机动，可有效地干扰雷达。这种比飞机反射强得多的箔条带使侧向跟踪的角系统不能瞄准飞机。这种箔条带对于干扰由后半球攻击的歼击机雷达的距离跟踪更为有利，这时距离波门将首先锁定到离它较近的箔条反射的信号上。

3.5　对雷达的杀伤性压制

对军用监视和跟踪雷达的电子进攻行动除了电子压制技术外，通常还包括杀伤行动，其主要目的是对辐射源进行实体摧毁，而这类辐射源通常是敌方防御系统的组成部分之一。对防御系统进行杀伤性压制的最重要手段是使用反辐射导弹（Anti-Radiation Missile,

ARM)。对防御系统进行杀伤性压制的另一种重要手段是使用定向能武器(Directed Energy Weapon,DEW),由于其能以光速进行攻击,所以在军事界备受瞩目。

3.5.1　反辐射导弹

反辐射导弹(ARM)是利用对方武器系统辐射的电磁波发现、跟踪并摧毁辐射源的导弹。

3.5.1.1　ARM 发展过程与现状

自 1961 年开始研制反辐射导弹以来,国外已研制出了 30 多种型号的反辐射导弹。绝大多数已装备部队,并用于局部战争。目前,ARM 已发展到第三代。第一代于 20 世纪 60 年代装备部队,代表产品包括美国的"百舌鸟"、苏联的"AS－5"及英法联合研制的"玛特尔"。由于导引头覆盖频域比较窄、灵敏度低、测角精度低、命中率低、可靠性差且只能对付特定的目标,因此早已被淘汰。第二代产品于 20 世纪 70 年代装备部队,以美国的"标准"、苏联的"AS－5"(鲑鱼)为代表。虽然第二代 ARM 克服了第一代的主要缺点,具有较宽覆盖频域和较高的灵敏度,射程比较远而且有一定的记忆(即对抗目标雷达关机)功能,可以攻击多种地(舰)防空雷达,但结构十分复杂、体积大、比较重,因此只能装备大型机种,而且飞机的装载数量也受到限制,已于 20 世纪 70 年代末停止生产。第三代 ARM 于 20 世纪 80 年代装备部队,基本上可分为下述三大类。

1. 第一类 ARM

第一类为中近程(指导弹作用距离为 30～70 km)ARM,以美国的"哈姆"(HARM)、英国的"阿拉姆"(ALARM)为代表,其主要特点是:装有新型超宽频带导引头;可攻击的雷达频率覆盖范围达 0.8～20 GHz,覆盖了绝大多数防空雷达的工作频率。

(1)高灵敏度的导引头。导引头的灵敏度比较高(－70 dBmW),而且具有大动态范围、快速自动增益控制。因此,既能截获跟踪从雷达天线主波瓣方向辐射的信号,也能截获跟踪从雷达天线副波瓣和背波瓣方向辐射的信号;既能截获跟踪脉冲雷达信号,也能截获跟踪连续波雷达信号;既能截获跟踪波束相对稳定的导弹与高炮制导雷达信号,又能截获跟踪波束环扫或扇扫的警戒雷达、引导雷达、空中交通管制雷达和气象雷达信号。

(2)导引头内设置信号分选与选择装置。采用门阵列(Field Programmable Gate Array,FPGA)高速数字处理器和相应的软件,实现了在复杂电磁环境中的信号预分选与单一目标的选择。

(3)采用微处理机控制。在导弹上装有含已知雷达信号特性的预编程序数据库,具有自主截获跟踪目标的能力。一旦在战斗中发现有新的雷达目标出现,只需修改软件就可使用。还有弹道控制软件与相应的接口控制电路,这样导弹载机不必对准目标就可发射导弹去攻击各方向的目标,即使偏差 180°,也能靠导引头转动 180°而自动截获跟踪目标,从而实现自卫、随机、预编程 3 种工作方式和导弹"发射后不管"的功能,提高 ARM 的攻击能力和发射载机本身的生存能力。

(4)采用无烟火箭发动机。降低了导弹的红外特征,不易遭受红外制导的地空和空空导

弹的拦截。

(5)高弹速。导弹速度马赫数达到3,增强了突防能力。

2. 第二类 ARM

第二类为远程 ARM(指导弹作用距离在100 km以上),以苏联的"AS-12"为代表,其突出特点是:

(1)作用距离远且弹速高。导弹采用冲压式发动机,飞行速度在马赫数3以上,而且作用距离远(150 km以上)。

(2)宽频带导引头灵敏度高且测角精度高。导引头的灵敏度为−100~−90 dBmW,测角精度均方根值在0.5°以内。这类导弹攻击目标针对性很强,命中率高。

3. 第三类 ARM

第三类为无人驾驶反辐射飞行器,是中近程 ARM 的补充,以美国的"默虹"、以色列的"哈比"为代表,其特点除速度低于中近程 ARM 外,其他性能与中近程 ARM 相近。

3.5.1.2 ARM在战争中的作用

ARM 在战争中的作用就是压制或摧毁敌方武器系统中的雷达,使防空武器系统失去攻击的能力,取得制空权,以便充分发挥己方的空中优势。ARM 在战争中的主要作用如下。

1. 清理突防走廊

战时防空(地空)导弹采取多层次的纵深梯次配置,可首先用 ARM 摧毁敌方各层次防空体系中的雷达,使防空体系失去攻击能力,为己方攻击机扫清空中通道,开辟空中走廊。

2. 防空压制

地空导弹(或高炮)对飞机威胁最大,首先用 ARM 攻击摧毁敌方武器系统中的雷达,使敌方失去攻击能力,从而使己方后续的空中优势得以发挥。

3. 空中自卫

攻击性的飞机携带 ARM,当受到敌方有威胁雷达等跟踪时发射,摧毁敌方威胁武器系统中的雷达。

4. 为突防飞机指示目标

攻击机装载带有烟雾战斗部的 ARM,首先将这种 ARM 射向敌方雷达阵地,指示攻击机根据爆炸的烟雾对目标进行攻击。

5. 摧毁干扰源

利用 ARM 摧毁敌方干扰源,使己方电子设备免受干扰。

3.5.1.3　ARM 的基本工作原理

ARM 与其他导弹的主要区别在于其引导系统不同，其他部分基本相同。ARM 的导引系统实际上是一部无源雷达(Passive Radar)，也称为被动雷达导引头(Passive Radar Seeker，PRS)。ARM 是由被动雷达导引头以敌方雷达或辐射源辐射的电磁波信号未制导信息进行导引、跟踪直至命中摧毁目标雷达或辐射源。

美国海军和海军陆战队联合发展的新一代机载反辐射导弹，用来取代现役 AGM－88 高速反辐射导弹，如图 3.32 所示。

图 3.32　AGM－88E 先进反辐射导弹(AARGM)

1. 被动雷达导引头

PRS 是反辐射导弹最关键的部件，用于截获敌方目标雷达信号并实时监测出导弹与目标的角信息，输送给控制系统，导引导弹实时跟踪直到命中目标雷达。

PRS 主要由天线、接收系统(RX)、信号处理电路、指令计算机、惯性平台、自动驾驶仪和导弹弹体组成。通常 PRS 采用单脉冲测角，也可采用比相测角体制。

天线通常采用平面螺旋天线(和模(Σ)，差模(Δ)。这种天线的方向图与频率无关，且利用一副天线就能产生全部所需测向信息，因此最能充分利用导弹前端有限的空间。此外，接收机处理所测得的单脉冲测向信息只需要两个通道。由微波天线和相应的波束形成器形成上、下、左、右四波束，且与 ARM 的舵面配置方向成 45°。

接收系统(RX)的作用是将天线送来的上、下、左、右四路信号进行带通滤波、对数放大和低通滤波，再经过和-差处理，形成高低角和方位角误差信号。同时，还将接收到目标雷达信号的射频、幅度(PW)及到达时间输出。

接收系统输出的信号再送到信号处理部分进行去交错(信号分选)、角度测量和角度旋转，再经制导计算机进行卡尔曼滤波和指令计算，输出导弹的控制信号送到导弹的自动驾驶仪，控制 ARM 导弹跟踪目标雷达。

2. 控制系统

控制系统根据控制指令修正导弹弹道,通过气动舵机控制导弹使之对准目标雷达正确跟踪直至命中。控制系统包括燃气舵机、调节器和作为航面的弹翼。调节器可调节控制系统,得到自控段的弹道,并不断测出偏差并以此修正弹道,在一定的角度范围内不断改变导弹的弹道方向。在导引头截获跟踪目标后,所测得的方位和俯仰两个平面的角度偏差信号控制燃气舵机操纵弹翼保证导弹实时跟踪目标。在跟踪状态下,导引头两平面的角偏差信号为零。ARM 攻击目标雷达时的弹道示意图如图 3.33 所示。控制系统内还包括电源(电源由普通的能量转换供给,如化学电池、热电池或涡轮发电机)。导弹发射前由载机供电,发射后由导弹自身供电。

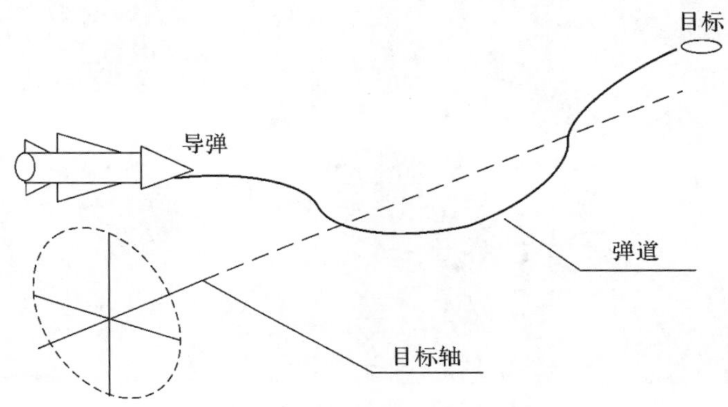

图 3.33 ARM 攻击目标雷达时的弹道示意图

3. 战斗部

反辐射导弹有两种战斗部,即杀伤战斗部和磷质战斗部,使用较多的是杀伤战斗部。

(1)磷质战斗部里面装满白磷、弹片等,爆炸时白磷燃烧形成一团很大的白色烟,温度极高,但弹片数不多。这种弹头主要是为了形成烟雾,在天气条件不好时为轰炸机指示目标,同时也能利用爆炸的碎片和高温破坏一部分目标。

(2)杀伤战斗部采用烈性炸药以及破片外壳的结构,在尽可能大的空间内产生气体冲击及破片杀伤作用。烈性炸药的高速爆炸保证产生很强的冲击波,使足够数量的破片以很快的速度飞溅。这样,有穿甲能力的破片能在杀伤范围内毁伤目标雷达。

4. 引信

引信用于引导战斗部爆炸,可以分为触发引信和非触发引信。通常采用非触发引信引爆,触发式引信靠导弹与目标或地面物体直接碰撞,产生的巨大冲击力引爆导弹。非触发引信亦称无线电引信,采用了无线电测距原理。当导弹与目标之间的距离处于最佳值时,引爆导弹的战斗部。非触发引信包括无线电比相引信、无线电多普勒引信、激光引信和电磁引信等。被动式无线电比相引信的基本原理框图如图 3.34 所示,主要由高频、低频线路及保险执行机构组成。

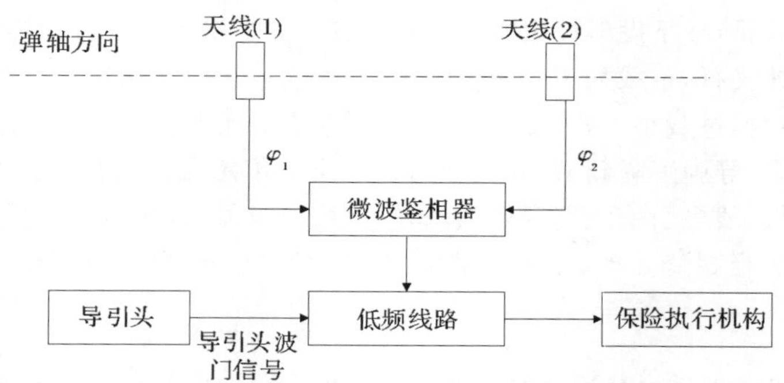

图 3.34　**反辐射导弹无线电引信组成框图**

天线 1 和天线 2 沿弹轴方向前、后配置，由于天线 1 和天线 2 相对于目标雷达的位置不同，因而两天线收到的目标雷达信号间存在着相位差。在导弹在接近目标过程中，由于导弹的位置不断地改变，所以目标视线与弹轴之间的夹角 α 不断地改变，如图 3.35 所示，所以天线 1 和天线 2 收到的信号相位差是 α 的函数。

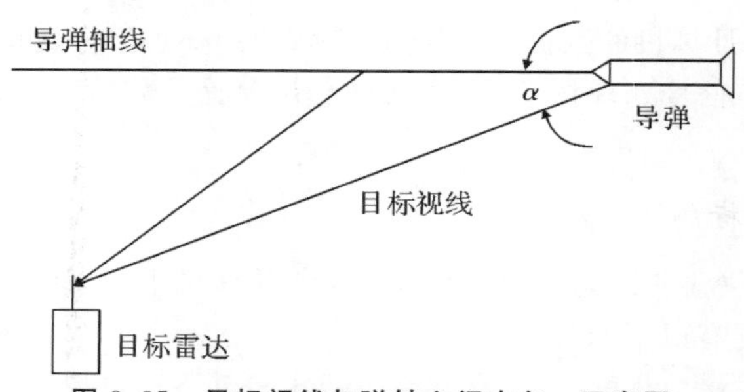

图 3.35　**目标视线与弹轴之间夹角 α 示意图**

天线 1、2 收到的信号经过微波鉴相器鉴相后输出一串脉冲作为引信的触发信号。当 $\alpha<\alpha_0$ 时该脉冲串的极性为负，当 $\alpha>\alpha_0$ 时该脉冲串的极性为正，当 $\alpha=\alpha_0$（α_0 为起爆角）时，脉冲串极性发生翻转产生引爆信号，启动保险执行机构使导弹战斗部爆炸。

导引头保险机构中，导引头的波门信号加到无线电引信低频线路用来限制起爆，即当导引头收到目标雷达信号时，触发产生波门信号，使引信低频线路处于闭锁状态，导弹不引爆，即用导引头波门信号作防止引信过早引爆的保险信号。当导弹接近目标，弹轴与目标视线的夹角 α 随之加大，当 α 大于导引头天线 1/2 波束宽度（$\theta_0/2$）时，导引头丢失目标，波门消失，引信的低频线路随即转入待爆状态。

导弹引信保险有三级机械保险和三级电保险，解除各级保险的时机和保险机构的方框图如图 3.36 所示。

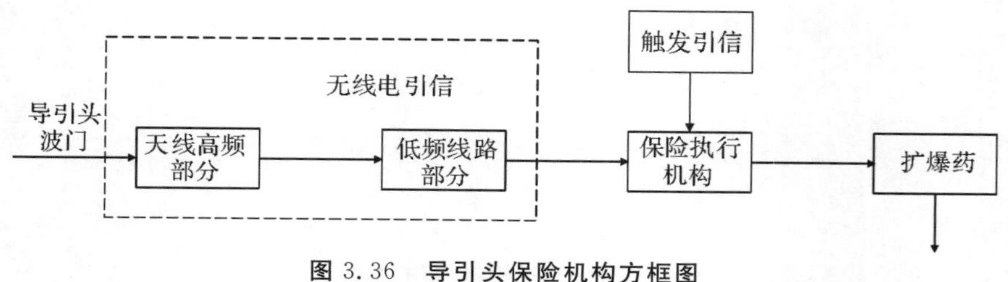

图 3.36　**导引头保险机构方框图**

三级机械保险是：按下发射按钮时，由弹上供电，弹上机械装置自动解除第一级保险；发动机点火导弹加速飞行，过载大于 7.8g 时，弹上机械装置自动解除第二级保险；当发动机熄火，导弹减速飞行，过载小于 6.4g 时，弹上机械装置自动解除第三级保险。

三级电保险是：导弹下降到某一高度时，绝对压力传感器输出信号，导弹由自由飞行转入控制飞行，这时无线电引信线路开始供电，解除第一级保险；导弹接近目标，波门信号消失时，接触第二保险；当 $\alpha \geqslant \alpha_0$ 时，鉴相器输出的视频信号由正变负，即引爆导弹。

5. 发动机

发动机是 ARM 的动力装置，大多数情况下，由一台助推器和一台主发动机组成。助推器使导弹尽快加速到巡航速度。但助推阶段应尽可能缩短，以使敌方难以识别导弹的发射。目前，ARM 的攻击速度马赫数可达 3。

3.5.1.4 ARM 的战斗使用方式

战略情报侦察是 ARM 战斗使用的基础，只有清楚敌方雷达及战场配置雷达的技术参数，并且储存在 ARM 计算机的数据库中，才能有效使用 ARM 智能化战斗使用方式。由于 ARM 大量采用了数字信号处理技术、计算机技术并设置了数据库，所以 ARM 战斗使用方式很多。

1. ARM 攻击目标的方式

测定出目标雷达位置和性能参数并装到 ARM 计算机中后，即可引导 ARM 导弹发射。ARM 的攻击方式主要有以下两种。

(1)中高空攻击方式。载机在中、高空平直或小机动飞行，以自身为诱饵，诱使敌方雷达照射跟踪，满足发射 ARM 的有利条件。ARM 发射后，载机仍按原航线继续飞行一段，以便使 ARM 导引头稳定可靠地跟踪目标雷达。显然，这种攻击方式命中率很高，但同时载机被对方防空雷达击落的危险性也相当大。因此，目前大多数载机不再采用沿原航线继续飞行一段的方式，而采用计算机控制实现“发射后不管”。这种方式也称为直接瞄准式，如图3.37 所示。

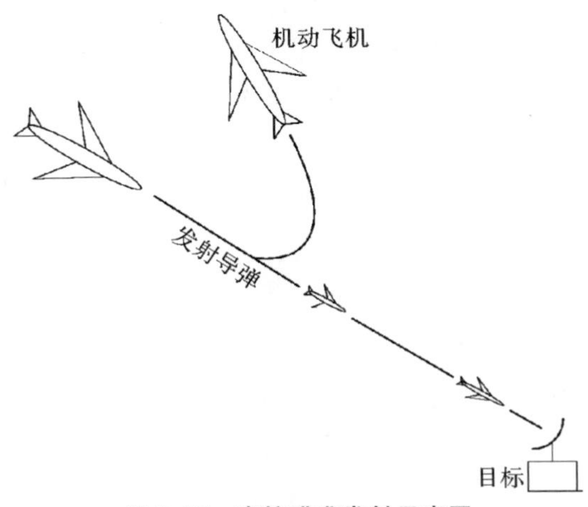

图 3.37 直接瞄准发射示意图

(2)低空攻击方式。载机远在目标雷达作用距离之外,由低空发射 ARM,导弹按既定的制导程序水平低空飞行一段后爬高,进入敌方目标雷达波束即转入自动寻的,采用这种方式可以保证载机的安全。这种方式也称为间接瞄准发射攻击方式,如图 3.38 所示。

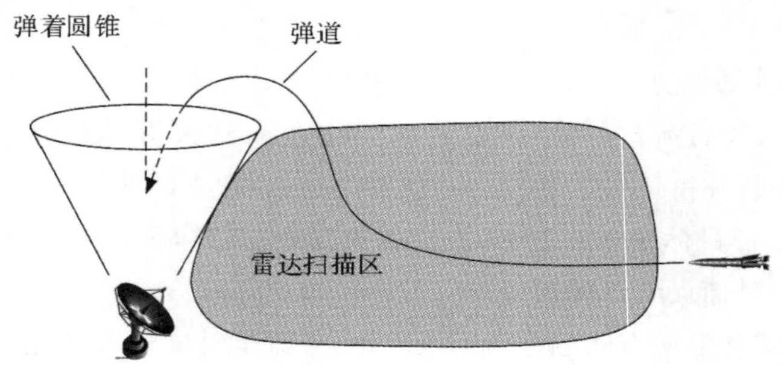

图 3.38　间接瞄准发射攻击方式

2. ARM 战斗工作方式

不同的 ARM 有不同的工作方式,下面主要介绍 3 种 ARM 的工作方式。

(1)“哈姆”ARM 有自卫、随机、预先编程 3 种工作方式。

1)自卫工作方式,这是一种最基本的使用方式。它用于对付正在对载机(或载体)照射的陆机或舰载雷达。这种方式先用机载预警系统探测威胁雷达信号,再由机载火控计算机对这些威胁信号及时进行分类、识别、评定威胁等级,选出要攻击的重点威胁目标,向导弹发出数字指令。驾驶员可以随时发射导弹,即使目标雷达在 ARM 导引头天线的视角之外,也可以发射导弹,这时导弹按预定程序飞行,直至导引头截获到所要攻击的目标进入自行导引。

2)随机工作方式,这种方式用于对付未预料的时间内或地点上突然出现的目标。这种工作方式用 ARM 的被动雷达导引头作为传感器,对目标进行探测、识别、评定威胁等级,选定攻击目标。这种方式又分为两种:①在载机飞行过程中,被动雷达导引头处于工作状态,即对目标进行探测、判别、评定和选择或者永存处于档案中的各种威胁数据对目标进行搜索,实现对目标的选择,并将威胁数据显示给机组人员,使之向威胁最大的目标雷达发射导弹。②向敌方防区概略瞄准发射,攻击随机目标。导弹发射后,导引头自动探测、判别、评定、选择攻击目标后自行引导。

3)预先编程方式。根据先验参数和预计的弹道进行编程,在远距离上将 ARM 发射出去,ARM 在接近目标过程中自行转入跟踪制导状态。导弹发射后,载机不再发出指令,ARM 导引头有序地搜索和识别目标,并锁定到威胁最大的目标或预先确定的目标上。如果目标不辐射电磁波信号,导弹就自毁。

(2)“阿拉姆”ARM 的两种战斗工作方式。

1)直接发射方式。这种方式是被动雷达导引头一旦捕捉到目标,就立即发射导弹攻击目标。

2)伞投方式。这种方式是在高度比较低的情况下发射ARM。发射后爬升到12 000 m高空,然后打开降落伞,开始几分钟的自动搜索,探测目标,并对其进行分类与识别,然后瞄准主要威胁或预定的某个目标。一旦被动雷达导引头选定了所要攻击的目标,就立即甩掉降落伞自行攻击目标。

(3)“默虹”ARM巡航攻击方式。美国的“默虹”ARM采用巡航的攻击方式,也可将其称为反辐射无人驾驶飞行器。ARM发射后,如果目标雷达关机,则ARM在目标雷达上空转入巡航状态,等待目标雷达再次开机。一旦雷达开机,就立即转入攻击状态。或者预先将ARM发射到所要攻击目标区域的上空,以待命的方式在目标区域上空做环绕巡航飞行,自动搜索探测目标,一旦捕捉到目标便实施攻击。

上述的伞投方式和巡航方式也称为伺机攻击方式,是对抗雷达关机的有效措施。

此外,ARM在战斗使用中往往采用诱惑战术,即首先出动无人驾驶机,诱惑敌方雷达开机,由侦察机探测目标雷达的信号和位置参数,再引导携带ARM的突防飞机发射ARM摧毁目标雷达。

3.5.2 定向能武器

定向能武器是利用沿一定方向发射与传播的高能射束攻击目标的一种新原理武器,主要有激光武器、高功率微波武器与粒子束武器。由于定向能武器具有以近光速传输、反应灵活、能量高度集中等现有武器系统无法比拟的特点,所以受到世界各国的高度重视。以美国为代表的西方军事强国,在经费投入、发展规划和技术能力方面均处于领先地位。目前,研制技术比较成熟并且发展较快的是激光武器与高功率微波武器。

3.5.2.1 高能激光武器

高能激光武器(又称激光武器或激光炮)是利用高能激光束摧毁飞机、导弹、卫星等目标或使之失效的定向能武器。目前,高能激光武器仍处于研制发展之中,还有许多技术问题或工程问题需要解决,离实战要求还有一段距离。尽管如此,从长远看,高能激光武器仍将是一种很有发展前途的定向能武器。

1.高能激光武器的组成

高能激光武器主要由高能激光器、光束控制与发射系统、精密瞄准跟踪系统、搜索捕获跟踪系统、指挥控制系统等组成,如图3.39所示。高能激光武器的核心,用于产生高能激光束。作战要求高能激光器的平均功率至少为20 kW或脉冲能量达30 kJ以上。各国研究的高能激光器主要有二氧化碳、化学、准分子、自由电子、核激励、χ射线和γ射线激光器等。光束控制与发射系统的作用是将激光器产生的激光束定向发射出去,并通过自适应补偿矫正或消除大气效应对激光束的影响,保证高质量的激光束聚焦到目标上,达到最佳的破坏效果,其主要部件是反射率很高并能耐受高能激光辐射的大型反射镜。搜索捕获跟踪系统用于对目标进行捕获和粗跟踪并受指挥控制系统的控制。精密瞄准跟踪系统用来精确跟踪目

标，引导光束瞄准射击，并判定毁伤效果。高能激光武器是靠激光束直接击中目标并停留一定时间而造成破坏的，所以对瞄准跟踪的速度和精度要求很高。为此，国内外已在研制红外、电视和激光雷达等高精度的光学瞄准跟踪设备。

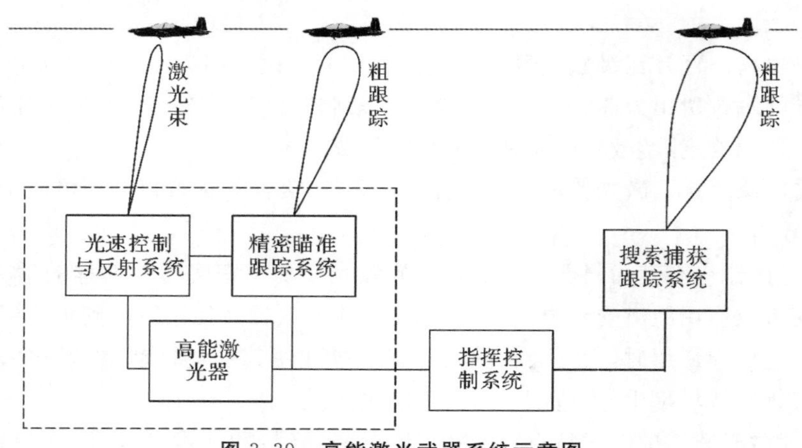

图 3.39　高能激光武器系统示意图

2. 高能激光武器的杀伤破坏效应

不同功率密度、不同输出波形、不同波长的激光作用于不同的目标材料（简称靶材）时，会产生不同的杀伤破坏效应。激光武器的杀伤破坏效应主要概括为烧蚀效应、激波效应和辐射效应等 3 种。

(1)烧蚀效应。当激光照射靶材时，部分能量被靶材吸收转化为热能，使靶材表面气化，蒸汽高速向外膨胀的同时将一部分液滴甚至固态颗粒带出，从而使靶材表面形成凹坑或穿孔，这是激光对目标的基本破坏形式。如果激光参数选择得合适，还能使靶材深部的温度高于表面温度，靶材内部过热的温度将产生高压引发热爆炸，从而使穿孔的效率更高。

(2)激波效应。当靶材蒸汽在极短时间内向外喷射时给靶材以反冲作用，相当于一冲激载荷作用到靶材表面，于是在固态材料中形成激波。激波传播到靶材表面产生反射后，可能将靶材拉断而发生层裂破坏，而裂片飞出时具有一定的动能，也有一定的杀伤破坏能力。

(3)辐射效应。靶材表面因气化而形成等离子体云，等离子体一方面对激光起屏蔽作用，另一方面又能够辐射紫外线甚至 X 射线，损伤内部的电子元部件。实验发现，这种紫外线或 X 射线的破坏作用有可能比激光直接照射更为有效。

3. 高能激光武器的特点

与常规武器相比，高能激光武器具有以下特点：

(1)速度快。激光束以光速(3×10^5 km/s)射向目标，所以一般不需要考虑激光束的提前量。

(2)机动灵活。发射激光束时几乎没有后坐力，因而易于迅速地变换射击方向并且高频度设计，在短时间内拦击多个不同方向的来袭目标。

(3)精度高。可以将聚焦的狭窄激光束精确地瞄准某一方向，选择出攻击目标群中的某

一个目标甚至击中目标的某一脆弱部位。

(4)无污染。激光武器属于非核杀伤武器,不像核武器除了有冲击波、热辐射等严重的破坏效果外还存在长期放射性污染,形成大规模污染。激光器无论对地面对空间都无放射性污染。

(5)效果比高。百万瓦级氟化氘激光武器每发射一次费用为 1 000～2 000 美元,而"爱国者"防空导弹每枚费用为 30 万～50 万美元,"毒刺"短程防空导弹每枚费用为 2 万美元。因此,从作战使用角度看,激光武器具有较高的效费比。

(6)不受电磁干扰。激光传输不受外界电磁干扰,因而目标难以利用电磁干扰手段躲避激光武器的攻击。

高能激光武器也有其局限性。照射目标的激光束功率密度随着射程的增大而降低,毁伤力减弱,使有效作用距离受到限制。此外,高能激光武器在使用时受到环境影响较大。例如,在稠密大气层中使用时,大气会耗散激光束能量并使其发生抖动、扩展和偏移。恶劣天气(雨、雪、雾等)、战场烟尘、人造烟幕对其影响更大。

鉴于高能激光武器的上述特点,在拦截低空快速飞机和战术导弹、反战略导弹、反卫星及光电对抗等方面,高能激光武器均能发挥独特的作用。但高能激光武器不能完全取代现有武器,而应与它们配合使用。

4. 高能激光武器的类型及应用范围

高能激光武器的分类方法主要有以下两种:

(1)按用途分类。高能激光武器按用途可分为战术激光武器与战略激光武器。

1)战术激光武器。战术激光武器一般部署地面上(地基、车载、舰载或飞机上),主要用于近程战斗,如用于对付战术导弹、低空飞机、坦克等战术目标,其打击距离在几千米至 20 km之间,在地面防空、舰载防空、反导弹系统和大型轰炸机自卫等方面均能发挥作用。

2)战略激光武器。战略激光武器一般具有天基部件(部署在距地面 1 000 km 以上的太空),主要用于远程战斗,其打击距离近则数百千米,远达数千千米。其主要任务是:破坏在空间轨道上运行的卫星;反洲际弹造导弹;可引发中子弹或导弹。

(2)按部署方式分类。高能激光武器系统按所在位置和作战使用方式可分为天基激光武器、地基激光武器、机载激光武器、舰载激光武器和车载激光武器 5 种。

1)天基激光武器。天基激光武器用于空间防御和攻击,即把激光武器装在卫星、宇宙飞船、空间站等飞行器上,用来击毁敌方各种军用卫星、导弹以及其他武器。这种激光武器,可以迎面截击,也可以从侧面或尾部追击。

2)地基激光武器。地基激光武器用于地面防御和攻击,即把激光武器设置在地面上,截击敌方来袭的弹头、航天武器或者入侵的飞机,也可以用来攻击敌人一些重要的地面目标。

3)机载激光武器。机载激光武器用于空中防御和攻击,即把激光武器装在飞机上,用来击毁敌机或者从敌机上发射的导弹,也可攻击地面或海上的目标。

4)舰载激光武器。舰载激光武器用于海上防御和攻击,就是把激光武器装在各种军用舰船上,用来摧毁来袭的飞机或接近海面的巡航导弹、反舰导弹,也可以攻击敌人的舰船。

5)车载激光武器。车载激光武器就是把激光武器装在坦克和各种特种车辆上，用来攻击敌人的坦克群或者火炮阵地，具有速度快、命中率高、破坏力大等优点。

当前研制的激光武器系统主要用于导弹防御、地基反卫星、飞机与舰船自卫和战术防空。采用的主要是化学激光器，今后的用途将进一步扩大到空间控制、全球精确打击等方面，并发展二极管泵浦固体激光器、相干二极管激光器阵列和自由电子激光器技术。

3.5.2.2　高功率微波武器

高功率微波武器又称射频武器，是利用定向发射的高功率微波束毁坏敌方电子设备和杀伤敌方人员的一种定向能武器。这种武器的辐射频率一般在 1～30 GHz，功率在 100 MW以上。其特征是将高功率微波源产生的微波经高增益定向天线发射出去，形成高功率、能量集中且具有方向性的微波射束，使之成为一种杀伤破坏型武器。它通过毁坏敌方的电子元器件、干扰敌方的电子设备来瓦解敌方武器系统的作战能力，破坏敌方的通信、指挥与控制系统，并能造成人员的伤亡。其主要作战对象为雷达、预警飞机、通信电子设备、军用计算机、战术导弹和隐形飞机等。

高功率微波武器与激光等定向能武器一样，都是以光速或接近光速传输的，但它与激光武器又有着明显的差异。激光武器对目标的杀伤破坏，一般具有硬破坏性质，它是靠将激光束聚焦得很细并进行精确瞄准直接打在目标上才能破坏摧毁目标。高功率微波武器则不同，以干扰或烧毁敌方武器系统的电子元器件、电子控制及计算机系统等方式使它们不能正常工作。造成这种破坏效应所需的能量比激光武器要小好几个数量级。另外，由于微波射束的波斑远比激光射束的光斑大，所以打击的范围大，从而对跟踪、瞄准的精度要求比较低，既有利于对近距离快速目标实施攻击，也有助于降低费用，便于实现。

1. 高能微波武器类型

高能微波武器主要分为单脉冲式微波弹和多脉冲重复发射装置两种类型。

(1)单脉冲式微波弹又可分为常规炸药激励和核爆激励两种，目前主要研究的是前一种，它可以通过在炸弹或导弹战斗部上加装电磁脉冲发生器和辐射天线的方式来构成高功率微波弹。单脉冲式微波弹利用炸药爆炸压缩磁通量的方法把炸药能量转换成电磁能，再由微波器件把电子束能量转换为高能微波脉冲能量由天线发射出去。

(2)多脉冲重复发射装置有能源系统、重复频率加速器、高效微波器件和定向能发射系统构成。多脉冲重复发射装置使用普通电源，可以进行再瞄准，甚至可以多次打击同一目标。

2. 高功率微波武器的杀伤机理

高功率微波武器是利用高功率微波在与物体或系统相互作用的过程中产生的电、热和生物效应对目标造成杀伤破坏的。

(1)高功率微波的电效应是指高功率微波在射向目标时会在木板结构的金属表面或金属导线上感应出电流或电压，这种感应电压或电流会对目标的电子元器件产生多种效应，如造成电路中器件状态的反转、器件性能下降、半导体结的击穿等。

(2)高功率微波的热效应是指高功率微波对目标加热导致温度升高而引起的效应，如烧毁电路器件和半导体结，以及使半导体结出热二次击穿等。

高功率微波武器通过高功率微波的电效应和热效应可以干扰或破坏各种武器装备或军事设施中的电子装置或电子系统，如干扰和破坏雷达、战术导弹(特别是反辐射导弹)、预警飞机、C^3I 系统、通信台站等电子系统，特别是对其中的计算机能造成严重的干扰或破坏，此外还可以引爆地雷等。

(3)高功率微波的生物效应是指高功率微波照射到人体和其他动物后所产生的效应，可以分为非热效应和热效应两类。非热效应是指当较弱的微波能量照射到人体和其他动物后引起的一系列反常症状，如使人出现神经紊乱、行为失控、烦躁不安、心肺功能衰竭，甚至双目失明。试验证明，当受到功率密度为 10～ 50 mW/cm^2 微波的照射时，人将发生痉挛或失去知觉；当功率密度为 100 mW/cm^2 时，人的心肺功能会衰竭等。热效应是指由较高的微波能量照射所引起的任何动物被烧伤甚至被烧死的现象。当微波的功率密度为 500 mW/cm^2 时，人体会产生明显的感应加热，从而烧伤皮肤；当微波功率密度为 20 W/cm^2 时，2 s 即可造成人体的三度烧伤；当微波功率密度达到 80 W/cm^2 时，1 s 即可将人烧死。

3. 高功率微波武器原理

高功率微波武器一般由能源、高功率微波发生器、大型天线和其他配套设备组成。其工作原理如图 3.40 所示，初级能源(电能或化学能)经过能量转换装置(强流加速器或爆炸磁压缩换能器等)转变为高功率强流脉冲相对论电子数。在特设设计的高功率微波器件内，与电磁场相互作用，将能量交给场，产生高功率的电磁波。这种电磁波经低衰减定向发射装置变成高功率微波束发射，到达目标表面经过“前门”(如天线、传感器等)或“后门”(如小孔、缝隙等)耦合到目标的内部，干扰或烧坏电子传感器，或使其控制线路失效(如烧坏保险丝)，或毁坏其结构(如使目标物内弹药过早爆炸)。

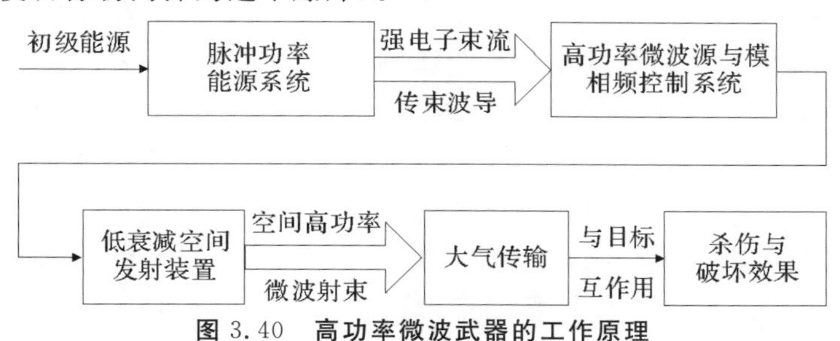

图 3.40 高功率微波武器的工作原理

(1)脉冲功率源。脉冲功率源是一种将电能或化学能转换成高功率电能脉冲，并再转换为强流电子束流的能量转换装置。主要由高脉冲重复频率储能系统和脉冲形成网络(如电感储能系统和电容储能系统)及强流加速器或爆炸磁压缩换能器等组成。通过能量储存设备向脉冲形成网络放电，将能量压缩成功率很高的窄脉冲(例如从 1 TM 提高到 1 000 TM)，然后将高功率电能脉冲输送到强流脉冲型加速器加速转换成强流电子束流。除了采用强流脉冲加速器之外，也可使用射频加速器或感应加速器。

(2)高功率微波源。高功率微波源是高功率微波武器的关键组件，其作用是通过电磁波

和电子束流的特殊相互作用(波-粒相互作用)将强流电子束流的能量转换成高功率微波辐射能量。目前在研制的高功率微波源主要有相对论磁控管、相对论回波管、相对论调速管、虚阴极微波振荡器、自由电子激光器等装置。

(3)定向辐射天线。定向辐射天线是将高功率微波源产生的高功率微波定向发射出去的装置。作为高功率微波源和自由空间的界面,定向辐射天线与常规天线不同,具有高功率和窄脉冲两个基本特征。这种天线应符合下列要求:很强的方向性,很大的功率容量,带宽较宽,适当的旁瓣电平和波束快速扫描能力,同时质量、尺寸能满足机动性要求。

高能微波武器系统涉及的关键技术主要有如下几项:脉冲功率源技术、高功率脉冲开关技术、高功率微波技术、天线技术、超宽带和超短脉冲技术等。

3.6　对雷达的隐身技术

目前,雷达是发现及跟踪飞行目标的重要传感器,在现代战争中发挥着重要作用,因此,隐身飞机首先必须对雷达隐身。用于降低飞机雷达截面积的雷达隐身技术,不仅直接提高飞机的生存率,而且还为战术规避、电子对抗技术的应用创造有利条件。

雷达隐身技术在近几年的多次局部战争中充分发挥了有效的突防攻击作用。例如,在1991 年初 42 天的海湾战争中,美国出动了 30 架由洛克希德公司制造的 F－117A 隐身/攻击型战斗机。由于该机大量使用了多面体外型隐身技术和雷达吸波材料等有效隐身手段,其雷达截面比常规战斗机减小了约 23 dB,使常规雷达作用距离缩减 73%,因而极好地躲避了伊方雷达的探测和导弹的攻击。战争伊始,美军就使用 F－117A 隐身飞机投下激光制导炸弹准确地命中了伊拉克的通信中心大楼,摧毁了伊军的指挥系统。在以后一个多月的“沙漠风暴”行动中,F－117A 隐身飞机频繁出击达上千架次,且绝大多数是在无护航的情况下独立完成作战使命的,取得了十分卓越的战绩,而自身却无一受损。F－117A 执行了危险性最大的战略性攻击任务,是攻击巴格达市区及近郊核研究所等严密设防的 80 多个重点军事目标的唯一机种,执行了这次战争中总攻击任务的 40%,命中率高达 80%～85%,攻击精度高达 1 m 量级。

显然,隐身飞机的出现,对各种防空探测系统和防空武器系统提出了严峻的挑战,迫使对方采用各种新技术和措施对付隐身目标。

3.6.1　隐身技术发展水平

度量飞行器隐身水平的主要物理量是目标的雷达截面积及其频带宽度。目标的雷达截面积(Radar Cross-Section,RCS)是目标对照射电磁波散射能力的量度,单位为 m^2。雷达截面积已被入射波功率密度归一化,因此与照射功率、飞行器离雷达距离远近无关,只与目标表面导电特性、结构、形体与姿态角等有关。各类目标的 RCS 值可用专用测试设备测得,也可用数学方法进行估算。

目前,隐身飞行器的大致水平是:在鼻锥方向±45°范围内,后向雷达截面积比同类型常

规飞行器小 20～30 dB(即降低 2～3 个数量级)，其隐身的频段为微波波段。表 3.1 列出了几种隐身飞机和隐身导弹的 RCS 值，还列出了同类非隐身常规飞行器的 RCS 作为对比。由表可见，B-2、F-117A 等隐身飞机与常规飞机相比 RCS 缩减了 20～30 dB。一架翼展 52 cm 的 B-2 飞机，RCS 竟与一只海鸥相当；一枚长 6 m、直径 0.6 m 巡航导弹的 RCS 竟与一只蜂王相当。

表 3.1　典型隐身飞机器的隐身水平

隐身飞行器		非隐身飞行器		隐身水平/dB
名 称	RCS/m^2	名 称	RCS/m^2	
B-2 轰炸机	0.10	B-52	10.0	20
F-117A 强击机	0.02	F-4	6	25
YF-22 战斗机	0.05	MIG-21	4	19
AGM-129A 巡航导弹	0.005	AGM-86B	1	23
AGM-136A 巡航导弹	0.005	AGM-78	0.5	20
F-16 战斗机	0.2～0.5	F-15	4	9～13

3.6.2　隐身目标探测空域的减缩

由于雷达作用距离与 RCS 四次方根成正比，显然隐身飞机 RCS 的缩减使得雷达作用距离将随之缩减。

典型防空导弹有效作战空域的两维剖面图如图 3.41 所示。

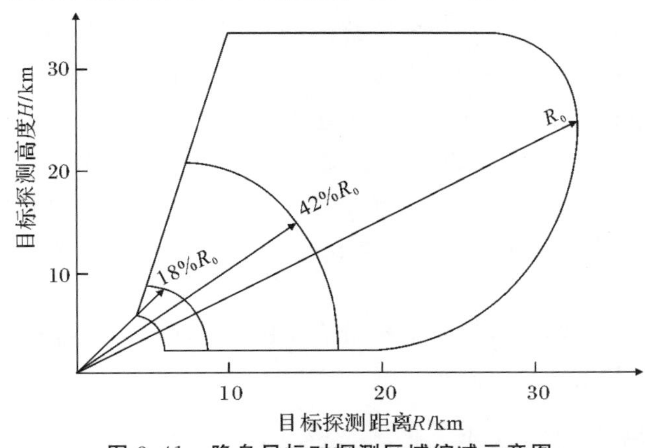

图 3.41　隐身目标对探测区域缩减示意图

图 3.41 所示为隐身目标对探测距离缩减的情况。若隐身效果为－15 dB(即 RCS 减缩为 31.6%)；则探测距离减小为原距离的 42%；若隐身效果为－30 dB(即 RCS 减缩为 0.1%)，则探测距离减小为原距离的 18%，由此可知，隐身目标对探测距离的缩减是非常显著的。因此，防空武器系统必须考虑来袭隐身目标的影响，否则，RCS 的缩减将会使防空体系失效。

在隐身飞机与随行干扰配合使用的情况下，探测系统的探测空域将进一步缩减。

3.6.3 对雷达隐身的技术途径

目前，实现对雷达隐身主要有三个技术途径：外形隐身、材料隐身和阻抗加载。

1. 外形隐身

外形隐身指的是进行外形设计、在气动力允许的条件下改变飞机的外形，通过对飞行器的形状、轮廓、边缘与表面的设计，使其在主要威胁方向（通常指后向）的照射角度范围内RCS显著降低。由于大多数雷达发射天线与接收天线同处一地（或靠得很近），因此缩减后向散射就是降低了目标的雷达截面积。外形隐身技术通常是通过将目标形成的反射回波从一个视线角转向另一个视线角来缩减后向散射的，因而往往在一个角度范围内获得 RCS 的缩减，而在另一个角度空域内的 RCS 却增大。

常用的外形隐身技术可以归纳为：采用斜置外形，将散射方向图主瓣及若干副瓣移出重点角度范围；用弱散射部件占位或遮挡强散射部件；消除或减弱角反射器效应，避开耦合波峰；将全方位分散的波峰统筹安排在非重点方位角范围内；尽量消除表面台阶及缝隙，将舱门、舱口对缝斜置或锯齿化。

2. 材料隐身技术

材料隐身技术是指利用材料对电磁波的通透性能、吸收性能及反射性能达到降低目标的 RCS 目的。目前，常用于缩减 RCS 的材料主要有透波材料、吸波材料、镶入式吸波结构、屏蔽格栅和金属镀膜等。

(1)透波材料。利用玻璃钢、凯福勒复合材料制成的透波结构，能使入射电磁波的80%～95%透过（单程透过率），故剩下的后向回波很小。但是，这种透波结构部件的内部不能安装大量金属设备或金属元件。这是因为入射电磁波穿过这种透波结构材料做成的透波外壳后，照射到这些金属设备或元件上，仍会产生很强的散射回波，其强度甚至会远远超过容纳这些设备或元件的流线形金属外壳在同样入射条件下直接产生的散射回波。所以，对于透波结构材料内部必须保留的极少量的金属设备或元件（例如透波结构立尾内部的金属接头），可在其表面涂以涂敷型吸波材料或用碳耗能泡沫吸波材料屏蔽。用这种方法设计的立尾，其 RCS 峰值可较全金属立尾降低 90%～96%。

(2)吸波材料。吸波材料可分为涂敷型吸波材料及结构型吸波材料。涂敷型吸波材料不参加结构承力，是喷于或贴于金属表面或碳纤维复合材料表面的一种涂料或膜层。结构型吸波材料是参与结构承力的、有吸收能力的复合材料。目前有实用价值的涂敷型吸波材料是以铁氧体或羰基铁等磁性化合物为吸收剂、以天然橡胶或人造橡胶为基材制成的磁耗型涂料或膜层，这类材料也称磁性材料。这类材料不仅可用来抑制镜面回波，也可抑制行波、爬行波及边缘绕射回波。其吸收效果与入射波频率及涂层厚度有密切关系。以目前国内外可提供的产品为例，厚度为 1.5～2 mm 的涂层在 8～12 GHz 之间，在选定的两个频率上的峰值吸收率为 98%～99.4%。在两个峰值之外，吸收率为 90%～97%。另有一种薄型产品，是厚度为 0.5～1.5 mm 的薄膜，可在 10～12 GHz 获得 97%的吸收率，当频率降到6 GHz或升到 16 GHz 时，吸收降到 75%。

涂敷型吸波材料的优点是,不需改变飞机的外形就可实现RCS的缩减,其主要缺点之一是使飞机的质量增加。若将其有效的入射波频率扩展到S波段及L波段(目前预警雷达用得最多的频段),则其厚度之大及单位面积质量之大是飞机设计者无法接受的。至于对米波雷达隐身,现在的涂敷型吸波材料更是无能为力。

将吸收剂加入复合材料之中,制成既有电磁波吸收能力又有承载能力的材料,称为结构型吸波材料。与涂敷型吸波材料相比,结构型吸波材料可省去涂敷型基材的质量,并避免在已完善的气动外形之外增加一层多余的厚度。

(3)镶入式吸波结构。利用透波材料制作承力结构并在结构内部镶入不参加承力的、含有碳等耗能物质的泡沫型吸波材料,可以构成一种有效吸收电磁波的特殊结构,称为镶入式吸波结构。镶入式吸波结构与结构型吸波材料构成的吸波结构相比,不同之处在于前者不参加承力而后者参加承力。镶入式吸波结构的优点之一是碳耗能泡沫型吸波材料的密度只有0.06~0.08 g/m^3,而且成形方便。镶入式吸波结构的另一优点是,可明显降低管壁因高速气流冲击引起的谐振噪声。

(4)屏蔽格栅。如果雷达波入射到进气道的唇口及管道内部,那么,唇口及管道内的压气机(或风扇)会产生很强的散射回波。将具有反射性或吸收性格栅罩装在进气口外,可以有效减弱上述散射回波。

反射性格栅是用金属材料制成的网状格栅,可将入射电磁波的绝大部分能量反射到雷达接收不到的方向上,只允许少量能量透过。根据所对抗的雷达波长,合理设计格栅网眼参数,既可获得可观的屏蔽效果,又可使进气道的进气压力损失不多。

(5)金属镀膜。常规座舱罩是透波的,可使电磁波穿过并射到座舱内的金属结构、设备、驾驶员身体等散射体上。由这些散射体产生的后向回波再次穿过座舱罩被雷达接收。若给座舱罩镀上一层金属薄膜,在透光率允许的条件下增强其反射率,同时改变座舱罩的外形,使反射波的绝大部分偏移到雷达接收不到的方向上,可使座舱(包括罩)的RCS显著降低。目前,F-117A、F-22A、B-2、B-1B、F-16S等均采用了这种技术。在这些飞机的座舱罩上,有的采用铟和锡的氧化物,有的采用黄金作为镀膜材料。不论采用何种材料,均满足透光率不低于70%、电磁反射率不低于90%的基本要求。

3. 阻抗加载

阻抗加载可以分为无源阻抗加载和有源阻抗加载。

(1)无源阻抗加载是指采用在飞行器(飞机或导弹)的表面开槽、接谐振腔或加周期结构无源阵列等方法改变飞行器表面电流分布,从而缩减重点方向角度范围内的散射。

(2)有源阻抗加载是指在飞行器中增添自动转发器将接收信号放大、变换后再发射回去,且发回的辐射信号与飞行器本体的反射信号大小相等、相位相反,起到相互抵消的作用。一般情况下,飞行器上的敏感器要准确测定照射波的方向和自身电流分布比较困难,且这些参数随入射波频率、极化和入射角改变。

3.6.4　几种典型的隐身飞机

3.6.4.1　隐身飞机 F－117A

由美国洛克希德・马丁公司研制的 F－117A 是世界上第一架按照隐身要求设计的飞机(见图 3.42)。1978 年开始研制,1981 年首次飞行,总计生产 59 架,1990 年全部交付美国空军,其作战使命主要是夜间对地攻击。F－117A 虽然以“F”命名,但实际空战能力很差,因为该机无机载雷达,机动性还不如第三代战斗机。F－117A 曾参加过多次战争。在 1991 年海湾战争中,F－117A 曾创造过出击 1 296 架次而无一被击落的纪录。但在 1999 年北约对南联盟发动的空袭期间,F－117A 被南联盟防空部队击落一架、击伤一架。

图 3.42　F－117A

1. 低雷达截面积外形设计特点

(1)F－117A 在外形布局上最显著的特点是机头退缩到与机翼的前缘平齐,在俯视图上呈箭形状态。这样的外形布局,当飞机受到前下方雷达照射时,可使座舱及发动机进气口得到机翼的遮挡;当飞机受到侧向雷达照射时,可使机身得到机翼提供的有效“占位作用”,从而显著降低侧向雷达截面积。

(2)用 V 形尾翼代替了直立式立尾及水平尾翼。当飞机受到侧向照射时,避免直立式立尾直接产生的以激励位于平尾之间的角反射器效应产生的特强回波。

(3)在外形上,机身由许多平面构成多面体,就连机翼及尾翼的翼型也不符合高亚声速飞行的气动要求,其轮廓是由几条折线构成的多边形。这样,一方面利用平面形成的回波波峰比曲面形成的回波波峰所占角度范围窄得多的特点,利用倾斜的表面将回波波峰偏转到雷达接收不到的方向上;另一方面众多平面相交形成的棱边均构成飞机新的散射源,当受到与棱边垂直或接近垂直入射波照射时,会产生较强的回波。因此,F－117A 表面大量地使用了吸波材料,这种多面体的外形使飞机在气动力上及质量上付出了沉重的代价。

(4)飞机喷气口向上倾斜,适宜高空突防。

(5)所有活动船盖或舱门的前后边缘与舱口之间的缝隙均制成锯齿形,抑制了由横向缝

隙引起的行波回波。

(6)取消了外挂物及外露挂架，将全部可投放或可发射武器及其挂架均安置在专门的武器舱内。

2. 低雷达截面积材料技术的应用

飞机的蒙皮为铝合金，但在飞机表面完整地覆盖了多种涂敷型吸波材料(属羰基铁型)。经过10余年使用的考验，暴露出这种吸波材料的缺点：容易因腐蚀、老化而降低其吸收性能，因此飞机必须保存在一定温度、一定湿度、不受日晒雨淋的活动机库中；修复及更换局部受损表面费时费工。

座舱罩外形为与机身一致的多面体形状，5块平板形风挡玻璃镀有屏蔽雷达波的镀膜。

斜置的进气口，罩以屏蔽格栅。格栅网眼尺寸为1.9 cm×3.8 cm，能屏蔽10 cm以上波长的入射波。将进气口面积增大到同类发动机所需面积的4倍，以弥补进气压力的损失。

红外探测器的窗口罩以屏蔽网，不让雷达波通过，但不妨碍红外线及激光的通过。

F-117A头向的雷达截面积约为0.02 m^2。

3. 低红外辐射措施

喷口宽高比约为12的二元喷管可有效地传散燃气温度，并通过旁路引入喷灌将冷空气与燃气掺混进一步降低燃气温度(该机喷口处喷焰温度成功地降低到了66℃)；向后上方延伸的喷口下唇边，对发动机的炽热部件涡轮提供了遮挡；喷口内壁覆有吸热瓦。

4. 电磁辐射的处理

取消了一般作战飞机头部的雷达，可伸缩的通信天线只在短时间内使用。

5. F-117A飞机性能及有关数据

F-117A飞机的性能及有关数据见表3.2。

表3.2　F-117A飞机性能及有关数据

最大速度/($km\cdot h^{-1}$)	1 040	实用升限/m	—
作战半径/km	1 056	极限过载/g	6
发动机2台	F-4040-GE-F1D	发动机推力/kN	2×53.3
推重比	0.45	最大起飞质量/kg	23 800
空重/kg	13 600	武器载重/kg	1 816
机长/m	20.09	翼展/m	13.21
机高/m	3.78	翼面积/m^2	105
展弦比	1.66	机翼上反角/(°)	0
机翼前缘后掠角/(°)	66.5	V形尾翼外倾角/(°)	40
V形尾翼前缘后掠角/(°)	63	V形尾翼后缘后掠角/(°)	49
武器(1 816 kg)	2枚908 kg级BLU-109B低空激光制导炸弹；GBU-10激光制导滑翔炸弹及AIM-9响尾蛇红外导弹		

3.6.4.2　B－2 隐身轰炸机

B－2 战略轰炸机是冷战时期的产物，由美国诺思罗普公司为美国空军研制（见图 3.43）。1979 年，美国空军根据战略上的考虑，要求研制一种高空突防隐身轰炸机来对付苏联 20 世纪 90 年代可能部署的防空系统。1981 年开始制造原型机，1989 年原型机试飞。后来对计划做了修改，使 B－2 轰炸机兼有高低空突防能力，能执行核及常规轰炸的双重任务。

图 3.43　B－2

B－2 轰炸机采用翼身融合、无尾翼的飞翼构形，机翼前缘交接于机头处，机翼后缘呈锯齿形。机身机翼大量采用石墨/碳纤维复合材料、蜂窝状结构，表面有吸波涂层，发动机的喷口置于机翼上方。这种独特的外形设计和材料，能有效地躲避雷达的探测，达到良好的隐形效果。B－2 轰炸机有三项作战任务：一是不被发现深入敌方腹地，高精度地投放炸弹或发射导弹，使武器系统具有最高效率；二是探测、发现并摧毁移动目标；三是建立威慑力量。

B－2 的隐身性能首先来自它的外形。B－2A 的整体外形光滑圆顺，毫无“折皱”，不易反射雷达波。驾驶舱呈圆弧状，照射到这里的雷达波会绕舱体外形“爬行”，而不会被反射回去。密封式玻璃舱罩呈一个斜面，而且所有玻璃在制造时掺有金属粉末，使雷达波无法穿透舱体，造成漫反射。机翼后掠 33°，使从上、下方向入射的雷达波无法反射或折射回雷达所在方向。机翼前缘的包覆物后部，有不规则的蜂巢式空穴，可以吸收雷达波。机翼后半部两个 W 形，可使来自飞机后方的探测雷达波无法反射回去。而且 B－2A 无垂直尾翼，这就大大减少了飞机整体的雷达反射截面。机体下方没有设置武器舱或武器挂架，连发动机舱和起落架舱也全部埋入到了平滑的机翼之下，从而避免了雷达波的反射。B－2 飞机的整个机身，除主梁和发动机机舱使用的是钛复合材料外，其他部分均由碳纤维和石墨等复合材料构成，不易反射雷达波。并且，这些不同的复合材料部件不是靠铆钉拼合，而是经高压压铸而成。另外，机翼的前缘还全部包覆上了一层特制的吸波材料（RAM）。位于机翼前部、内装雷达扫瞄天线阵列的两个方形突出部件，也采用了特殊的吸波材料。此外，B－2A 的整个机体都喷涂上了特制的吸波油漆，这在很大程度上降低了敌方探测雷达的回波。

为了隐身的需要，B－2A 飞机的发动机进气口被放置到了机翼的上方，呈 S 状，可让入射进来的探测雷达波经多次折射后，自然衰减，无法反射回去。发动机的喷嘴则深置于机翼

之内，也成蜂巢状，使雷达波能进不能出。此外，发动机构件内还装有气流混合器，它能将流经机翼表面的冷空气导入发动机中，持续降低发动机室外层的温度。喷嘴部分呈宽扁状，使人在飞机的后方无法看到喷口。特别是由于采用了喷口温度调节技术，喷嘴部分的红外暴露信号大为减少，飞机的隐身性能大为增强。

B－2A 飞机上有许多先进的机载电子系统，如侦测、导航、瞄准、电子对抗等系统，它们各司其职，功能不凡。

3.6.4.3 F－22 战斗机

F－22 战斗机(猛禽)是由美国洛克希德·马丁、波音和通用动力公司联合设计的新一代重型隐形战斗机(见图 3.44)。也是专家们所指的“第四代战斗机”。它将成为 21 世纪的主战机种。主要任务为取得和保持战区制空权，将是 F－15 的后继型号。

图 3.44　F－22

F－22 是美国于 21 世纪初期的主力重型战斗机，它是目前最昂贵的战斗机之一。它配备了可以不发射电磁波，用敌机雷达波探测敌机的无源相控阵雷达和探测范围极远的有源相控阵雷达，AIM－9X(Aerial Intercept Missile－9X)，(响尾蛇)近程格斗空对空导弹，AIM－120C(Advanced Medium-Range Air-to-Air Missile，AMRAAM)高级中程空对空导弹，推重比接近 10 的 F－119 涡扇引擎，先进身性(低可探测性)等。

F－22 在平面内为带高位梯形机翼的带尾翼的综合气动力系统，包括彼此隔开很宽和带方向舵并朝外倾斜的垂直尾翼，并且水平安定面直接靠近机翼布置。按照技术标准(小反

射外形、用吸收无线电波的材料、用无线电电子对抗器材和小辐射的机载无线电电子设备装备战斗机，其设计最小有交错射面为 0.005～0.01 m^2)。在机体上广泛使用热塑性(12%)和热固性(10%)的碳纤维聚酯复合材料(KM)。在批量生产的飞机上使用复合材料的比例(按质量)将达 35%。两侧翼下菱形截面发动机进气道为不可调节的进气道，为敷设发动机压气机冷壁进气道呈 S 形通道。发动机二维喷管，有固定的侧壁和调节喷管横截面积及按俯仰±20°偏转推力向量而设计的可动上调节板和下调节板。

导弹挂载图按 TRW 公司通用手册研制的整套综合机载无线电电子设备包括：中央数据综合处理系统；综合通信、导航和识别系统 ICNIA 和包括无线电电子对抗系统的全套进行电子战的设备 INEWS；具高分辨力的机载雷达 AN/APG－77 和光电传感器系统 EOSS，两个镭射陀螺仪的超黄蜂 LN－100F 惯性导航系统(HHC)。机载雷达为带电子扫描的主动相位阵列雷达，它包含了 1 000 多块模组，其中使用了超高频率范围的单一积分系统技术。为提高隐蔽性，设计有雷达站被动工作状态，它保证雷达站以主动状态工作时使信号更不容易被截获。飞行员座舱内的自动仪表设备包括 4 台液晶显示器和广角仪表起飞着陆系统。

F－22 的航空电子系统采用"宝石柱"计划取得的系统构形研究成果和许多新技术。这种可重构的系统构形，用外场可更换模件(LRM)取代了外场可更换部件(LRU)。各模件分别承担整个航电系统的一部分工作，各模件承担的工作与飞机执行任务时的飞行阶段密切相关。当某个模件发生故障时，可使用其他正常模件来承担这一阶段最重要的功能，从而提高了系统工作的可靠性。

F－22 作为世界上第一款投入服役的第四代战斗机，在航空史上具有划时代的意义，一问世就受到了全世界广泛的关注，众多航空爱好者、五角大楼和美国空军也对此寄予了厚望。美军希望它能彻底压倒苏联/俄罗斯的苏－27、米格－29 以及它们的改进型系列的战斗机，保持住美国 21 世纪初期(大约前 23～30 年)的空中优势。与此同时，F－22 也成为了第四代战斗机的范本，其主要性能(全面隐形、超声速巡航、超机动性、超视距打击能力、装矢量推力发动机、简易维护、短距起降、高度信息化等)也成了公认的第四代战斗机衡量标准。从而又成为各国(包括俄罗斯、日本、西欧、印度)竞相模仿、争取超越的对象。不少人认为伴随着 F－22 的加入现役，标志着当今世界正开始进入"隐形空军时代"。

3.6.4.4　F－35 联合打击战斗机

美国的 F－35(Lightning)绰号是闪电 2(见图 3.45)。众多高新技术在 F－35 上汇聚，将使 F－35 挂上"世界最先进"的光环。F－35 的光电瞄准系统(Electro-Optical Targeting System，EOTS)是一个高性能的、轻型多功能系统。它包括一个第 3 代凝视型前视红外(FLIR)。这个 FLIR 可以在更远的防区外距离上对目标进行精确的探测和识别。EOTS 还具有高分辨率成像、自动跟踪、红外搜索和跟踪、激光指示；测距和激光点跟踪功能。

图 3.45　F-35

F-35 战斗机研制的航空电子系统被称为“多功能综合射频系统”(MIFRS)。该系统集雷达、通信、导航和射频电子战功能于一身，共享天线和处理器等硬件，使 JSF 飞机成为美国 21 世纪真正具有全频谱自卫能力的、全天候隐身攻击平台。MIRFS 工作于 8～12 GHz频段，采用有源阵列低雷达截面积的天线。能完成空对空搜索与跟踪、空对地攻击作战、合成孔径雷达测绘、单脉冲地面测绘、电子干扰、空中交通管制及一些通信功能。高增益 ESM 系统可把航空电子设备的成本减少 30%，质量减少 50%。

F-35 的电子战综合系统包括了机载 AN/APG-81 有源电扫相控阵雷达(AESA)，通信、导航、识别系统(CNI)和光电分布式孔径系统(EODAS)，F-35 的电子战系统拥有大量专用天线，当然机载有源相控阵雷达也可为电子战系统服务，例如 AESA 可执行电子战支援和信号收集、分析的任务。由于 AESA 能够提供非常强的定向射频(DRF)输出能力，F-35可利用其综合电子战系统中的雷达告警接收机(RWR)与 APG-81 相配合工作，雷达告警接收机能为 APG-81 雷达提供敌机精确的目标方位指示，在此指示下，APG-81 雷达可以不采用大空域扫描方式，而采用 2°×2°(方位×俯仰)的针状窄波束对所指示的方向进行精确扫描，在减小被截获概率的同时提高搜索效率。F-35 的电扫相控阵雷达完全在电子战系统的控制之下对敌机进行定向扫描，从而大大提高了 F-35 的战场生存能力。

和老旧的联合式电子战系统(FEWS)相比，综合电子战系统(IEWS)的体积更小，质量更轻，对电力系统的要求更低，并且成本低廉，IEWS 可大幅度增强现代战斗机的战场生存能力。综合电子战系统通过和机载 AESA 雷达系统交联，既提高了雷达的工作效能，又缩短了综合电子战系统的反应时间。艾利克·布朗杨说道:“F-35 的机载综合电子战系统和相控阵雷达系统的结合非常完美!”

F-35 的机载综合电子战系统的综合化水平是世界上所有战斗机中最高的，通过 F-35 的综合核心处理器(ICP)，其综合电子战系统不仅和 APG-81 雷达相交联，还和其他的机载任务传感器相连通。当电子战系统的综合化程度达到了这个水平的时候，其机载光电分

布式孔径系统(EODAS)传感器也可支持电子战系统的对抗措施。虽然基于射频(RF)信号的电子战系统和基于红外(IR)信号的分布式孔径系统是在不同的电磁波频率范围内分开运作的,然而,通过功能强大的机载综合核心处理器,它们也可以交联在一起进行工作。以前,在老旧的战斗机上,电子战系统的传感器和红外光电侦测系统的传感器是互相独立工作的,飞行员要分别操作电子战系统和光电侦测系统的传感器来探测到的威胁目标,并在座舱内不同的显示器上读取不同传感器的探测到的不同信息,其工作量过大。而 F－35 上的高度综合化的电子战系统可以将各种不同的传感器交联起来,并自动对比各种传感器探测到的威胁目标,经过信息过滤后,自动将最佳结果显示给飞行员,这极大地减轻了飞行员的工作负担。如此高的自动化水平使飞行员更为高效地掌握战场态势,从而大大缩短了飞行员实施电子对抗措施的决策和反应时间。

第 4 章　雷达电子防护

4.1　雷达面临的电子战威胁

雷达提供了对战场环境的监视以及对武器系统的控制能力，是最重要的军用电子设备之一。自从第二次世界大战开始大量使用雷达参与军事行动以来，就伴随产生了对雷达的电子干扰，并且从来没有停止过。20 世纪 70 年代以后，导弹武器被广泛用于海、陆、空的各种战术行动中，导弹的高精确度打击能力迫使各国把装备研究的力量大量投入到怎样防御导弹上。为导弹提供精确打击能力的关键设备是各种雷达，例如直接与导弹相关的制导雷达、导弹寻的器雷达以及提供预警、目标指示的各种雷达，所以对雷达实施电子进攻成了防御导弹攻击的重要环节。此后接连出现了一系列新的电子进攻装备和措施。越南战场、中东战争及海湾战争等一系列的战争实例证明，它们成了雷达的克星，以至于许多军事和技术专家对于雷达在今后的电子战进攻面前怎样保持作战能力十分担忧。

当前，电子战对雷达的威胁归纳起来主要来自电子干扰、电子侦察、反辐射武器摧毁和目标隐身四方面，称为对雷达的四大威胁。

电子干扰对雷达造成的危害是显而易见的。噪声压制干扰使警戒引导雷达的荧光屏上白茫茫一片，无法发现目标，或者欺骗干扰造成大批的假目标，使操作员得出错误的判断，失去了监视环境和预警的作用。对于配备于火控和制导系统上的跟踪雷达，除了噪声干扰之外，还会面临各种形式的欺骗干扰，使跟踪系统偏离真实目标，最终大大降低了武器的命中率。

现代压制干扰由于采用了先进的大功率技术和功率管理技术，使得对于一部雷达的有效辐射功率增大，可以从雷达的旁瓣实施有效干扰，增大了雷达受干扰的观测区域和时间。数字技术和计算机技术的发展使得干扰机生成的假目标信号更逼真，欺骗更难被识破。

电子侦察是对雷达的间接威胁。虽然侦察不能影响到雷达的工作，但是侦察提供的雷达信息是实施电子干扰的基础。侦察手段已经能够远在雷达的威力范围之外就十分准确地获得工作频率、脉冲重复周期等雷达参数，而且可以准确地判断雷达的威胁程度。侦察是不辐射电磁波的，它使得雷达始终处于被监视的被动境地。

自反辐射导弹问世以来，雷达遇到的威胁就更为严重，不仅有软杀伤，而且包括了硬杀伤。反辐射武器的作用不只在于摧毁雷达，还在于它对雷达构成的威慑，使得雷达操作手面临被杀伤的心理压力。一部无法在执行任务过程中正常开机工作的雷达，其作用也就丧失了。目标隐身是近年来雷达遇到的最大困难之一。

4.2　雷达抗干扰技术

现代军用雷达无一例外地都采用了许许多多的抗干扰技术。这些抗干扰技术遍布于雷达的天线、发射机、接收机、信号处理机等各个部分，如果按照属于雷达各个组成部分的顺序排列各个抗干扰技术，可以列出长长的一张表单。雷达抗干扰技术始终是附属于雷达的，没有独立存在的一个专门装备，因此抗干扰技术包含在雷达系统设计之中，成为雷达技术的一个部分。

两种抗干扰技术：一种是专门从对付敌方电子干扰的角度考虑而设计的；另一种则是为了提高雷达性能，或为了实现某种功能而采用的技术，它不是专为抗干扰而设计的，但客观上却能起到抗干扰的作用。

即使一部专著也难以把各种抗干扰技术全部讨论到，因此在这一节里，我们主要关注那些作用重大的抗干扰技术。这些技术的出现，迫使干扰的一方或改进干扰技术，或改变干扰策略，不得不付出更多的代价。

4.2.1　搜索雷达抗干扰技术

对于搜索雷达来说，电子干扰的威胁主要来自噪声压制干扰、不同方位距离的多假目标欺骗和箔条干扰等。

雷达对于噪声干扰，基本是双方能量的较量。雷达可以在频域和空域上集中信号能量，而迫使干扰分散能量，形成信号对干扰的能量优势。

1. 频域抗干扰

(1)跳频。在频域上采取的最简单抗干扰方法是跳频工作。雷达一般都有若干个工作频率点可供使用，当在一个频率上受到干扰时，就转换到另一个备用频率上工作，这就有可能跳出干扰的频率范围。为了快速跳到“干净”的频率点上，许多雷达还装有频谱分析设备，引导雷达跳到干扰小的工作频率上。

(2)频率捷变。跳频一般不可能在很短的时间内完成，所以很难逃过快速频率瞄准的干扰。一种称为频率捷变的技术可以在每个脉冲都改变工作频率，使干扰机无法跟踪和预测下一个脉冲的频率。采用动目标显示或进行多普勒处理的雷达，需要在 3～4 个或 8～16 个脉冲内不改变频率，那么频率捷变就以一组脉冲为单位来改变。要实施瞄准式干扰，总要先截获到雷达信号，然后才能根据信号的频率进行干扰，也就是干扰总要落后于雷达信号。如图 4.1 所示，频率捷变迫使干扰方采用宽带阻塞式干扰，从而把功率平均在整个频率捷变的范围上，大大分散了干扰功率。例如据称拦截导弹非常有效的“爱国者”地对空导弹系统，它的制导雷达采用频率捷变技术，工作频率可以在 500 MHz 带宽内的一百多个频率点上随机跳变。如果用瞄准式干扰，所用干扰带宽 10 MHz，那么，采用 500 MHz 宽带阻塞干扰时，同样的干扰发射机功率，平摊在 50 倍于瞄准干扰的带宽内，因而单位带宽的干扰功率降低，使雷达接收带宽内的有用干扰功率只有原来的 1/50，大大降低了干扰的效果。

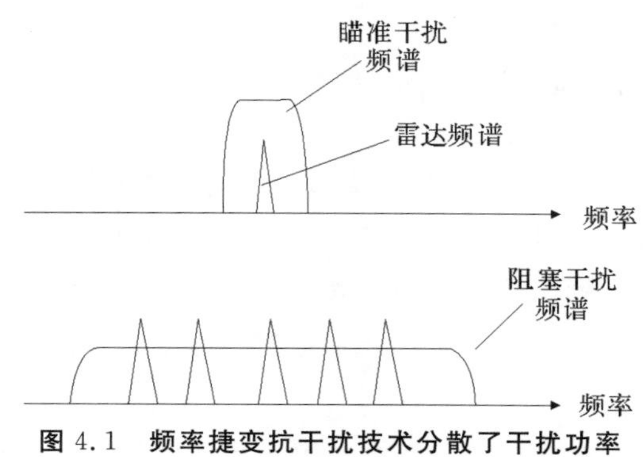

图 4.1　频率捷变抗干扰技术分散了干扰功率

频率捷变不仅具有抗噪声干扰的优点，而且对抗欺骗干扰也很有效。由于干扰机不能预测下一个脉冲的频率，所以在距离波门拖引时，就不能运用向近距离拖动的措施。因而荧光屏上欺骗假目标只能出现在比干扰机远的距离上，无法完全掩盖干扰机目标。

频率捷变不仅具有抗干扰的作用，还可以减小目标回波的起伏和闪烁，减小地杂波、气象杂波等对雷达的影响，因而可以增大雷达的作用距离。所以频率捷变几乎成为现代雷达不可缺少的一项技术。

2. 空域抗干扰

(1)俯仰多波束。在空域上，如果干扰从天线主瓣进入雷达，那么由于雷达回波信号要经过双程传播，而干扰只经过单程传播的损失，干扰处于优势的一方，因此雷达应该尽量减少主瓣干扰的机会。为达到这个目的，现代搜索雷达不仅在方位上形成窄波束，具有分辨能力，而且在俯仰上也形成多波束。俯仰上的波束有同时存在的，也有通过顺序扫描交替产生的，这就是所说的三坐标雷达。如图 4.2 所示，如果在俯仰面上只有一个波束，那么处在同一方位上的干扰机就掩护了所有仰角上的目标。然而，采用多波束之后，干扰只使它所在的那个俯仰波束受到影响，而对其他俯仰波束内的目标检测仅相当于旁瓣干扰，影响大大降低。有的雷达在不同的俯仰波束采用不同的频率，这样综合利用空域和频域的反干扰，效果就更好了。大型相控阵天线可以形成笔状的波束，在方位和俯仰角上快速扫描。干扰机只有和目标保持在同一方位、俯仰角上，处于同一波束内，才能实现主瓣干扰。

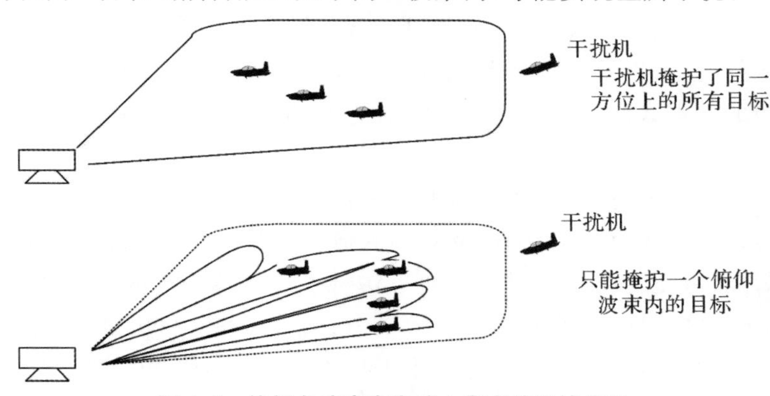

图 4.2　俯仰多波束在空域上具有抗干扰作用

(2)超低旁瓣。现代雷达也颇为注意天线旁瓣的设计。先进的天线技术可以实现比主瓣峰值低 40～50 dB 的超低旁瓣。这意味着同样的干扰,对准旁瓣比对准主瓣,进入接收机的干扰功率要低到 1/10 000 到 1/100 000。那么,实施旁瓣干扰,就要在功率上付出极大的代价。一般雷达天线做不到低旁瓣的主要原因是在制造和安装天线的过程中,总存在一些机械尺寸误差。巨大天线中的这些误差影响了天线的方向特性。超低旁瓣天线的设计和制造,必须使用先进工艺,严格控制天线各部分的误差不超过规定的限度。

(3)旁瓣对消。现在服役的许多雷达,旁瓣远没有达到那么低,只比主瓣低 20～30 dB。旁瓣对消技术可以改善这些雷达的空域抗干扰特性。旁瓣对消需要在主天线旁边增加一个辅助的全方向性天线,如图 4.3 所示。主天线和辅助天线以及各自的接收机通道使得辅助天线的增益小于主天线主瓣增益,但大于主天线的旁瓣增益。那么当旁瓣方向出现连续噪声干扰时,辅助天线通道的 B 点信号要强于 A 点信号,就表明需要对消处理。对消器自动调整辅助通道信号的幅度和相位,来抵消主天线通道中的干扰噪声。这样做的结果相当于调整了天线旁瓣的形状,在干扰机的方向上形成了一个增益凹陷,称为旁瓣零点。采用自适应的信号处理技术,可以在雷达天线连续扫描的同时,形成一个时钟指向干扰机的零点。旁瓣对消可以将干扰衰减十几到二十几分贝,也就是功率可以减小到几十分之一到 1/100。

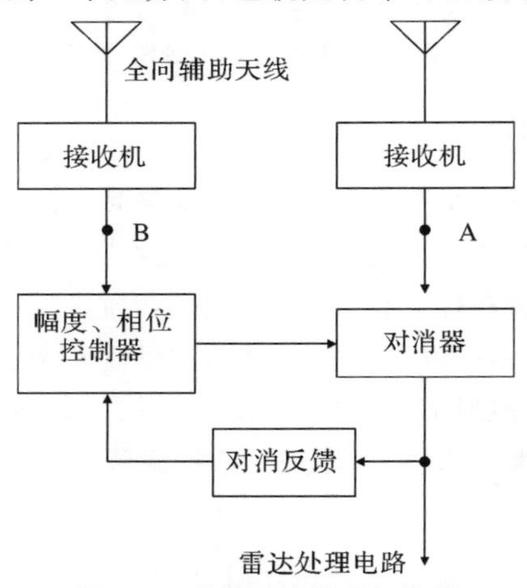

图 4.3　旁瓣对消原理与作用

遗憾的是只有一个辅助天线的系统只能对消一个方向的干扰。在先进的相控阵雷达中,能够组成 5～6 个旁瓣对消阵,那么就能够同时形成 5～6 个零点,同时对付几个干扰源。

旁瓣对消技术对以旁瓣压制为主的远距离支援干扰将起到很好的抑制作用,因此是非常重要的抗干扰手段,新问世的雷达,尤其是相控阵雷达,几乎都具有旁瓣对消能力。

(4)旁瓣匿影。旁瓣对消技术是通过对噪声的处理来调节幅度、相位加权网络的,这种方法不能用于抑制欺骗式假目标干扰,因为假目标的信号与雷达回波在信号形式上相同,区别不出哪个是需要对消的干扰信号。一种称为旁瓣匿影的抗干扰技术具有抑制从旁瓣进入的方位假目标欺骗的能力。旁瓣匿影也需要一个全方向性的辅助天线,并且要使辅助天线的总增益低于主天线的主瓣增益,但高于主天线的所有旁瓣增益,如图 4.4 所示。也就是当信号从主瓣进入,A 点的信号比 B 点的强,但是若信号从旁瓣进入,则辅助天线通道的增益

高于主天线的旁瓣增益，于是B点的信号比A点的强。主、辅天线的信号，也就是A、B两点处的信号被送到一个比较器中，当A信号大于B信号时，比较器使开关接通信号通路，相反，当A信号小于B信号时，比较器使开关切断通路。于是，当主天线对准目标时，主天线主瓣增益总是大于辅助天线通道增益，使A信号比B信号大，信号得以从主天线通道经过开关送到后续处理电路，显示出目标。若有旁瓣干扰，那么由于辅助天线通道增益大于主天线旁瓣增益，使B信号大于A信号，开关切断了信号通道，干扰不能通过，不被显示出来。

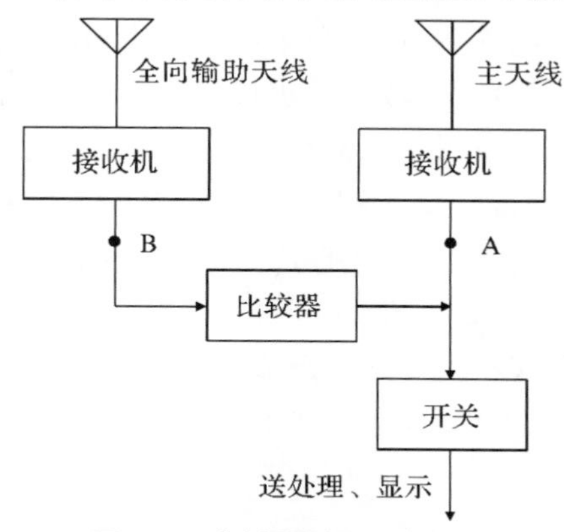

图 4.4　旁瓣匿影原理与作用

3. 能域抗干扰

从能量上考虑，增大雷达的平均发射功率，可以提高雷达的作用距离，在与噪声干扰的能量对抗中，也是有利于雷达的。雷达的脉冲压缩技术，在脉冲内对信号进行了频率或相位调制，在雷达接收机中把分布在较宽脉宽上的能量集中起来，形成很窄、幅度提高了的脉冲，这种技术可以利用有限峰功率的发射机获得更远的发现距离。如图 4.5 所示，对于噪声干扰和不能完全复制脉冲压缩波形的欺骗干扰，由于它们的信号调制形式和雷达预定的形式不同，不能获得脉冲压缩带来的增益，所以使干信比下降，起到了抗干扰的作用。

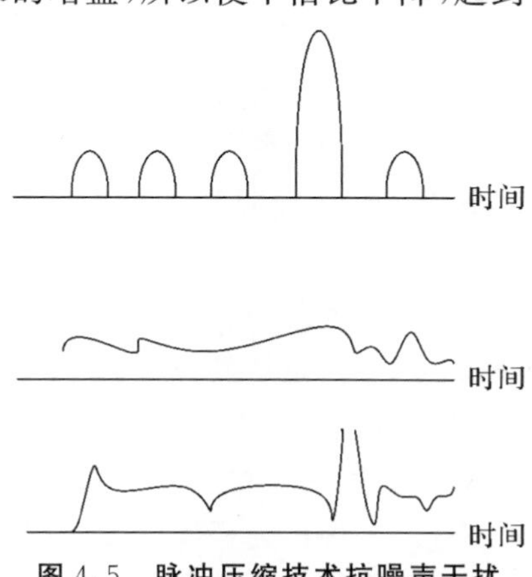

图 4.5　脉冲压缩技术抗噪声干扰

脉冲压缩是现代雷达广泛采用的一种技术，压缩比可以达到从十几到上百。因此为了干扰具有脉冲压缩波形的雷达，干扰机需要考虑增加十几、几十倍的幅射功率。

除此之外，雷达的恒虚警电路可以保证不因过多的干扰超过检测门限而使计算机饱和；动目标显示和多普勒处理技术可以抑制箔条的干扰；宽限窄电路抑制宽带调频干扰；等等，许多雷达技术都影响着干扰的效果，对这些问题的讨论可以在专门讨论雷达技术的著作中找到。

4.2.2　跟踪雷达抗干扰技术

搜索雷达采用的很多抗干扰措施，在跟踪雷达里同样也能够采用，例如频率捷变、旁瓣匿影和脉冲压缩等等。这里仅仅讨论几种主要针对跟踪雷达的抗干扰技术。

1. 抗距离波门拖引

针对跟踪雷达的干扰主要是欺骗干扰，距离波门拖引是其中最常遇到的一种。反距离波门拖引的一种方法是在跟踪电路中采用前沿距离跟踪器。距离波门拖引主要由自卫干扰产生，在自卫干扰情况下干扰机和目标处于同一位置上，由于目标回波是雷达信号照射到目标上立即反射回去的，而干扰信号的产生总需要经过干扰机耗费时间，最少也要有十几纳秒的延迟，所以干扰总是落后于目标回波信号。如图 4.6 所示，如果波门仅仅跟踪在回波脉冲的前沿，而不是脉冲的中心，那么滞后的干扰脉冲就不可能拖走波门。前沿跟踪技术和频率捷变或脉冲重复周期捷变相结合，使干扰机无法预测下一脉冲出现的时刻和频率，因而致使无法实施向近距离拖动波门，使前沿不受到干扰，这样距离波门就保持在脉冲的前沿而不被拖动了。

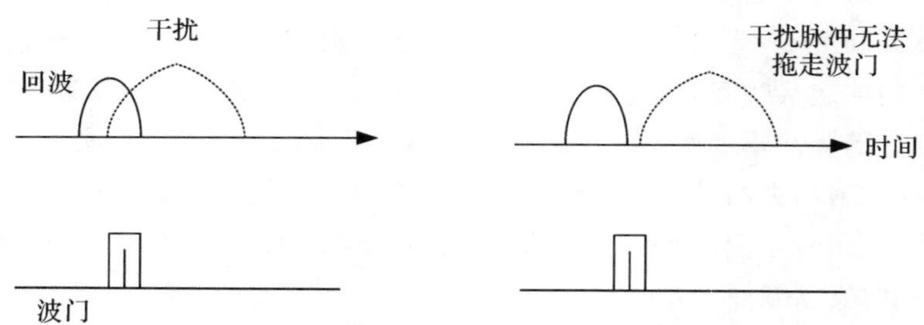

图 4.6　脉冲前沿跟踪抗距离波门拖引

2. 抗速度波门拖引

多普勒跟踪雷达会受到速度波门拖引干扰。多普勒跟踪雷达利用位于目标多普勒频率处的滤波器把目标回波套住，而把地杂波统统滤除掉，保证了对目标的跟踪。可以随目标运动而调整频率位置的滤波器就是雷达的速度波门。

抗速度波门拖引的一种方法是建立速度保护波门，就是在多普勒频率滤波器波门相邻的上、下频率上再各设置一个滤波器，称为速度保护波门。如图 4.7 所示，当速度波门拖引开始时，一旦干扰的频率与目标的多普勒频率分离，那么在保护波门里就检测到干扰信号，而在原速度波门里仍然有目标信号。所以当保护波门和跟踪波门同时检测到信号，就说明受到了速度波门拖引，于是发出警告，启动相应的处理电路排除干扰，使波门仍然跟踪原目标信号。

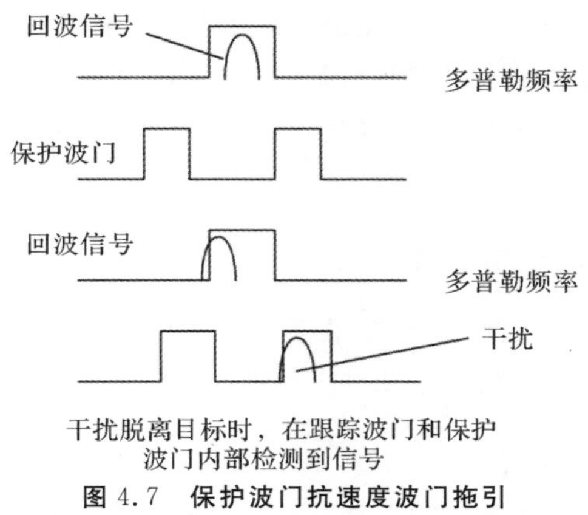

图 4.7 保护波门抗速度波门拖引

3. 距离、速度双重跟踪

在具有多普勒处理能力的雷达中，可以把距离跟踪和速度跟踪关联起来，实现双重跟踪。雷达从速度跟踪波门的指示可以推测出目标距离的变化，因而也能根据前个时刻的目标距离推测目标现在的距离。如果距离波门受到拖引，偏离预测的距离，就能判断是欺骗干扰所致，电路将不理会这个距离的变化。

4. 抗角欺骗干扰

圆锥扫描角跟踪雷达最容易受到倒相方波调制干扰，使雷达的角跟踪系统受到破坏。实施倒相方波调制干扰，首先需要干扰机侦察出圆锥扫描产生的雷达发射脉冲幅度的变化特性。根据调制的起伏时间，发射相反幅度变化的脉冲。因此要避免这种干扰，应设法不暴露圆锥扫描引起的脉冲幅度调制。隐蔽锥扫雷达把天线的发射和接收分开。发射天线做成轴对称的，因此发射出去的脉冲就不会受到幅度调制，使干扰无法发现锥扫的特性。但是，在接收过程中，使用一个偏离轴线放置的接收馈源，馈源的旋转使接收到的脉冲幅度调制，实现角跟踪，同时又不暴露圆锥扫描。

单脉冲雷达能够利用一次测量确定目标的角度，因此，各种幅度调制对单脉冲雷达都没有角欺骗作用。只要干扰源和目标在一个方向上，就很难对单脉冲雷达产生影响。能够对单脉冲雷达构成威胁的主要是两点源干扰，包括闪烁干扰，所以单脉冲雷达被认为是具有很好的抗角度干扰能力的一种雷达体制。

4.3 雷达反侦察与抗摧毁技术

4.3.1 雷达反侦察技术

雷达工作的时候，向外辐射电磁能量，雷达辐射信号就可能被电子侦察系统截获到，从而暴露了雷达。因此，现代军用雷达都希望在不改变雷达原有性能的基础上，采取一些专门技术，减少雷达被发现的可能性，这样的雷达称为低截获概率雷达。低截获概率雷达采取的

技术包括把天线设计成超低的旁瓣；采用低峰值功率的发射波形；以及波形参数随机变化等。

1. 超低旁瓣天线

超低的天线旁瓣是目前雷达天线技术追求的目标之一。旁瓣是由于天线发射能量在观测方向之外的其他方向上"泄漏"造成的。如果旁瓣泄漏比较大，侦察系统就可以在雷达主波束没有指向自己的情况下，截获到雷达的信号。那么对于搜索雷达来说，无论天线在旋转过程中指向哪里，侦察系统几乎总能发现雷达。

现代雷达经过对天线的精心设计和精密的加工安装，可以达到－40～－50 dB的旁瓣电平，也就是天线的旁瓣功率比主瓣低到$1/10^4$～$1/10^5$，这就是所说的超低旁瓣。旁瓣功率很低，无法被侦察接收机侦察到。这使侦察系统只能在雷达主波束对准自己的时候，才能截获到雷达的信号。搜索雷达在旋转过程中，大部分时候都是旁瓣对着侦察系统，所以很少有机会被电子侦察设备发现。

2. 低峰值功率的发射波形

低峰值发射功率也是低截获概率雷达要求的条件之一。由于雷达发现距离的远近取决于雷达发射电磁信号的功率大小，所以想通过降低发射功率来防止被侦察是不可能的。只要在总功率保持不变的条件下，降低脉冲的峰值功率，才有可能不降低发现距离而又防止被侦察。为了做到这一点，如图4.8所示，雷达采用比较宽的脉冲，这样把发射总功率平均到较长的时间上，而且在脉冲内加有频率或相位调制，这样在接收机里通过匹配的接收，把回波信号功率在一个时刻集中起来，又恢复出窄的回波脉冲。这样丝毫不降低雷达发现距离，也不影响距离分辨力，但峰值功率却下降了。侦察系统事先无法知道雷达信号的调制样式，不能实现匹配的接收，所以只利用了很短时间段内的雷达信号功率，其信号功率利用率比雷达低得多，发现距离必然大打折扣。

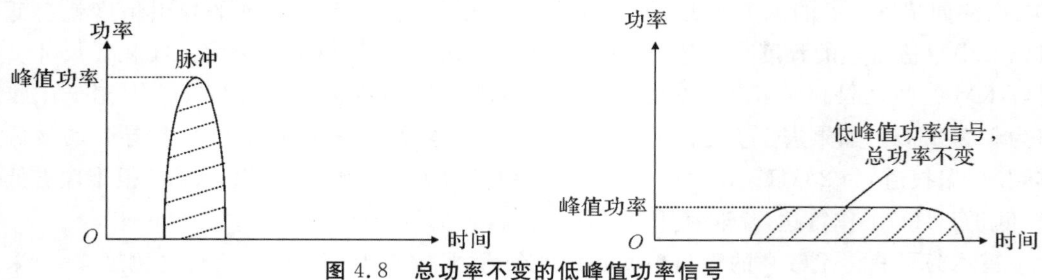

图4.8　总功率不变的低峰值功率信号

3. 波形参数随机变化

低截获概率雷达还采用随机改变波形参数的方法阻碍侦察对雷达信号的截获和识别。从交叠的雷达脉冲列中分选出某一部雷达的脉冲，关键是利用同一部雷达工作参数的规律性。例如工作频率相同、脉冲间有相同的时间间隔，如果这些规律不存在，分选就失去了依据。例如采用频率捷变技术，雷达的工作频率每隔几个脉冲或每隔1个脉冲就随机改变一次，使侦察系统难以截获。即使截获到信号，也难以从许多雷达信号中分选出这一部雷达的

信号。可以改变的雷达波形参数还有脉冲重复周期。有的雷达脉冲重复周期是随机改变的,脉冲之间的时间间隔时大时小,称为脉冲重复周期抖动,它同样起到扰乱敌侦察系统信号分选的作用。如果侦察系统的信号分选没有成功,就不能确定存在着这部雷达,也不能得出它的工作参数,并识别这部雷达。

4.3.2 抗反辐射导弹技术

目前,ARM 以其摧毁性的“硬”杀伤手段,对军用雷达构成了严重的威胁,造成雷达等辐射源的永久性破坏。因此,在 ARM 威胁日益严重的情况下,能够有效地对抗反辐射导弹(AARM)的攻击,不仅关系到雷达站作战效能正常发挥,而且关系到提高雷达的生存力。

雷达反摧毁技术主要分为三大类:第一类是使反辐射导弹的导引头难以截获和跟踪目标雷达;第二类是干扰反辐射导弹导引头的跟踪并使反辐射导弹不能命中目标雷达;第三类是及时发现并拦截摧毁反辐射导弹。

4.3.2.1 抗反辐射导弹的总体设计

雷达总体设计中,应把提高雷达抗反辐射导弹能力作为主要技术设计内容。雷达总体抗反辐射导弹设计包括:工作频段选择,低截获概率技术和双(多)基地雷达体制选用以及提高雷达机动能力设计等方面。

1. 选择雷达工作频段

选择 30～1 000 MHz(即 VHF 和 UHF)频段或毫米波频段的雷达(辐射器)具有良好的抗反辐射导弹性能。

(1)选用低频段提高雷达抗反辐射导弹的性能。ARM 导引头通常用 4 个宽频带接收天线单元组成单脉冲测向系统。为了有足够高的测向精度,一般要求天线孔径尺寸大于 3～4个工作波长,至少要大于半个波长。当天线孔径尺寸为半个波长时,其波瓣宽度 θ 约为 80°,而测向精度为 θ 的 1/15～1/10,即 6°～8°。如果 θ 再增大,ARM 的导引精度就会低到难以命中目标雷达的程度。显然,要让 ARM 工作在低频段,就必须加大天线孔径尺寸。然而,ARM 的弹径限制住了其天线的尺寸。例如,“哈姆”导弹的弹径为 25 cm,其最低工作频率为 1.2 GHz。如果进一步考虑到实际安装的尺寸会更小一些,因此“哈姆”导弹的最低工作频率(据报道)为 2 GHz(其他型号 ARM 的弹径也大致如此)。所以,ARM 很难攻击低频段(低于 GHz)工作雷达,除非利用低频段雷达辐射信号的高次谐波。

雷达为了获得足够高的测角精度和角度分辨力,要求天线孔径与波长之比足够高,采用低频段会使雷达天线尺寸非常庞大。例如,要求波束宽度 $\theta=3°$,如果雷达的工作频率 $f=600$ MHz,那么天线孔径尺寸约为 12 m,这将使雷达的机动性变差、造价提高。随着数字波束形成技术和高分辨率空间谱估计技术的发展,在天线物理尺寸不大的情况下,使雷达具有足够高的测角精度和角分辨力的技术问题可逐步得到解决。

此外,即使 ARM 能在低频段工作,但地面镜面反射对低频段辐射信号形成比较强的多路径效应,使得能在此频段工作的 ARM 的瞄视误差较大,ARM 的测向瞄视中心也会偏离雷达天线,不会有良好的对雷达攻击性能。

雷达工作于米波段或分米波段时，一方面具有良好的 AARM 性能，另一方面还具有较好的探测隐身目标(飞机)能力。

(2)毫米波段的选用。目前广泛装备的 ARM，最高工作频率一般低于 20 GHz(仅达 Ku 频段)。因此，工作于毫米波段雷达具有 AARM 的能力。毫米波雷达由于具有天线孔径小、波束窄、空间选择能力强、测角精度高、提取目标速度信息能力强、体积小、质量轻、机动性好等特点，使毫米波雷达不仅具有良好的抗反辐射导弹性能，还具有较好的抗有源干扰能力，并具有很强的探测来袭的 ARM 的能力。

虽然新型 ARM 工作频率提高到了 40 GHz，但由于毫米波雷达具有了窄波束、超低副瓣天线、对 ARM 自卫告警能力强以及机动性好等优点，仍是雷达 AARM 设计值得选用的工作频段。

然而，毫米波辐射信号传播衰减大，只适用于作用距离不远的跟踪、照射雷达。

2. 雷达反 ARM 技术措施

在 ARM 发射攻击雷达之前，一般要由载机的侦察系统或 ARM 接收机本身对将攻击雷达的信号进行侦察(即搜索、截获、威胁判断、锁定跟踪)。与此同时，受攻击的雷达或专用于 ARM 告警的雷达也在对 ARM 载机和 ARM 进行探测。若雷达能在 ARM 侦察到雷达信号之前或在 ARM 刚发射时探测到 ARM 载机，则能赢得较长的预警时间，或者发射防空导弹摧毁 ARM 载机，或者及早采取其他有效的措施对付 ARM。

针对 ARM 侦收和处理信号方面的弱点，雷达在频域、时域和空域采取有效的对抗措施，可使 ARM 难以截获和锁定跟踪雷达的辐射信号(反侦察)。雷达低截获概率技术的采用，既使雷达具有良好的主动探测 ARM 能力，又使雷达信号隐蔽、具有反侦察能力。

雷达抗反辐射导弹的有效技术措施主要有以下 4 项技术：

(1)采用大时宽带宽乘积的信号。大时宽带宽乘积信号(脉冲压缩雷达信号)，能在雷达发射脉冲功率不变的条件下，大大地增加作用距离，同时保持雷达的高距离分辨力。现代雷达的压缩比(时宽带宽积)能做到大于 30 dB，如此高的压缩比是在雷达对自身发射的信号匹配接收情况下获得的。而 ARM 在侦察接收时，无法预知雷达复杂的信号形式，只能进行非匹配接收(采用幅度检测与非相参积累方式)，信号处理作用远远小于匹配接收方式，使得 ARM 侦收雷达信号距离减小，有可能在 ARM 侦察机截获雷达信号之前，雷达就已探测到 ARM 载机。雷达为了防止 ARM 侦察机对其信号进行匹配接收，必须使信号结构不为 ARM 侦察系统预先获知，因此，信号形式必须复杂多变，最好采用伪随机编码信号。

(2)在空域进行低截获概率设计。采用窄波束、超低旁瓣天线，并且天线波束随机扫描，能够提高雷达 AARM 的能力。

天线波束越窄，扫描搜索时停留 ARM 载机上的时间越短，加上波束随机扫描，使 ARM 载机或 ARM 本身接收系统侦收和处理信号就越困难。地面制导雷达波束应避免长期停留照射目标飞机，防止目标飞机上的 ARM 迎着主波束进行远距离攻击。

现装备的许多雷达，旁瓣电平比主瓣仅低 20～30 dB，而现代 ARM 接收机的灵敏度足够高，使得 ARM 能沿旁瓣(包括背瓣)对雷达进行有效的攻击。将雷达相对旁瓣电平降至

−50～−40 dB(达到低和超低旁瓣电平),可使 ARM 难以在规定的距离截获或跟踪锁定旁瓣辐射的信号,大大提高雷达抗反辐射的导弹能力。

(3)雷达诸参数捷变。ARM 侦察接收系统通常利用雷达载频、重复频率、脉冲宽度等信号参数来分选、识别、判定待攻击的雷达信号。若上述各参数随机变化,即载频捷变,重复频率随机抖动,脉宽不断变化,则 ARM 接收系统就难以找出雷达信号特征,很难在复杂、密集的信号环境中侦察并锁定跟踪这样的雷达信号。

(4)雷达发射信号时间可控制和发射功率管理。让雷达间歇发射,发射停止时间甚至大于工作时间几倍,即便 ARM 接收机从雷达旁瓣侦收信号也时隐时现,使 ARM 难以截获和跟踪雷达信号。

根据需要设定雷达发射机功率,在满足探测和跟踪目标要求的条件下,应尽量压低发射功率,实行空间能量匹配,从而避免 ARM 侦察接收系统过早截获到雷达信号。

让搜索雷达在最易受 ARM 攻击方向上不发射信号,形成几个"寂静扇区",也是一种利用发射控制能力对付 ARM 的措施。

当发现 ARM 来袭时,立即关闭雷达发射机,改由光学设备对目标进行探测与跟踪。同时,雷达利用其他雷达送来的目标信息(如友邻低频段边搜索边跟踪雷达传来目标坐标信号)对目标进行静默跟踪。一旦目标飞临该雷达最有利的工作空域,突然开机捕获跟踪目标并迅速发射导弹攻击目标,在目标机发射 ARM 之前将其击落。

3. 提高雷达的机动能力

提高雷达的机动能力,也是一项 AARM 措施。ARM 攻击的雷达目标,常常以自身电子情报(ELINT)或电子侦察活动提供的雷达部署情报为依据。如果防空导弹制导站雷达设置点固定不变或长期不动,其受到 ARM 攻击的危险就很大。所以,雷达应能在短时间拆卸、转移和架设,具有良好的机动性。

4. 采用双(多)基地雷达体制

把雷达发射系统与接收系统分开放置,两者相隔一定距离协同工作,就构成了双(多)基地雷达。

把发射系统放置于掩体内,或放置在 ARM 最大攻击距离之外的地方,将一部或多部具有高角分辨力接收天线的接收机设置在前沿(构成双或多基地雷达)。因为接收机不辐射电磁波,对 ARM 来说工作是寂静的,因而它不受 ARM 攻击。此外,如果把发射系统置于在高空巡航的大型预警飞机或卫星上,也可免受一般 ARM 的攻击。

虽然双(多)基地雷达在收、发系统间配合(如通信联络、收发天线协同扫描、高精度时间同步等)方面存在着技术困难,但随着技术的发展,这些困难将得到较好地解决。而且,双(多)基地雷达在探测隐身飞机方面也有较强的能力。

4.3.2.2 对 ARM 的探测、告警和诱偏

1. 探测和告警

对攻击飞行中的 ARM 进行探测和告警,是采用各种技术和战术措施抗击 ARM 的前

提。与常规飞机相比，ARM 具有雷达截面积比较小、朝向雷达飞行的径向速度高（通常马赫数大于 2），且总在载机前方（靠近目标雷达）等特点，因此，在目标雷达上看到的 ARM 反射回波的多普勒频率较高、迅速接近雷达、信号弱而稳定且在载机回波之前。ARM 探测装备的设计，充分利用了 ARM 回波的这些特征。ARM 探测、告警装置可分为两类：一类是在原有雷达上加装探测、告警支路；另一类则是设计专用 ARM 告警雷达。

（1）在原有雷达上加装 ARM 来袭监视支路。利用 ARM 回波信号多普勒频率较高，一个目标信号分离成两个，且其中一个迅速接近雷达的特点，在雷达上加装 ARM 回波信号识别电路。

当雷达跟踪或边搜索边跟踪某目标时，一旦发现该目标回波分离成两个信号，且其中之一具有较高的多普勒频率时，信号识别电路即发出告警信号，令发射机关高压，或启动对应的手段抗击 ARM。对 ARM 监视、告警的电路既可装在制导雷达上供自卫用，也可装在搜索雷达上，使其在搜索和跟踪过程中发现 ARM，并向友邻雷达发出 ARM 袭击的告警信号。

（2）专用的 ARM 告警雷达。雷达自身的 ARM 监视支路只能监视主瓣方向来袭的 ARM，难以监视旁瓣方向来袭的 ARM，且对无多目标跟踪能力的雷达，如果监视了 ARM 就要丢掉跟踪的目标，搜索雷达难以监视顶空 ARM 的袭击。因此，对 ARM 告警的最佳方案是使用专用的 ARM 告警雷达。

ARM 专用告警雷达应采用低频段、毫米波段或低截获概率技术，避免自身受到 ARM 的攻击。作为告警雷达，对其定位等精度要求不高，只要求比较粗略地指示出 ARM 的方向和距离，但要求有全向（半球空间）指示和跟踪能力，以便指挥 ARM 诱偏系统工作或引导火力拦截系统攻击 ARM。

2. 对 ARM 的诱偏

在雷达附近设置对 ARM 有源诱偏装置，是一项有效对抗反辐射导弹的措施。

ARM 主要是依据要攻击雷达信号的特征（如载频、重复频率、脉宽等）锁定跟踪目标的，若有源诱饵辐射的信号特征与雷达信号的相同，其有效辐射功率足够大，在远区与雷达同处一个 ARM 天线角分辨单元之内，就有可能把 ARM 诱偏到两者的“质心”，甚至是远离雷达和诱饵的其他地方，以保护制导雷达。

通常，ARM 从雷达旁瓣方向进行攻击，因而诱饵的有效辐射功率（ERP）应比旁瓣有效辐射功率略高一些。

ARM 导引头通常设计成锁定在雷达探测脉冲前沿、后沿或中间脉冲取样上，一旦获得探测信号，ARM 的导引头产生制导命令，引导 ARM 自动瞄准辐射源。假如只有一个雷达在以探测脉冲形式辐射 RF 信号，那么导引头就对探测脉冲串中各相继脉冲的前沿或后沿或中间脉冲进行取样，以便产生制导指令使 ARM 瞄准雷达。

为了提高雷达受 ARM 攻击时的生存能力，希望将诱饵安置在所要保护的雷达附近，距离雷达数百米远，诱饵之间距离取决于战术应用，使攻击中的 ARM 制导系统瞄准到位置与雷达分开的视在源上。来自诱饵的射频信号产生合成的覆盖脉冲遮盖住雷达天线旁瓣产生的探测脉冲（在功率幅度和时间宽度上均遮盖）。如此，来袭 ARM 的制导系统就不能用探

测脉冲的前沿、后沿或中间脉冲取样得到制导指令。同时，几个诱饵脉冲遮盖探测脉冲的位置随机“闪烁”变换，从而使 ARM 制导系统接收信号方向“闪烁”。由于这种“闪烁”，引起 ARM 的瞄准点偏离，所以也就阻止了 ARM 去瞄准雷达或任何一个诱饵。

三点诱饵系统布置在雷达附近的不同位置上，每个诱饵通过数据链与雷达相连。雷达是传统的脉冲雷达，它辐射具有预定频率的探测脉冲，照射到来袭的 ARM 上。雷达中有一个同步器控制发射机产生探测脉冲，经天线辐射出去。同步器还产生供各诱饵用的控制信号，以便按图 4.9 所示程序产生诱饵脉冲(具有预定频率)。

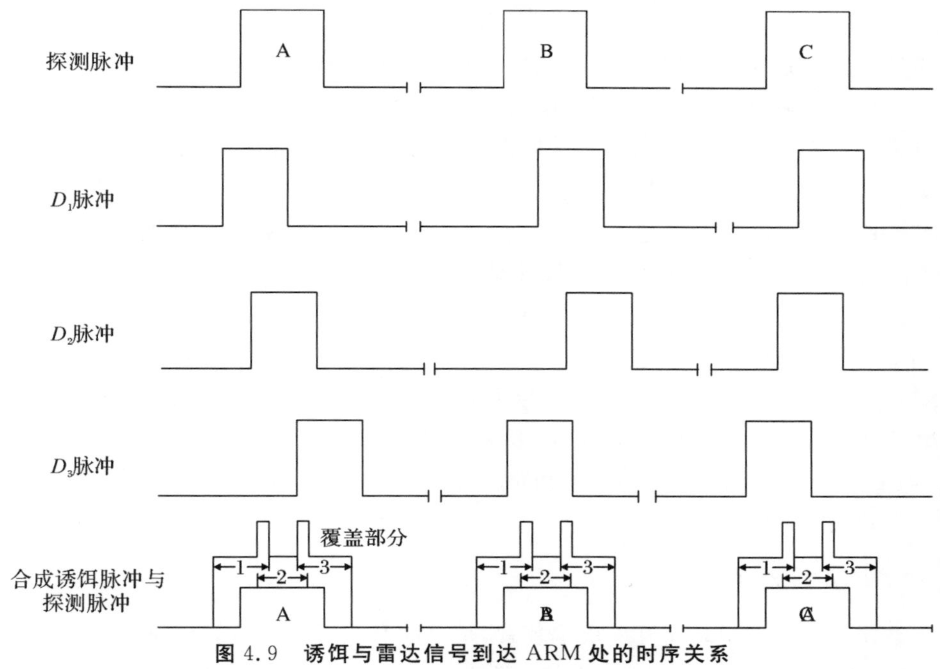

图 4.9　诱饵与雷达信号到达 ARM 处的时序关系

雷达中的同步器用来提供触发脉冲馈给发射机和各个诱饵站。触发脉冲的位置在图 4.9 中 4 个波形的前沿位置。为了使 ARM 无法攻击某一个诱饵，3 个诱饵的时序设计成交替变化的时序见表 4.1。

表 4.1　三个诱饵的时序表

探测脉冲	预触发脉冲	中间触发脉冲	后触发脉冲
A	01	02	03
B	03	01	02
C	02	03	01

“预触发脉冲”指的是在探测脉冲之前出现的触发脉冲；“中间触发脉冲”是指在探测脉冲发射期间出现的触发脉冲；“后触发脉冲”则是指恰好在探测脉冲后沿之前出现的触发脉冲。

图 4.9 最下面的波形显示出了到达 ARM 处 3 个合成覆盖脉冲和探测脉冲的关系。观察波形可得出以下结论：①每个合成覆盖脉冲均遮盖了相应的探测脉冲；②合成覆盖脉冲的

幅度通常总是大于相应的探测脉冲；③每个合成覆盖脉冲均不同于另外两个合成诱饵脉冲，即具有交替性。

可以看到，到达 ARM 处的各个探测脉冲和相应的诱饵脉冲之间的传播延时之差取决于 ARM 相对于雷达和各诱饵的仰角和方位角。然而，即使不同触发脉冲的出现时间是未加调整的，只要各诱饵(1 站、2 站、3 站)与雷达距离较近，且诱饵脉宽足够，该传播时间差的任何可能的变化都将小于各个探测脉冲于任何一个诱饵脉冲之间的重叠时间。因此，不管 ARM 从什么方向飞临雷达，所有由 ARM 导引头接收的探测脉冲都会被合成脉冲所遮盖。而且，不管 ARM 制导系统是跟踪接收到的脉冲串的前沿还是后沿，ARM 制导系统处理的只是脉冲 D_1, D_2, D_3。换句话说，不论 ARM 导引头使用的是前沿跟踪器还是后沿跟踪还是中间脉冲取样器，所得到的制导指令都将把 ARM 引向某个与雷达相距一定距离的地方。而且，该弹着点也不会在诱饵站处，因为在导弹攻击的末段，其制导系统的动态响应范围会被超出。

诱饵系统中诱饵的数目可以根据经费的许可适当增加，诱饵的数量越多，对抗 ARM 的效果会越好。

4.3.2.3　抗反辐射导弹的系统对抗措施

以上各项 AARM 措施都是针对 ARM 制导技术存在的弱点提出来的。实际上，ARM 技术正在不断地发展，20 世纪 80 年代后，智能化技术、复合制导体制在 ARM 上得到广泛应用，ARM 技术已发展到了一个新阶段。目前，采用单一的 AARM 措施已不能十分可靠地保护昂贵的制导雷达。为此，应采用系统工程方法，研究 ARM 攻击的全过程。针对 ARM 攻击前、后各阶段分层采用综合措施，用系统对抗的方法防护、摧毁 ARM 的攻击。

1. ARM 攻击的全过程

如前所述，ARM 攻击辐射源的过程可以分为发射前侦察、锁定跟踪阶段，点火发射阶段，高速直飞攻击阶段和末端攻击阶段等 4 个阶段。

(1)ARM 发射前侦察、锁定跟踪阶段。通常，ARM 载机上装有侦察、告警系统，用于在复杂的电磁信号环境中不间断地侦收所要攻击的雷达信号，将实时收到的信号与数据库储存的威胁信号数据进行对比、判断，选定出需要攻击的对象并测定其方位，把 ARM 接收系统的跟踪环路锁定在待攻击的雷达参数上。若载机无专用雷达信号侦察设备，则由 ARM 接收机自己完成上述工作。

(2)ARM 点火发射阶段，即 ARM 对雷达攻击的开始阶段。其特点是 ARM 与载机分离，加速向雷达接近。

(3)ARM 高速直飞攻击阶段。其特点是 ARM 速度很高，而且现代 ARM 还能在雷达关机的条件下进行记忆跟踪。

(4)开启 ARM 引信，对雷达发起最后攻击的阶段。

2. 对付 ARM 的系统对抗措施

依据 ARM 各阶段的特点，分别采取相应的系统对抗措施。

(1)在 ARM 侦察阶段。导弹武器系统采取的主要措施是提高各辐射源的隐蔽性,使 ARM 无法对辐射源信号进行锁定和跟踪,具体措施如下:

1)雷达制导站采用低截获概率技术;

2)雷达发射控制,隐蔽跟踪,随时应急开关发射机,有意断续开机等;

3)雷达同时辐射多个假工作频率,形成使对方难以准确判断的密集信号环境;

4)雷达组网,统一控制开启关闭时间,信息资源共享,形成密集和闪烁变化的电磁环境;

5)应用双(多)基地雷达体制,让高性能的接收系统不受 ARM 攻击且有效地工作;

6)对电站等热辐射源进行隐蔽、冷却或用其他措施防护,防止红外寻的 ARM 攻击;

7)防止敌方预先侦知雷达所在地和信号形式。

(2)ARM 点火攻击阶段。ARM 的点火攻击阶段同时也是导弹武器系统对 ARM 进行探测、告警和采取反击措施的准备阶段。武器系统在次阶段采取的对抗措施如下:

1)雷达上增设对高速飞行 ARM 来袭的监视支路,获得预警时间;

2)配置专用探测 ARM 的脉冲多普勒雷达,监视和测定 ARM,发出告警,为武器系统抗击 ARM 提供预警,并能对“硬”杀伤武器进行引导。

3)充分利用雷达网内其他雷达以及 C^3I 系统提供的 ARM 告警信息。

(3)在武器系统发现 ARM 来袭后的防护阶段。武器系统发现 ARM 来袭后便进入防护 ARM 的第三阶段,其主要战术、技术措施如下;

1)雷达紧急关机,用其他探测和跟踪手段(例如光学系统)继续对目标进行探测或跟踪;

2)开启 ARM 诱偏系统,把 ARM 诱偏到远离雷达的安全地方;

3)多部雷达组网工作,它们具有精确的定时发射脉冲和相同的载频,其发射脉冲码组(脉冲内调制)具有正交性,各雷达的发射脉冲具有较大重叠,造成 ARM 选定跟踪困难,或使方位跟踪有大范围的角度起伏;

4)减小雷达本身热辐射、工作频带外的辐射和寄生辐射,防止 ARM 对这些辐射源实施跟踪;

5)用防空导弹拦截 ARM。

(4)在 ARM 临近制导雷达的最后攻击阶段。这一阶段雷达受到威胁的程度最高,所采取的措施主要是干扰 ARM 的引信和直接毁伤 ARM。具体措施如下:

1)干扰 ARM 引信,使其早爆或不爆;

2)施放大功率干扰,使导引头前端承受破坏性过载,造成电子元件失效,使 ARM 导引系统受到破坏。

3)利用激光束和高能粒子束武器摧毁 ARM;

4)利用密集阵火炮,在 ARM 来袭方向上形成火力墙;

5)投放箔条、烟雾等介质,破坏 ARM 的无线电引信、激光引信和复合制导方式(激光、红外和电视等),用曳光弹作红外诱饵;

ARM 的系统对抗过程和相应的措施可概括在表 4.2 中。

表 4.2　系统对抗 ARM 的过程与措施

ARM 攻击阶段	对雷达侦察、锁定跟踪	点火、加速	高速直飞	末端攻击
AARM 阶段	反侦察	探测、告警、防御准备	防御、反击	拦截杀伤
AARM 措施	(1)低概率截获技术； (2)低频段(米波、分米波)和毫米波段采用； (3)雷达组网，隐蔽跟踪； (4)双(多)基地雷达体制； (5)光电探测与跟踪； (6)提高机动性	(1)雷达附加告警支路； (2)ARMPD 雷达(专门用于探测 ARM 的脉冲多普勒雷达)； (3)雷达组网后 ARM 信息利用，或 C^3I 系统其他信息	(1)紧急关机； (2)诱偏系统开启； (3)雷达组网，同步工作； (4)反导导弹(防空导弹)； (5)减小雷达站热辐射和寄生辐射，带外辐射	(1)对引信干扰； (2)大功率干扰； (3)密集火炮阵； (4)激光与高能粒子束武器； (5)烟雾、箔条和曳光弹

4.4　雷达反隐身技术

隐身飞机 F－117A 在海湾战争中大批首次投入实战，使得目标隐身不再是神话，因此对雷达提出反隐身的要求已经成为必须考虑的问题。人们正在研究许多种雷达反隐身技术，但归纳起来，实现反隐身的途径大致分为两类：一类是设法使目标隐身采取的措施不能奏效；另一类是设法提高雷达探测微小目标的能力。由于隐身技术是有局限性的，只在一定的条件下目标才具有隐身的效果，所以目前反隐身技术主要采用第一类途径，让雷达在隐身无效的条件下探测目标。

4.4.1　低频率雷达

低工作频率的雷达，具有很好的反隐身效果，这是因为无论是外形隐身还是材料隐身的效果都和雷达的频率有关。当雷达工作波长可以和目标反射面的大小相比拟的时候，波长越长，也就是频率越低，物体的反射越强。例如对于针状的物体，像隐身飞机的机头形状，雷达用 500 MHz 频率比用 3 000 MHz，探测距离可以提高 2.5 倍。如果用 150 MHz，也就是波长 2 m，那么探测距离将提高 4.5 倍。所以采用米波段的低频率雷达可以降低目标外形隐身的效果。

低频率雷达还能抵制材料隐身。隐身目标的吸收涂层在低频率段的吸波效率将下降，另外涂层的厚度与波长有关，需要 1/4 到 1/10 波长。那么为了对米波雷达隐身，涂层的厚度需要达到数十厘米，这对于飞机显然是不现实的。因此米波雷达是现在公认的反隐身装备之一，俄罗斯就在它的防御系统中部署了许多米波远距离警戒雷达。

目前正在发展中的超视距雷达也具有良好的反隐身性能。超视距雷达使用的工作波长有几米到几十米，与无线电广播的频段相当。之所以称为超视距雷达是因为它的探测距离

非常远，可以达到地平线以远的区域。一种超视距雷达利用天波传输，就像短波广播。它向空中发射短波，通过电离层的反射返回地面，照射到遥远的地域上，目标的反射回波也经过相同的路径经电离层反射回雷达接收机。由于它的工作频率很低，所以可以探测到远距离的隐身目标，主要用于远程预警的任务。

4.4.2 双、多基地雷达

采用双基地雷达，也可以起到反隐身的作用。一般隐身目标在外形设计上总是把雷达波正面的反射减到最小，而把电磁波反射到其他的方向上。如图 4.10 所示，双基地雷达的发射和接收不在一个方向上，形成了一个反射夹角，所以接收站收到的反射信号可能要大于正面的反射，在侧翼的某些方向上，接收到的反射可能很强，因此可以探测到隐身目标。如果有多个接收站与发射站配合，组成多基地雷达，对隐身目标的探测将更有利。

把双基地雷达的发射站放在飞机上，成为机载双基地雷达系统，这样可以从隐身飞机的上方探测，而隐身飞机背部的反射总是比较强的，所以容易发现隐身目标。有的研究计划还设想建立天基雷达，把雷达的发射站放在卫星上，利用太阳能工作，由地面或机载的接收站接收反射信号，可以隐蔽地监视隐身目标。

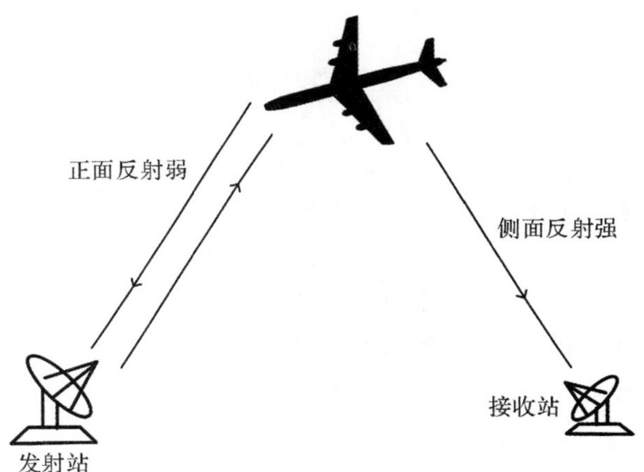

图 4.10 双基地雷达反隐身机理

4.4.3 其他方法

从雷达增强探测弱回波目标能力的角度出发，加大发射功率当然有用，但简单这样做是不经济的，因此现在雷达设计师们正在研究充分利用目标各种特性，并且能够把目标回波能量积累起来的各种目标检测新方法。

目前，反隐身技术的水平无法抗衡隐身技术带来的威胁，雷达面临的反隐身问题还没有很好的解决办法。但是综合运用各种探测手段，构成多种传感器组成的探测系统，除了包括各种增强了探测能力的雷达之外，系统中使用无源射频探测器截获隐身目标发出的通信联络信号、导航和敌我识别信号、雷达电磁辐射信号等，使用红外探测器发现目标的热辐射，还有光学探测器、声学探测器等。这些探测器分布在空中、前沿各处，从它们获得的信息中综合提取出识别隐身目标的有用信息来。这是目前解决反隐身问题的一条途径。

第 5 章　光电对抗概述

现代光电技术的迅速发展，促进了军事光电技术的广泛应用，光电侦察和光电制导作为现代战争中两种重要作战手段，正在发挥着越来越重要的作用，目前，光电武器已形成比较完整的装备体系。飞机、舰船、坦克、装甲车乃至单兵等现代军事作战平台普遍装备了诸如光学观瞄、红外成像、微光夜视以及激光测距等光电侦察装备，各种机载、星载的光学情报侦察和战场支援侦察系统被广泛应用于现代战场，激光制导、电视制导、红外制导等光电精确制导武器成为主战装备。现代战争已经没有了白天黑夜之分，战场环境变得透明了，弹药攻击变得更加精准、高效。

20 世纪 90 年代初的海湾战争，以美国为首的多国部队对伊拉克采取了夜间突袭战术和“外科手术式”的精确打击战术，成功摧毁了伊拉克大部分战略战术目标，在短时间内使伊拉克庞大的作战体系瘫痪，而多国部队仅损失作战飞机几十架，人员伤亡几百人。如此惊人的战况，一个主要原因就是成功地使用了光电精确制导武器和光电侦察装备及相应的光电武器装备。光电精确制导武器首次被大规模地使用是在海湾战争中，此次战争中精确制导武器的累计投放量占弹药投放总数的 7.7%。在后来发生的几次局部战争中，这一比例每一次都有较大幅度的提高，科索沃战争中为 29.8%，阿富汗战争中为 60.4%，在 2003 年美英联军对伊拉克的大规模军事行动中，甚至达到了 68%，美空军共投放精确制导炸弹近 2 万枚。可以说，光电精确制导武器已成为当前和今后战场的重要打击手段，它使现代战争作战模式发生了巨大变革。光电武器的惊人战绩引发了人们对光电对抗的极大关注，光电对抗作为电子战领域的一个重要分支，大约起步于 20 世纪 70 年代，自海湾战争后得到了迅速发展，目前已形成了完备的技术体系。

光电对抗是指利用光电对抗装备，对敌方光电瞄准器材、光电制导武器和其他军事设施进行侦察、干扰或摧毁，以削弱或破坏其作战效能，同时保护己方光电器材和武器的有效使用。光电对抗是现代电子战的一个分支，在未来战争中占有重要的地位。

当前，光电对抗的体系包括光电侦察、光电定位、光电干扰、光电打击以及光电反侦察、反干扰和反打击，如图 5.1 所示。光电侦察、光电定位、光电打击是光电对抗的 3 个基本工作周期。其中，光电侦察是发现目标；光电定位是提供目标的精确信息，跟踪/制导是利用自动控制技术对目标定位状态的保持；而光电打击分为两种类型：一种是以光电制导武器为手段的打击，另一种是以强激光束为手段的打击。

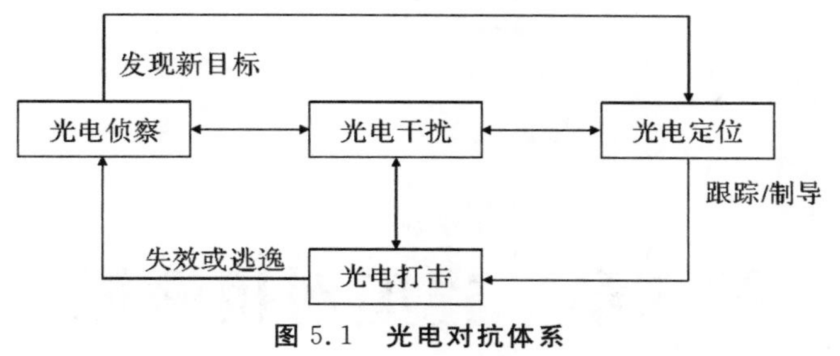

图 5.1　光电对抗体系

5.1　光电对抗原理

光电对抗最直接的对抗目标是敌方的光电传感器及其信息处理系统。无论光电侦察装备或光电制导武器，都是依靠光电传感器获取目标信息，再通过信息处理系统识别目标，就像是人的眼睛和大脑。光电对抗就是针对敌方光电侦察装备和光电制导武器的光电传感器和信息处理系统，采用强光致盲、致眩干扰使其"眼睛"变瞎，采用烟幕遮蔽干扰使其"眼睛"看不见目标，采用光电迷惑干扰使"大脑"无法识别目标，采用光电欺骗干扰使其"大脑"产生判断错误而攻击假目标，从而有效地对抗敌方光电制导武器和光电侦测设备。

5.1.1　光电对抗的定义及技术分类

1. 光电对抗的定义

光电对抗是敌对双方在光波段的抗争，它采用光电技术的手段去探测敌方目标，同时采取必要的光谱对抗措施去削弱、阻止对方使用光波段电磁频谱，尽力保证己方有效使用光波段电磁频谱。光电对抗具有两方面的作战效能：一方面是最大限度地削弱、降低，甚至彻底破坏敌方光电武器的作战效能；另一方面是有效地保护己方光电装备和人员免遭敌方干扰而正常发挥作用。光电对抗所涉及的光谱范围是从紫外到远红外的整个光波段，图 5.2 为光波段的光谱分布图。

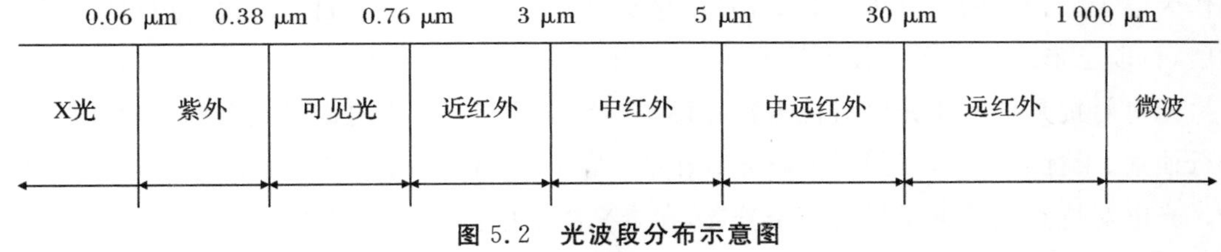

图 5.2　光波段分布示意图

2. 技术分类

光电对抗技术按不同的分类方法有多种分类形式：

(1) 按光波段(或光源类别)划分，光电对抗可分为激光对抗、红外对抗、可见光对抗和紫外对抗四种类型。其中，激光中虽然包括红外和可见光，但是由于其特性不同于普通红外

和可见光，因此将其单独归类为激光对抗。激光作为一种特殊光源，具有单色性好、方向性强、能量强等一系列优点，是光电对抗中最主要的一种干扰光源。

(2) 按作战方式划分，光电对抗可分为防御性对抗和进攻性对抗。

(3) 按技术体系划分，光电对抗可分为光电侦察告警、光电干扰和光电伪装与防护。

光电对抗手段丰富多样，具有车载、机载、舰载、星载、单兵携带和地面固定等多种装备形式。

5.1.2　光电对抗基本特征

光电对抗的作战对象是来袭的光电制导武器、光电侦察装备和高能激光武器系统，这些光电装备多采用被动工作方式，它们依靠接收目标辐射或散射的光波信号，对目标进行侦察、跟踪或寻的，直至将其击毁。因此，光电威胁具有方向性、瞬时性、“静默”性和光谱选择性等特点，对其进行探测、识别、告警和干扰具有很大的技术难度。光电对抗的有效性主要取决于对抗手段的光谱匹配性、时空相关性和快速响应性 3 个基本特征。

1. 光谱匹配性

光谱匹配性指干扰源的光谱必须等同或覆盖被干扰目标的工作波段。例如，激光制导所采用的激光源通常是工作波长为 1.06 μm 的脉冲 YAG 激光器，因此激光欺骗干扰或强激光干扰所采用激光源也应是工作波长为 1.06 μm 的脉冲 YAG 激光器。对于工作在红外波段的红外侦察装备和红外制导导弹，应采用具有相应辐射频谱的红外诱饵、红外干扰机或波长在该谱段的激光对抗手段实施干扰。

2. 时空相关性

时空相关性一是指干扰信号的时序与干扰对象的工作时序在时间上要同步，二是指干扰信号的干扰空域应在敌方光电装备的光学视场范围内。例如，针对光电导引头的激光定向干扰，当激光束与光电导引头传感器瞬时视场对准时干扰才能有效。

3. 快速响应性

快速响应性是要求光电对抗系统具有快速反应能力。战术导弹末段制导距离一般在几千米至十几千米，而且导弹速度很快，一般是亚声速甚至数倍声速，从告警到实施有效干扰必要在很短时间内完成，否则敌方来袭导弹将在未受到有效干扰前就已经命中目标。

5.2　光电对抗技术体系

光电对抗技术体系包括光电侦察告警、光电干扰和光电伪装与防护三方面内容(见图 5.3)。

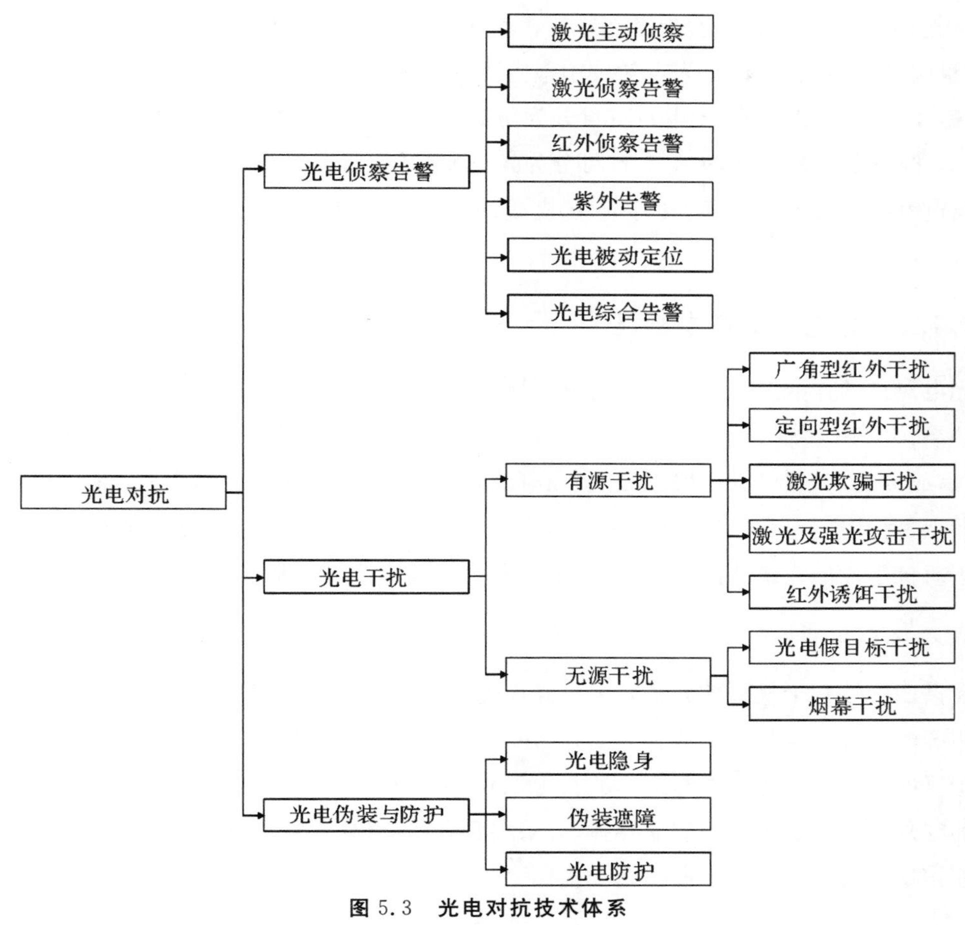

图 5.3 光电对抗技术体系

5.2.1 光电侦察告警

光电侦察告警是指利用光电技术手段对敌方光电装备或武器平台辐射或散射的光波信号进行搜索、截获、定位及识别，并迅速判别威胁程度，及时提供情报和发出告警。光电侦察告警是实施有效干扰的前提。

光电侦察告警有主动侦察告警和被动侦察告警两种方式。主动侦察告警是利用对方光电装备的光学特性而进行的侦察，即向对方发射光束，再对反射回来的光信号进行探测、分析和识别，从而获得敌方情报；被动侦察告警是利用各种光电探测装置截获和跟踪对方光电装备或武器平台的光辐射，并进行分析识别以获取敌方目标信息情报。

5.2.2 光电干扰

光电干扰是采取技术措施破坏或削弱敌方光电装备的正常工作，以达到保护己方目标的干扰手段。光电干扰分为有源干扰和无源干扰两种方式：有源干扰是利用光电装备发射光波能量或光波信息，对敌方光电装备进行压制或欺骗干扰；无源干扰是利用特制的器材或材料，散射和吸收光波能量，或人为地改变己方目标的光学辐射特性或辐射方向，降低敌方

光电装备的作战效能。

5.2.3　光电伪装与防护

光电防护是指为保护己方的武器装备以及光电装备或设施免遭敌方的光电探测、光电干扰或强光攻击，所采取的技术措施或对抗手段。

5.3　光电对抗的作战对象

5.3.1　光电对抗作战对象

光电对抗是光电威胁的克星，它通过光电技术的手段对抗敌方的光电武器威胁，致使敌方的光电武器失去应有的作战效能，对所要攻击的目标看不见、瞄不准、打不上。因此，光电对抗的作战对象是光电精确制导武器系统、光电侦察和观瞄装备及高能激光武器系统。

1. 光电精确制导武器

光电精确制导武器按制导方式可分为激光制导、红外制导、电视制导、多模复合等多种类型。每种类型又可分别用于空对空、空对地、地对地、地对空等多种攻击方式，表 5.1 列出了国外典型的光电制导武器型号。

2. 光电侦察和观瞄装备

光电侦察和观瞄装备主要包括红外热像仪、微光/红外夜视仪、红外前视仪、红外/电视搜索跟踪系统、激光测距机和激光雷达等。光电侦察威胁可能来自太空、空中、陆地和海上等各个方面，表 5.2 列出了典型的光电侦察装备。

表 5.1　国外典型光电精确制导武器

攻击方式	制导方式				
	激光半主动	红外点源	红外成像	电视	多模复合
空对空		反卫星导弹 ASAT “响尾蛇”AIM-9X “毒刺”Stinger			AIM－9X 微波/红外 AIM120C/D 双模 多波谱
空对地	“幼畜”AGM-65C/E AGM-129B		“幼畜”AGM-65F/G “斯拉姆”GM-84E/H	“幼畜”AGM-65A/B AGM-130	
地对地	127 mm 炮射导弹 “海尔法”AGM-114 反坦克导弹		“战斧”Block4 BGM-109		SM-2 Block-IVA 雷达/红外成像
地对空	激光架束制导 反直升机	战区高空 区域防御系统		“爱国者”MIM104	“毒刺”Stinger Post 红外、紫外

表 5.2 典型的光电侦察装备

装载平台	侦察装备种类
卫星	照相侦察装备、红外成像侦察装备
飞机	激光测距机、激光目标指示器、激光雷达、前视红外系统、微光夜视、红外/电视搜索跟踪系统
舰船	激光测距机、激光目标指示器、红外/电视搜索跟踪系统
战车或单兵	激光测距机、红外热像仪、微光夜视仪、红外夜视仪

3. 高能激光武器

高能激光武器系统所用激光源主要有 Nd:YAG(Neodymium-doped:$Y_3Al_5O_{12}$)激光器(1.06 μm)、倍频 Nd:YAG 激光器(0.53 μm)、氧碘激光器(1.315 μm)、CO_2 激光器(10.6 μm)、分布式反馈(Distributed Feedback Laser DFB)激光器(3.8 μm)、半导体激光器阵列等。另外,采用短弧脉冲氙灯、光学弹药等强光源也可构成进攻性光电武器。

5.3.2 光电威胁分析

不论陆战、空战和海战,光电侦察和光电精确制导都是现代战场的主要信息获取手段和重要打击武器。现代战场面临着严重的光电威胁,这种威胁主要来自三个方面:一是来自光电侦察系统利用光波信息对战场环境和军事目标的探测;二是来自光电制导武器系统利用目标辐射或反射的光波信息对军事目标的精确打击;三是来自激光测距、激光雷达、激光目标指示、高能激光武器等光电装备发射的激光照射或强激光攻击。随着军用光电技术的不断进步,各种光电武器系统的作战性能也在不断提高,应用也更加广泛。因此,现代战场的光电威胁也就更加严峻。

1. 光电侦察威胁

光电侦察是利用光波信息对战场环境和军事目标进行探测,它具有成像性能好、分辨精度高、目标定位准等特点。光电侦察主要是利用可见光波段和红外波段,典型的光电侦察装备有电视侦察、红外成像侦察、微光夜视、红外和电视搜索跟踪、激光测距和激光雷达等。它们广泛装备在飞机、舰船、卫星、装甲车、陆基和单兵等作战平台,形成了陆、海、空、天无处不在,全天候无时不有的战场感知能力,可以在任何时间、任何地形条件下,发现任何类型目标。美国第五代照相侦察卫星(KH-11“锁眼”)能够辨认地面上直径 10~30 cm 的物体,它配置有红外传感器,能够在夜间作战,侦察任何散热的物体;美国第六代照相侦察卫星(KH-12)进一步提高了成像分辨力,可分辨出战场上的各种细节;DSP 导弹预警卫星可在更大范围对中段的弹道导弹进行探测跟踪和目标识别;装载于同步轨道卫星的星载导弹预警系统,3 颗星即可覆盖全球,实现对洲际导弹的来袭进行预警。

2. 光电制导威胁

光电精确制导武器主要包括激光制导、电视制导、红外点源制导和红外成像制导等几种形式。它具有制导精度高、抗干扰能力强、隐蔽性能好、效费比例高等特点,已成为当前和今后战场的重要打击手段,在近几次局部战争中,发挥了惊人的作用,已形成了目标一旦被发

现就必定被击中的打击能力。据统计，在 1979—1985 年期间发生在世界各地的各种冲突中，作战飞机损失数目超过 160 架，其中 90% 是被红外制导导弹所击中。在第二次世界大战时，要轰炸一个军事目标需要投放 9 000 枚炸弹，在越南战争时需要 200 枚，海湾战争时只需 1 枚或 2 枚激光制导炸弹即可完成任务。目前，在役的激光制导导弹有 10 多种、20 多个型号，红外制导导弹有 30 多种、近 60 个型号。

3. 激光威胁

激光威胁主要包括激光测距、激光雷达、激光目标指示和高能激光武器等。其中，激光测距、激光雷达和激光目标指示是通过接收目标反射的激光信号获取目标信息，属于激光侦察装备，而高能激光武器则是一种新型进攻武器，它具有快速（3×10^5 km/s）、灵活（短时间内可拦截多个来袭目标）、精确（光束发散角在十几微弧度量级）、抗电子干扰和威力大等特点。较低能量的激光武器即可对战场光电装备和人员造成严重威胁，达到一定能量的高能激光武器已成为对付精确制导武器、空间武器，以及遏制大规模导弹进攻的战术与战略防御武器。表 5.3 列出了现代战场光电威胁源的主要波段或波长。图 5.4 为主要威胁源示意图。

表 5.3　现代战场光电威胁的主要波段或波长

光电威胁源类别	工作波段或波长/μm	光电威胁源类别	工作波段或波长/μm
激光测距机	1.06、1.54、1.57	红外成像制导	3～5、8～12
激光雷达	1.06、10.6	激光制导	1.06
红外探测及红外搜索跟踪装备	3～5、8～12	电视制导	0.38～0.76
电视跟踪及微光夜视装备	0.38～0.76	强激光武器	1.06、1.315、3.8、10.6

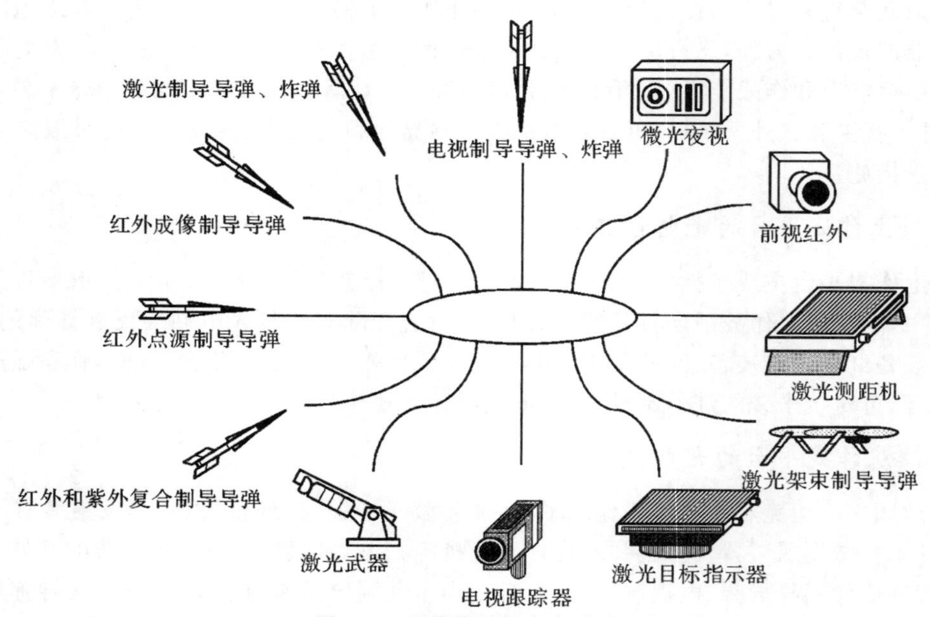

图 5.4　现代战场的光电威胁

5.3.3 光电武器装备的主要弱点

光电装备和其他武器装备相比，如雷达制导武器或雷达探测设备，在应用中存在以下明显的不足：

(1)目标必须直接进入视场才可观测、跟踪，一旦被非透射障得物阻隔、遮蔽就无法观测。

(2)光电装备的作用距离与观察效果受气候条件影响非常严重。例如，微光夜视仪在星光夜，可以看到 600 m 远的物体，若星光被云淹没，则只能看到 10 m 以内的物体。

(3)光电装备视场小，观察范围有限。如车载夜视仪的视场，作驾驶仪用时可达 30°，作瞄准用时就小于 10°，所以观测瞄准困难。

(4)光电装备的红外图像反差小，不易辨别目标的细节。

因此，光电武器装备只有和其他武器装备联合使用，才能充分发挥各自的优势。然而，作为对抗一方，这些缺点正好是光电侦察和干扰装备可以利用的关键之处。

5.4 光电对抗的应用

光电对抗主要应用于各种作战平台和重点军事目标的光电防御和光电进攻。

5.4.1 光电防御

1. 空中作战平台的光电自卫

空中作战平台主要包括歼击机、强击机、轰炸机、军用运输机、预警机、侦察机、电子干扰飞机以及武装直升机等。在现代战争中，这些作战飞机将面临来自空中、海上和陆地的光电制导武器的攻击。另外，飞行员及其观瞄装备还面临着激光干扰装备的威胁。为提高作战飞机的生存能力和作战能力，在歼击机、强击机和轰炸机等作战飞机上加装导弹来袭告警装置、红外干扰弹和红外干扰机，可有效对抗红外制导导弹的攻击，观瞄装备则采取必要的抗激光防护措施。

2. 海上作战平台的光电自卫

海上作战平台主要包括护卫舰、驱逐舰、巡洋舰、航空母舰、导弹艇和登陆舰艇等。在现代战争中，这些海上作战平台将受到空对舰、舰对舰和陆对舰等光电制导反舰导弹的攻击。在舰船装备红外告警装备、红外干扰发射装置及干扰弹、烟幕发射装置及烟幕弹和强激光干扰系统等，可对抗来袭的红外制导导弹、电视制导反舰导弹以及激光制导武器。

3. 陆基作战平台的光电自卫

对地面主战坦克和装甲车等作战平台，加装激光告警、红外告警、烟幕发射装置及干扰弹、红外干扰弹发射装置及干扰弹和红外干扰机等光电对抗装备，可对抗来袭的红外反坦克导弹、红外成像制导导弹、电视制导导弹、激光半主动制导导弹和炮弹。另外，对导弹发射车等重要作战平台，可配置具有随队防护能力的专用光电对抗系统，以对抗光电制导武器的

攻击。

4. 地面重点目标的光电防御

地面指挥所、机场、导弹发射阵地、交通枢纽及 C^4I 重要设施是现代防空体系中最重要的军事目标，也是敌方重点攻击的对象，必须重点防护。对这类重点目标，通常需要用综合光电对抗系统来对抗来袭的激光制导、电视制导和红外成像制导等光电制导武器，综合光电对抗系统以激光对抗、红外对抗和可见光对抗为主体。

5.4.2　光电攻击

1. 对卫星的强激光攻击

采用高能激光武器系统(陆基或星基)直接攻击光电侦察卫星的薄弱部位或关键器件，使其永久或暂时失效。这些部位或器件主要包括星上光电传感器、卫星太阳能电池、卫星热控制系统、卫星姿态控制传感器等。

2. 对空中作战平台的光电攻击

采用大功率激光武器系统攻击作战飞机，可破坏机上的光学侦测系统，或直接烧毁飞机燃料舱激光武器系统攻击来袭导弹，可引爆导弹的战斗部或烧穿导弹导引头整流罩。

3. 对陆基和海上作战平台的光电攻击

采用大功率激光干扰系统攻击陆基或海上作战平台，可直接致盲或致眩平台上光电装备的光电传感器。将炮射激光弹药发射到敌方阵地，利用爆炸产生的强烈闪光，对敌作战平台光电装备的光电传感器实施致眩干扰，使其丧失探测能力。

5.4.3　其他应用

1. 弹道导弹突防

光电对抗也是实现弹道导弹突防的得力手段。弹道导弹从发射到击中目标，会受到导弹防御系统的全程监视、追踪，甚至是动能拦截。采用强激光武器，可直接攻击导弹预警卫星上的红外望远系统和电视摄像系统，采用红外隐身技术降低导弹自身的红外辐射，可减小红外预警系统的探测距离，释放红外诱饵实施欺骗干扰，可有效干扰动能拦截器制导系统。

2. 卫星对抗与防护

一定强度的激光辐射可使卫星载荷中的红外、可见光传感器致眩、致盲、毁伤甚至烧毁卫星上的光电传感器，所以采取必要的抗激光防护措施是十分必要的。目前，主要有光谱带通选择、光学限幅、机械快门等几种抗激光防护措施。另外，光电对抗技术也可用于天基导弹预警、数字化战场应用、战场侦察等方面。

第6章　光电侦察

6.1　光电侦察概述

随着信息技术的发展，现代战争也已经逐渐转变为信息技术的战争。预警技术也逐渐成为军事技术中的重要一环而越来越受到人们的重视。

预警技术是指在灾难或威胁发生前根据以往总结的规律或观测得到的可能性前兆，向相关部门发出紧急信号，报告危险情况，以避免危害在不知情或准备不足的情况下发生，从而最大限度地降低危害所造成的损失的行为。而在军事预警技术中，主要是利用电磁波技术对未知的威胁的距离、高度等一系列参数进行监测并发出警示，以提前做出有利的决策。

预警的实现是通过遥感技术探测空间中未知威胁，并通过定位技术对发现的未知威胁目标进行定位，最后利用成像等技术对目标进行识别判断，判断是否构成威胁以便最终发出预警信号。

6.1.1　光电侦察告警的特点和用途

光电侦察告警是对来袭的光电武器进行威胁告警的一种军事行为。它利用光电技术手段对来袭的光电武器、侦察器材以及武器平台或弹药所辐射或散射的光波信号进行截获和识别，获取威胁源情报和参数信息，并发出告警。根据工作波段或光源类别，一般分为激光侦察告警、红外侦察告警、紫外侦察告警等几种形式。同时具有两种以上波段告警能力的告警装备称为光电综合告警。

光电侦察告警以被动工作方式为主，具有目标定向精度高、反应速度快等特点。其定向精度一般根据实际需要而选定，一般情况下，定向精度做到十几度或几十度，即可满足要求。当利用光电侦察告警信息引导跟踪瞄准装备时，则需要目标定向精度达到毫弧度量级。光电侦察告警的反应时间可做到毫秒量级，具有实时性。

光电侦察告警有多种体制，装载于飞机、舰船、战车、卫星、固定目标等多种平台上，快速判明威胁，确定威胁特性和来袭方位信息，实时向武器平台提供威胁告警信息，以采取必要的对抗措施或规避行动。光电侦察告警的缺点是作用距离较近，全天候工作能力较差，不适合在雨天和雪天情况下工作。

6.1.2　光电侦察告警的频谱范围

在人类的各种感觉器官中，眼睛从周围环境获取的信息最多，占感觉信息总量的 80%～90%。毫无疑问，光是人类获取信息的最重要的渠道，也是获取敌情和战场信息的最重要通道。但是，人眼所利用的可见光只占光学频谱中的极窄频段（见图 6.1），还有大量光学信息不能为人眼所探知。然而，现代电子技术的高度发达，尤其光电技术的发展，极大地加快了对光波段的开拓和利用，光电侦察的频谱范围也从最早的可见光波段向两端不断延伸。由于可见光之外的某些频谱更能反映物体的某些显著特征，所以在军事上得到了广泛发展和应用，光电侦察技术也成为现代军事技术的一个重要方面。

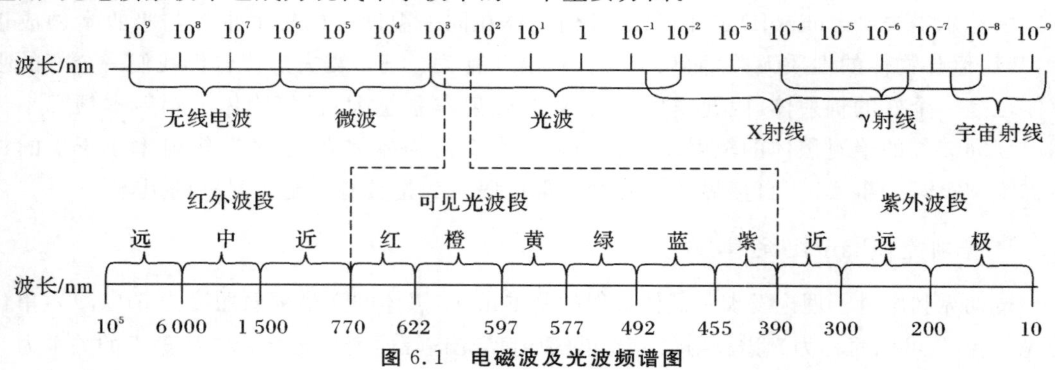

图 6.1　**电磁波及光波频谱图**

当光辐射在大气中传输时，由于大气的吸收和散射，会使辐射发生衰减。大气的吸收，将使一部分辐射变换成其他形式的能量。大气的散射，将使一部分辐射偏离原来的方向，并且改变辐射的偏振度，从而减弱了辐射强度。红外线在大气中传播时，不同红外波长衰减不同，衰减的程度可以由透射系数来反映，图 6.2 展示了不同波长的红外线在大气中对应的透射系数，可以看出，在红外波长为 1～3 μm、3～5 μm、8～14 μm 时形成了传输衰减较小的窗口。

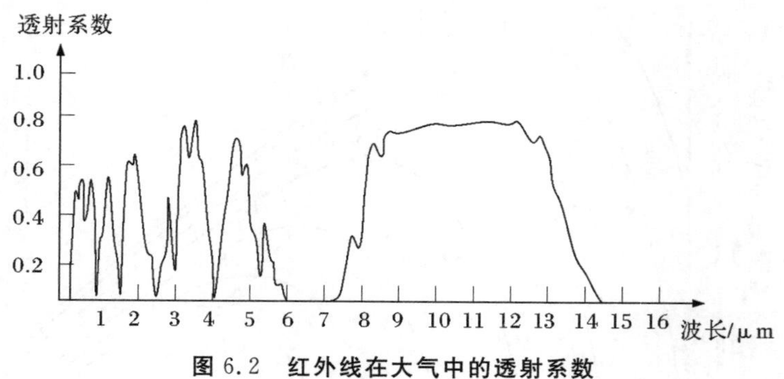

图 6.2　**红外线在大气中的透射系数**

6.1.3　黑体辐射基本定律

物体以电磁波的形式向外发射能量称为辐射，所有物体对外都有能量辐射，从能量守恒

的观点来说，维持辐射必有能量来源，处在热平衡状态的物体在一定温度下的辐射称为平衡热辐射，简称热辐射。所有的物体在任何温度下都有热辐射，只是不同温度下物体辐射能量的多少不同，能量按波长的分布有所不同。

任何物体向外辐射能量的同时，也吸收照射到该物体上的辐射能。对于不透明物体，照射到物体上的辐射能，一部分被反射，一部分被吸收。吸收的辐射能与入射的辐射能的比值称为吸收本领，它也随物体的温度和入射辐射能的波长而变化，而且还与物体的性质有关。有的物体对各种波长的辐射强烈吸收，这种物体在白光照射下呈黑色，有的物体对所有波长的辐射都很少吸收，这种物体在白光照射下强烈反射，呈白色，有的物体选择性地吸收某些色光，反射的则是其互补色光。

由基尔霍夫(Kirchhoff)定律可知，任何物体在同一温度下的辐射本领与吸收本领成正比，其比值与物体的性质无关，而只与波长和温度有关。基尔霍夫定律告诉我们一个好的吸收体也是一个好的辐射体，因此越黑的物体，其辐射本领越大；任何物体的辐射本领都小于同温度同波长的绝对黑体的辐射本领。辐射率为 1 的物体称为“黑体”，辐射率小于 1 的物体称为“灰体”。事实上，自然界的所有物体都可以认为是具有一定辐射率的黑体。

1. 普朗克(Planck)定律

普朗克利用量子理论发现了黑体辐射的基本定律，黑体的光谱辐射照度为 $M(\lambda,T)$，单位为 $W\cdot\mu m^3$，可以简称为光谱辐射度或光谱辐照度，光谱辐照度与波长 λ 和温度 T 的关系为

$$M(\lambda,T)=\frac{C_1}{\lambda^5\left(e^{\frac{C_2}{\lambda T}}-1\right)} \tag{6-1-1}$$

式中：$C_1=3.741\ 5\times10^{-4}\ W\cdot\mu m^2$；$C_2=1.438\ 8\times10^4\ \mu m^4\cdot K$；$\lambda$ 表示波长；T 表示黑体温度。

根据普朗克定律，光谱辐射度与温度的关系曲线如图 6.3 所示。

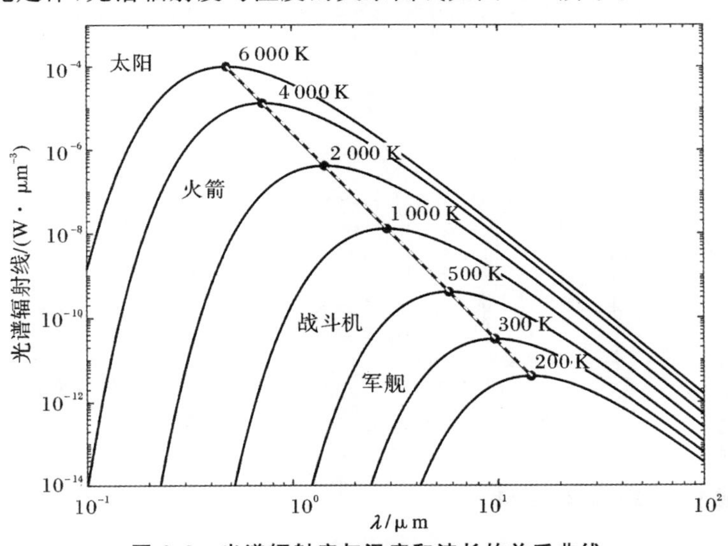

图 6.3　光谱辐射度与温度和波长的关系曲线

2. 维恩(Wien)位移定律

在任何温度下,黑体辐射本领的峰值波长与绝对温度成反比。将式(6-1-1)对波长 λ 求偏导数,并令之等于零,其出其 λ 值,此时的 λ 即峰值波长 λ_m,则

$$\lambda_m = \frac{a}{T} \tag{6-1-2}$$

式中:a 为常数,$a=2\ 897.8\ \mu m \cdot K$。

维恩位移定律说明,随着温度升高,辐射峰值波长向短波方向移动,如图 6.3 中的虚线所示。

3. 斯特藩-玻尔兹曼(Stefan - Boltzmann)定律

斯特藩-玻尔兹曼描述了黑体辐射的总功率随其温度的变化规律,即黑体的总辐射本领与绝对温度的 4 次方成正比。将式(6-1-1)对波长 λ 从 0→∞取积分,就可求得温度为 T 的黑体在单位面积上向半球空间辐射出的总功率,则有

$$M = \int_0^{\infty} M(\lambda, T)\mathrm{d}\lambda = \sigma T^4 \tag{6-1-3}$$

式中:$\sigma = 5.669\ 7 \times 10^{-20}\ W \cdot \mu m^{-2} \cdot K^{-4}$。

斯特藩-玻尔兹曼定律给出了波长从 0→∞的总辐射功率。但在实际工程问题中,经常遇到的问题是要计算某一波段 $\lambda_1 \sim \lambda_2$ 范围内的辐射度 $M_{\lambda_1 \sim \lambda_2}$,或计算该波段内的辐射功率占总辐射功率的百分比。

6.1.4 光电侦察告警的基本方法与分类

1. 光电侦察的基本方法

目前,人们常用的光电侦察的方法有以下几种。

(1)利用目标的瞬时光谱和光谱能量分布特征来检测和识别目标。例如,导弹发射时产生的尾焰在红外波段的 2.7 μm 处有个辐射峰值,在 4.2 μm 处附近有“红”(4.35~4.5 μm)与“蓝”(4.17~4.2 μm)两色的辐射峰值。这是探测与识别导弹发射的特征光谱。

(2)利用目标红外辐射能量的时间特征进行鉴别。例如,导弹从发射段、助推段到被动段,其红外辐射能量具有逐步减小的特点。

(3)综合利用目标的光谱和红外辐射能的时间特征进行相关鉴别以降低虚警率。

(4)采用光电成像技术来检测与识别目标,这类方法可显著提高对目标的识别能力,大大降低虚警率。

(5)利用相干光干涉原理探测激光的存在以及其方位和编码特征等。

2. 光电侦察的分类

光电侦察告警可按工作方式、工作波段(或功能)、传感器体制等不同方式分类,如图6.4 所示。

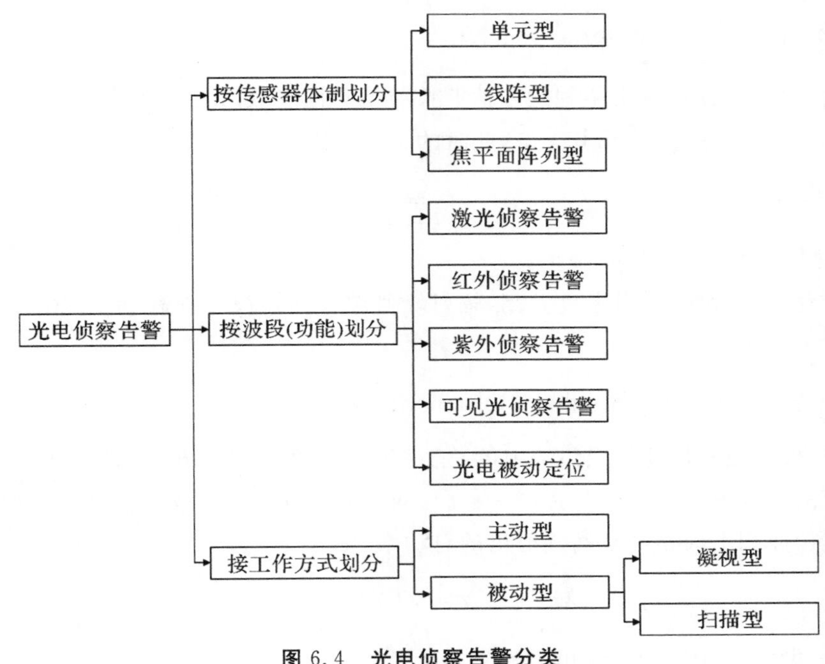

图 6.4 **光电侦察告警分类**

(1)按工作方式划分,可分为主动型和被动型两种形式,大多采用被动型。被动型又分凝视型和扫描型两种形式。

(2)按工作波段(或功能)划分,可分为红外侦察告警、紫外侦察告警、激光侦察告警、可见光侦察告警等几种形式。激光属于特殊光源,具有多种体制和辐射波长。

(3)按传感器体制划分,可分为单元型、线阵型、焦平面阵列型等几种形式。

6.1.5 光电侦察告警装备的主要指标

光电侦察告警装备的主要指标包括工作波段(或波长)、目标定向(或定位)范围和精度、探测距离、探测概率、虚警率、反应时间等,表 6.1 列出了典型光电侦察装备的主要指标。

表 6.1 **典型光电侦察告警装备的主要指标**

装备名称	主要指标				
	工作波段(或波长)/μm	定向/定位精度	探测距离	反应时间	虚警率
扫描红外告警	3～5,8～12	度量级	十几千米	秒级	较高
凝视红外告警	3～5,8～12	度量级	十几千米	数十毫秒	
概略紫外告警	0.2～0.3	数十度量级	数千米	百毫秒	低
成像紫外告警	0.2～0.3	度量级	数千米	百毫秒	
概略激光告警	1.06、1.54、10.6	数十度量级	十几千米	毫秒	
成像激光告警	1.06、1.54、10.6	毫弧度量级	十几千米	数十毫秒	
激光主动侦察	1.06、10.6	毫弧度量级	数千米	毫秒	

6.1.6　光电侦察告警的关键技术

1. 大视场低虚警率红外告警技术

红外侦察告警涉及的技术领域较宽，包括红外目标及背景红外辐射特征研究、红外探测器技术、光学设计技术、光机扫描技术、信号与信息处理技术、图像处理技术、低温制冷技术等。目前，红外告警主要工作波段是 3～5 μm 和 8～14 μm。探测飞机发动机和导弹尾焰一般选取 3～5 μm 波段，探测飞机蒙皮和熄火导弹则选取 8～14 μm 波段。探测 3～5 μm 波段一般选用锑化铟和碲镉汞器件，探测 8～14 μm 波段一般选用碲镉汞器件。红外告警一般要求有大的搜索视场，而红外目标的背景十分复杂，这就给目标识别带来了困难。采用大口径广角光学设计、高增益低噪声放大、图像处理等技术，可有效提高探测概率、降低虚警率。

2. 高灵敏度低虚警率大动态范围激光告警技术

提高探测灵敏度是激光告警技术所期望的目标，但提高探测灵敏度的同时，却容易带来虚警率的提高，这是一对相互矛盾和制约的指标。另外，对于探测灵敏度较高的激光告警装备，在探测较强的激光信号时，可能因信号过强而引起饱和或损坏。能够兼顾微弱信号和较强信号的能力，称作激光告警的动态范围。高灵敏度、低虚警率、大动态范围，是激光告警技术追求的三个重要指标，达到三个指标的最佳化，是激光侦察告警的关键技术。

3. 微弱紫外光探测技术

紫外告警工作波段选取导弹羽烟（羽烟指的是从导弹尾部连续排出外形呈羽状的烟体，也称烟流）的紫外辐射，这是太阳辐射在地球表面附近的日盲区，因而紫外背景简单。但导弹羽烟紫外辐射也十分微弱，因而需要对目标进行极微弱信号（光子）检测，为了确保在日盲区进行光子图像检测，光学接收和光电转换的几个重要环节需重点设计。

4. 激光主动侦察目标识别技术

激光主动侦察是通过分析目标回波的信号特征来获取目标信息的。基于光学系统对入射激光存在后向反射的“猫眼”效应，可以获得光学观瞄装备和光电传感器的位置、工作波段、扫描体制等信息。

5. 光电侦察告警组网技术

光电侦察告警多用于平台自卫和重点目标防护系统，其主要缺点是设备作用距离有限，全天候工作能力较差，容易受到雨水、露水等天气条件的影响，成像分辨率低。将各种光电侦察告警装备进行组网，可大大提高光电侦察装备的区域警戒能力和全天候作战能力，实现大纵深侦察、平台间相互支援的联合作战效能。

6. 天基光电侦察技术

现代战争已逐步形成以全方位战场感知为主导，精确打击为主要攻击手段的陆、海、空、

天一体化作战模式。照相侦察卫星利用可见光或红外侦察手段,可分辨出战场上的各种细节。装载于同步轨道卫星的星载导弹预警系统,采用红外或紫外预警探测技术,可实现对洲际导弹的来袭进行预警。发展天基光电信息获取技术已成为一项迫切的军事需求。

7. 超光谱侦察技术

基于获取目标的方位和光谱三维信息的超光谱光电侦察技术,可在100～200个连续谱段进行成像侦察,识别目标的光谱特征,获取常规探测手段难以得到的目标信息。

8. 微透镜和微扫描技术

在成像型光电侦察告警技术中,采用微透镜阵列成像光学系统,可大大减小装备的体积和质量,从而实现侦察告警装备的小型化;采用微扫描技术,可显著提高光电探测的图像分辨力,从而增强光电侦察告警系统的目标识别能力。微透镜和微扫描技术将成为成像型光电侦察告警技术的一个新的发展方向。

6.2 激光侦察告警技术

以激光为信息载体,发现敌方光电装备、获取其“情报”并及时报警的军事行为称为激光侦察告警。实施激光侦察告警功能的装备称为激光侦察告警器。激光告警设备主要由激光光学接收系统、光电传感器、信号处理器、显示与告警装置等部分组成,测量敌方激光辐射源的方向、波长、脉冲重复频率等技术参数。

如果上述作为信息载体的激光系由我方发射,则称为主动方式;若是由敌方发射,则称为被动方式。相对于其他告警方式而言,激光侦察告警具有许多优点。例如,它探测概率高而虚警率较低,反应时间短;动态范围大,覆盖空域广,能测定所有可能的军用激光波长(频带宽);体积小,价格便宜等。

为实时识别敌方激光辐射源和提供决策信息,激光告警器一般带有依据平时情报侦察建立的激光威胁数据库或专家决策系统。前者存放敌方激光威胁源的基本参数,后者为决策提供支撑。

激光侦察告警器的战术技术性能通常包括以下5项指标。

(1)告警距离(或作用距离):当告警器刚好能确认存在威胁时,威胁源至被保护目标的最大距离。

(2)探测概率:当威胁源位于告警器视场内时,告警器能对其正确探测并发出警报的概率。

(3)虚警与虚警率:虚警系指事实上不存在威胁而告警器误认为有威胁并错误发出的警报。发生虚警的平均时间间隔的倒数叫作虚警率。

(4)搜索空域(或视场角):告警器能有效侦察威胁源并告警的角度范围。

(5)角分辨率:告警器恰能区分两个同样威胁源的最小角间距。例如,某告警器的角分辨率为45°,这就是说,它只能区分角间距不小于45°的两个相同威胁源。换言之,它表示威胁源角方位的精度为45°。

6.2.1　主动式激光侦察告警

激光主动侦察是通过向侦察目标发射激光并分析回波信号特征获得目标信息的光电侦察技术。通常情况下，激光主动侦察是指利用被侦察光学系统对入射激光存在较强的后向反射的原理，即所谓的"猫眼"效应，通过分析和处理回波激光信号的特征，提取所需的目标信息。采用这种方法可以获得目标位置、工作波段、扫描频率等信息，为实施干扰提供依据。

望远镜等观瞄装备的分划板或光电侦察装备的传感器光敏面等通常位于光学系统的焦平面附近，对来自远处的激光会产生部分反射。这个反射光会通过光学系统沿入射光路返回(见图 6.5)，这种特性称之为"猫眼"效应。图中，G 为分划板或探测器的光敏面，L 为等效物镜，OO'为其光轴，C 为光学焦点。

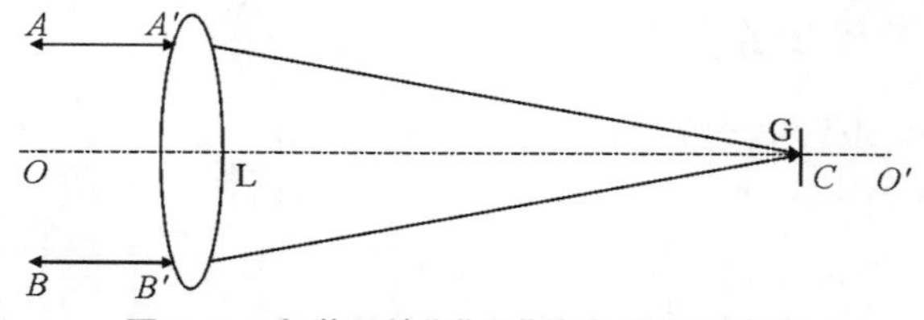

图 6.5　光学系统"猫眼"效应原理示意图

由于光学系统具有圆对称性，光束 AA'汇聚于 C 点、被光敏面反射后沿 CB'传播，光束 BB'汇聚于 C 点，被光敏面反射后沿 CA'传播。所以，光敏面产生的部分反射光就以镜面反射方式，近似按原路返回。通常分划板或光敏面都不是正好位于焦点上，有时是由于安装误差引起离焦，有时则是有意离焦放置(如四象限探测器)，这种离焦效应会引起后向反射回波的发散，降低回波强度。

主动侦察的激光波长应与敌方光学或光电装备工作波段相匹配，这是"猫眼"效应的基本要求。目前，主动式激光侦察主要使用 1.06 μm 和 10.6 μm 两个波长，因而只能探测工作波段也包含这两个波长的光电设备。激光主动侦察装备通常由高重频激光器、激光接收装置、光束扫描系统和信号处理器组成(见图 6.6)。

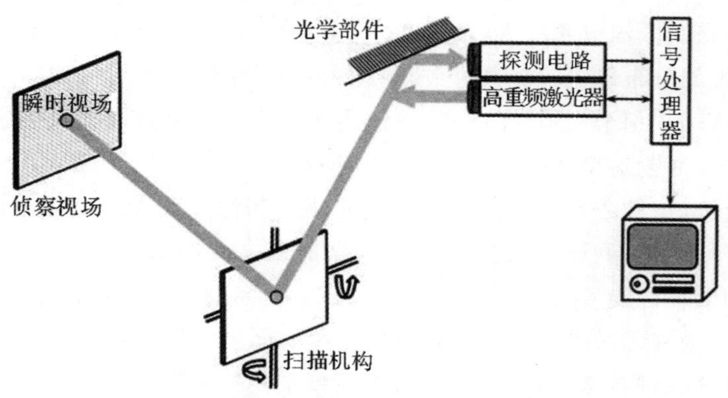

图 6.6　激光主动侦察装备组成及工作原理

激光主动侦察装备利用高重频的激光束对侦察的区域进行扫描，在扫描到光学和光电

装备时，由于其“猫眼”效应，对入射激光产生的后向反射光比一般目标的漫反射强得多。因此，信号处理器通过一定的信号处理方法，抑制掉漫反射目标的回波信号，达到侦察光学和光电装备的目的。

现代战场大量使用光学和光电装备，如望远镜、激光测距机、电视跟踪仪、红外热像仪以及各种光电制导武器等。对光学和光电装备进行侦察、定位，并及时采取对抗措施是十分必要的。美国的“魟鱼”系统就带有激光主动侦察功能，工作时，首先利用 1.06 μm 的高重频低能量激光对关注区域进行扫描侦察，一旦发现目标，立即启动大功率激光对目标实施致盲干扰。美国空军的“灵巧”激光定向红外对抗(DIRCM)系统采用“闭环”技术，首先利用激光主动侦察向导引头发射激光，然后分析反射信号，确定导弹种类，选择干扰方式，以便最有效地对抗制导武器。

6.2.2 被动式激光侦察告警

激光侦察告警是利用光电接收与信号处理技术，获取来袭激光威胁信息参数的军事行为。目前，主要的激光威胁源有激光测距机、激光目标指示器、激光雷达、高能激光武器等。激光侦察告警装备可获取的激光威胁源的主要参数有激光波长、激光来袭方位、激光能量等级、激光制导信号脉冲编码形式等。

激光侦察告警是光电对抗的基本装备，适用于固定翼飞机、直升机、车辆、舰船等军事平台的自卫告警，以及地面重点目标的防护告警。激光告警甚至可用于单兵作战，图 6.7 是单兵佩戴激光告警头盔。随着强激光武器迅速发展，激光对光学侦察卫星的威胁日益严重。星载激光告警也已成为迫切需求。

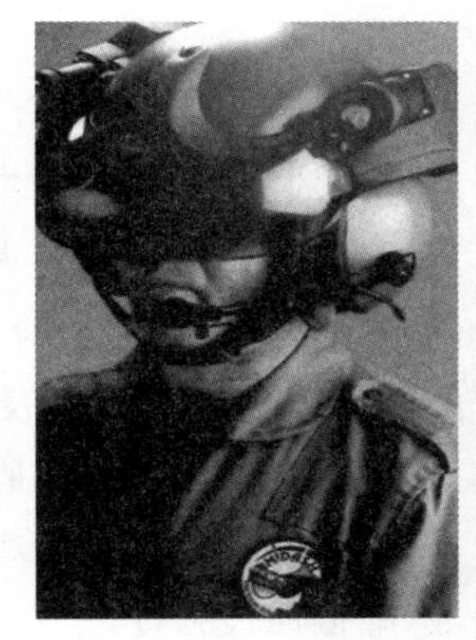

图 6.7　单兵佩戴激光告警头盔

1. 激光威胁源分析

自 1960 年第一台红宝石激光器问世不久，激光就以其优越性能迅速应用于军事领域。激光的发光机理是受激辐射光放大，按发光介质划分有固体激光器、气体激光器、半导体激光器等，激光波长的分布覆盖了从紫外到远红外的各个波段，甚至包括 X 光波段。激光的突出特点是单色性好、相干性强、亮度高、发散角小。根据不同需要，激光器有连续输出型、准连续输出型和脉冲输出型几种类型。采用调 Q 技术的脉冲激光器，其激光脉冲宽度可做到微秒到纳秒量级，这种激光器被广泛用于微光测距和激光制导。Q 值是评定激光器中光学谐振腔质量好坏的指标——品质因数，可将 Q 值定义为在激光谐振腔内，储存的总能量与腔内单位时间损耗的能量之比，调 Q 即可定义为调腔内损耗。调 Q 技术又叫作 Q 开关技术，是将一般输出的连续激光能量压缩到宽度极窄的脉冲中发射，从而使光源的峰值功率可提高几个数量级的一种技术，目的是为了获得高峰值功率的窄脉宽脉冲激光。表 6.2 列出了典型激光威胁源的主要参数。对于表 6.2 中的激光体制，“连续”是指持续输出；“准连续”是指脉冲输出，但是脉冲的占空比比较大；Q 脉冲指的是通过调 Q 技术产生的脉冲。

表6.2　典型激光威胁源的主要参数

激光威胁源	主要参数			
	激光波长/μm	激光体制(连续或脉冲)	能量等级	重频或编码形式
激光测距机	1.06、1.54、1.57、10.6	Q脉冲	十毫焦量级	单次
激光目标指示器	1.06	Q脉冲	百毫焦量级	每秒数十次,编码
高能激光武器	1.06、1.316、3.8、10.6	Q脉冲、连续	数焦耳量级	单次或重频
激光雷达	1.06、10.6	准连续、连续	数十瓦量级	重频
激光探测	1.06、10.6	Q脉冲、连续	十毫焦量级	高重频

激光通过大气传输时,会发生折射、吸收和散射等效应。折射是因大气密度分布不均匀而出现的激光传输路径弯曲的现象,它使光程加长、光束角发生变化。吸收是因激光与大气物质发生相互作用而引起激光能量衰减,大气对激光的吸收是由大气分子吸收光谱特性决定的,这一吸收特性较为复杂,且吸收系数强烈依赖于光波频率(波长)。军用激光器大多选用工作波长处于大气衰减较小的波段范围(通常称为大气窗口)的激光源,表6.2中所列的激光威胁源的工作波长都是处于这些波段范围的。散射是由大气分子、气溶胶粒子和湍流不均匀性产生的,属弹性散射,其散射光频率与入射光频率相同。分子散射又称瑞利散射,其散射截面与入射光波长的四次方成反比,因此在短波长区分子散射对激光传输影响很大,在长波长区影响较小。实际上,激光告警往往是利用激光的散射效应。当告警器灵敏度足够高时,可探测到极其微弱的激光散射信号,这样可大大提高告警器的警戒范围(见图6.8)。

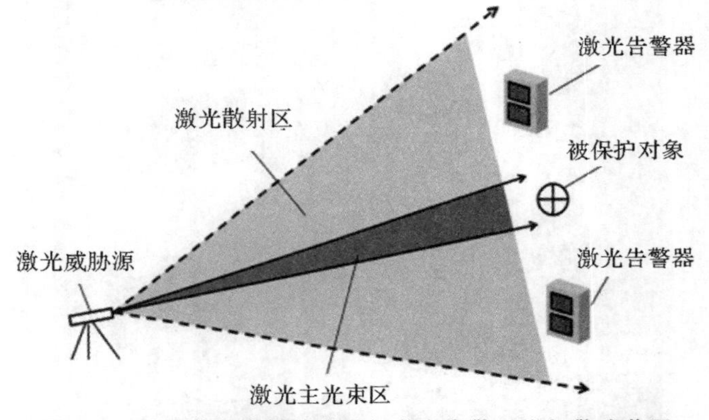

图6.8　利用激光散射效应进行激光告警以增加警戒范围

2.激光探测器

激光侦察告警所采用的光敏器件种类一般根据告警波段和告警器体制而定。对可见光和近红外激光进行告警,通常采用PIN硅光电二极管、硅雪崩二极管、CCD阵列探测器等。对中波红外激光进行告警,通常采用锑化铟和碲镉汞探测器。对长波红外激光进行告警,则多采用碲镉汞探测器。目前,激光告警的对象通常是Q脉冲YAG激光(波长1.064 μm)和Q脉冲CO_2光(波长10.6 μm)。对YAG激光,通常采用PIN硅光电二极管或硅雪崩二极管探测器件,对CO_2激光,通常采用碲镉汞探测器件。

3. 激光告警装备

激光侦察告警通常采用被动工作方式，通过接收激光威胁源直接照射或大气分子散射的激光信号，进行威胁告警。根据激光侦察告警的不同用途，可分为概略接收和成像接收两种体制，在需要进行激光波长识别的情况下，通常采用相干探测的方法。

(1)概略型激光侦察告警。概略型激光侦察告警是一种比较成熟的告警体制，国外在20世纪70年代就进行了型号研制，80年代已大批用于装备部队。概略型激光告警装备通常由几个探测单元列阵组成，每个探测单元负责监视一定的空间视场，相邻单元视场间形成交叠，构成大空域监视。探测单元的数量和分布决定了告警装备的告警视场和角度分辨力。探测单元数越多，其角度分辨力(即定向精度)越高，一般的激光告警装备角分辨力通常为10°～30°。概略型激光告警装备技术体制结构简单、灵敏度高、视场大、响应速度快，适合定向精度要求不高的应用场合。图6.9所示为瑞典装载于装甲车上的概略型激光告警系统LWS-310和LWS-500。其中，LWS-310由4个探测单元组成，每个探测单元的告警范围为水平110°、俯仰80°，方位分辨力为7.5°。4个探测单元组合起来完成水平360°全方位告警。LWS-500与LWS-310配合使用，它负责上半空域的激光告警，并与LWS-310告警信息进行相关处理，去除复杂地物环境对激光信号的多次反射效应。该系统的告警波段为0.5～1.7 μm。

图6.9　概略型激光告警系统 LWS-310 **和** LWS-500

激光探测单元通常由光学滤光片、光阑、光电探测器、信号放大电路等组成(见图6.10)。光学滤光片用于限定特定波长的激光信号进入传感器，滤除其他干扰光；光阑主要起限定探测单元接收视场作用，同时也有消除杂散光作用；光电探测器是探测单元的核心器件，经光电转换将入射的激光信号转换为微弱的电信号；信号放大电路将探测器传出的微弱电信号放大成可进行数字信号处理的大信号。

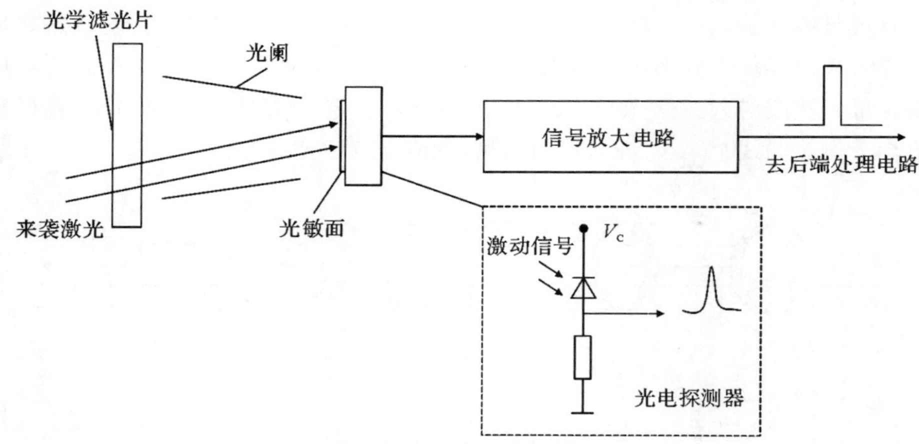

图 6.10　激光探测告警单元组成

(2)成像型激光侦察告警。在一些对激光告警定向精度要求较高的场合(如利用激光告警信息引导定向干扰装备),采用概略型告警已不能满足要求,此时应采用成像型激光告警。成像型激光告警装备一般由成像透镜、光学滤光片、面阵探测器件和处理及显示电路组成(见图 6.11)。其测向的基本原理是通过解算光斑位置,确定激光入射方向。成像型激光侦察告警的探测视场和定向精度,取决于面阵器件的像素元数和光学系统的焦距,定向精度通常可做到毫弧度量级。该技术体制角度分辨力高、体积小、功耗低。通过复杂的信号处理,可以有效提高探测灵敏度和降低虚警率。主要缺点是实时性差、动态范围小、成本较高。

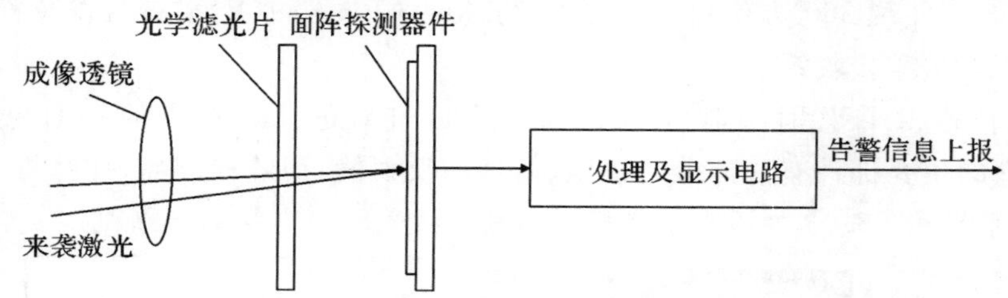

图 6.11　成像型激光告警组成

(3)相干检测型激光告警。在需要对来袭激光进行波长识别的场合,一般采用相干检测型激光告警。相干检测型激光告警是利用激光相干性能好的特点,采用典型干涉仪原理,对来袭激光信号进行检测。这种装备的优点是可测定激光波长,虚警率低,角度分辨力高;缺点是视场小,系统复杂,工程化难度大。典型的相干检测型激光告警装备有 F－P(法布里-珀罗)型激光侦察告警器和迈克尔逊型激光告警器。

1) F－P 相干识别型激光告警。F－P 相干识别型激光告警器是基于 F－P 标准具的多光束干涉原理而工作。其主要部件有可摆动的 F－P 标准具、透镜、探测器、鉴频器、计算机、警示装置、记录装备等。图 6.12 为 F－P 相干识别型激光告警的工作原理。

图 6.12(a)中,标准具可绕 z 轴偏转,且偏转角 θ 可以精确测量。当激光入射标准具时,探测器接收到透射多光束的干涉能量;若相邻两光束的光程差为波长的偶数倍时,则探测器收到的光强度最高;若相邻两光束的光程差为波长的奇数倍,则探测器收到光强度最低。在其他情况下,探测器收到的光强度介于最大值与最小值之间。

若令标准具绕 z 轴以一定幅度周期性摆动，则两相邻光束之间的光程差就随之呈周期性变化。导致探测器接收到的光强也同步变化，如图 6.12(b)所示。图中 A 点所对应的摆动角必是标准具法线与入射激光平行的情况。因此，标定 A 点所对应摆动角，就得到来袭激光的方向。测定曲线上 A 点与 B 点的间隔，就能计算激光的波长。

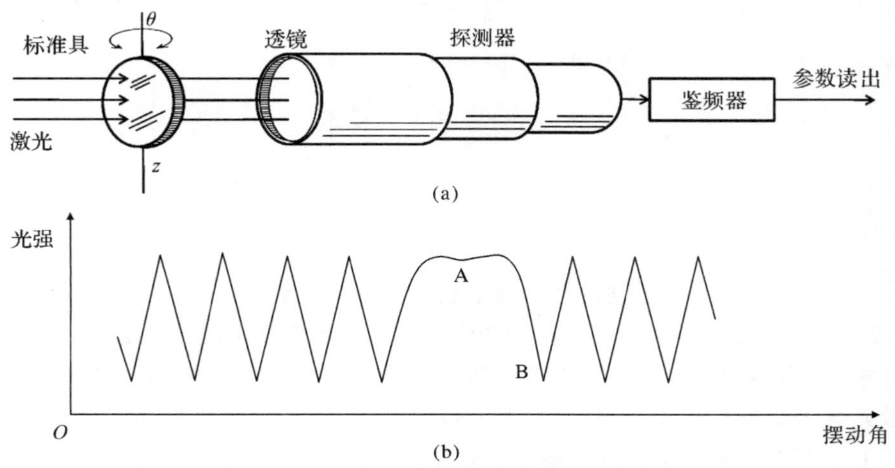

图 6.12 F-P 相干识别型激光侦察告警工作原理

(a)工作原理；(b)光强随摆动角变化趋势图

美国 AN/AVR2 型侦察告警机是相干型激光告警装备的典型代表，它有四个探头和一个接口比较器，可实现 360°方位角空域覆盖，与 AN/APR-39(V)雷达告警装置联机，构成激光和雷达综合告警接收系统。

2)迈克尔逊相干识别型激光告警器。1980 年，美国研制成的一种激光告警器(LARA)。它的主要部件有立方分光棱镜、两球面反射镜、面阵探测器、计算机、监视器、警示装置和控制器。图 6.13 为迈克尔逊相干识别型激光侦察告警工作原理。

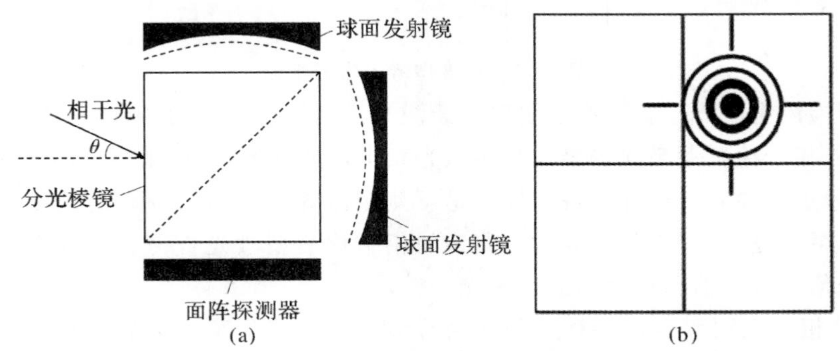

图 6.13 迈克尔逊相干识别型激光告警器工作原理

(a)迈克尔逊相干识别型结构示意图；(b)探测器面阵

来袭激光经分光棱镜分为两束，各自由球面反射镜反射后再次进入分光棱镜会合并发生干涉，在探测器面阵上形成“牛眼”状干涉环[见图 6.13(b)]。经计算机处理，由同心圆环的圆心位置可以算出来袭激光的入射方位角，根据圆环间距可以计算激光的波长。

(4)光纤延迟型激光告警。光纤延迟型激光告警实际上也是一种概略型激光告警。图

6.14 为德国 MBB 公司研制的一种光纤延迟型激光告警器结构图。

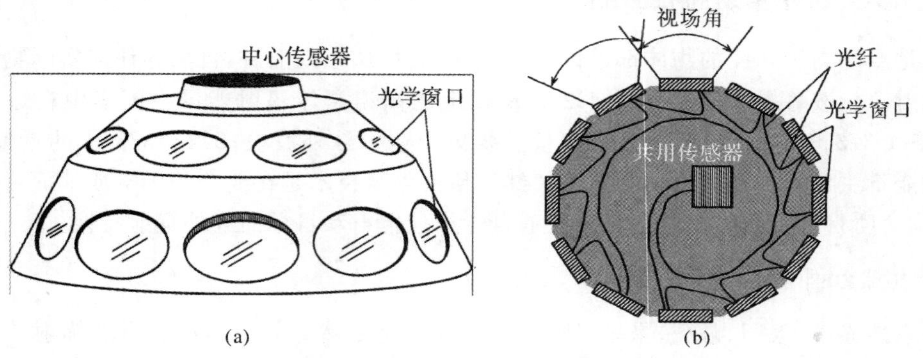

图 6.14 光纤延迟型激光告警器结构图

(a)告警器探测单元分布图;(b)告警器内部截面图

图 6.14 中,整个告警器仅使用了两个光电传感器:一个为中心传感器,位于告警器顶部,可接收上半空域来袭的激光信号;另一个为共用传感器,它通过集束光纤接收来自不同方位来袭的激光信号。每根光纤的前端与告警器单元探测窗口相耦合,接收来袭的激光信号。各光纤的长度呈等差分布,差值为 5 m,光纤末端集束后与共用传感器光敏面相耦合。

当来袭激光从某一方向照射告警器时,中心传感器首先接收到激光信号,以此信号作为“触发信号”启动计时器件开始计时。来袭的激光信号同时也被告警器上负责相应方位警戒的单元探测窗口接收,所接收信号经过光纤延迟一段时间后,照射在共用传感器光敏面上,以此信号作为“关闭信号”结束计时器件计时,其计时数据 τ 即光纤延迟时间,如图 6.15 所示。光纤长度不同,延迟时间也不相同,通过分析延迟时间即可判定激光威胁的来袭方位。德国 MBB 公司的光纤延迟型激光告警器有 36 个探测单元,最长一根光纤长度为 185 m,最长的延迟时间为 1 μs 左右,不影响告警信息的实时性。多个探测单元使用一个公共传感器,有利于降低告警装备的虚警率,提高告警单元性能的一致性。

图 6.15　光纤延迟时间

6.3　红外侦察告警

红外侦察告警通过红外传感器探测飞机、导弹、炸弹或炮弹等目标本身的红外辐射或该目标反射其他红外辐射源的红外辐射,并根据测得数据和预定的判断准则发现和识别来袭的威胁目标,确定其方位并及时告警,以采取有效的对抗措施。

6.3.1 红外辐射特性分析

凡是温度高于 0 K 的物体都可以发出红外辐射，从原则上讲，自然界任何实际物体都是红外辐射源。按着黑体辐射原理，1 273 K 以上的高温黑体辐射能量主要集中在近红外波段 373～1 273 K 的中温，黑体辐射能量主要集中在中红外波段；223～373 K 的近室温，黑体辐射能量主要集中在中远红外波段。红外侦察告警技术是在复杂的天空或地面背景中探测、识别威胁目标，因此，需要分析背景的自然红外辐射和目标的红外辐射特性。

1. 自然红外辐射

在自然界中，太阳、月亮、星星、地面、云层等均是自然红外辐射源。自然辐射源会对红外侦察告警装备造成严重干扰，应在充分分析自然辐射源辐射强度和光谱的基础上，在技术上采取必要的处理措施。

(1) 太阳辐射。太阳是最强的自然红外辐射源，其辐射光谱从波长 10 nm 或者更短的 X 射线一直延伸到波长大于 100 m 的无线电波。在距太阳平均日-地距离处测得太阳的能量有 99.9%是集中在 0.217～10.94 μm 波段，其中约有 50%的能量集中在红外区域，40%的能量在可见光部分，9%的能量在紫外波段。但由于地球大气的吸收，到达地球表面的太阳辐射主要在 0.3～3 μm 波段。

(2)地面辐射。在白天，地球表面的红外辐射由两部分组成，即地球本身的热辐射和反射的太阳辐射，这种辐射的光谱分布具有两个极大值，一个在 0.5 μm 处，另一个在 10 μm 处，前者是反射太阳辐射所产生的，后者是相应于地表温度为 288 K 的地球本征辐射所引起的，两者之间的极小值在波长 3.5 μm 处。

在夜间，反射的太阳辐射部分消失了。此时地面辐射主要取决于地面温度、地面物质光谱发射率等。

(3)天空辐射。天空背景辐射可视为一个按朗伯余弦定律发射辐射的大扩展源，其各处的辐射亮度相同，在 3 μm 以下为大气散射的太阳辐射，3 μm 以上是大气的本征辐射。此外，在高空存在受激氢氧基(OH^+)离子以及行星和恒星的辐射。由于大气光程中的发射率与路径中的水蒸气、二氧化碳和臭氧的含量有关，因此，为了计算天空的辐射亮度，需要知道大气的温度和视线的仰角。

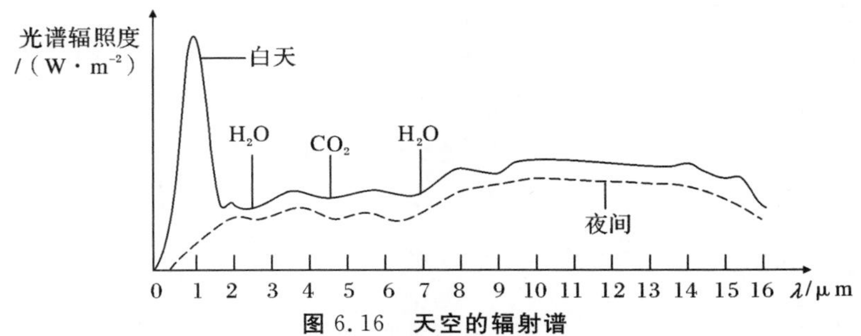

图 6.16 天空的辐射谱

晴朗天空的辐射谱(相对分布)如图 6.16 所示，从图中可以发现，由于夜间气温下降，天空背景辐射的极大值朝长波方向移动，辐射接近于具有最大辐射波长为 10.5 μm 的黑体辐

射。夜间天空背景辐射的辐亮度随观测仰角的减小而增加，在水平线附近，天空背景辐射达到最大值，其辐射谱相当于大气温度下的黑体辐射。在白天，天空背景辐射的辐射亮度比夜间大几倍，辐射极大值位于可见光波段 0.45 μm 处。实际上，天空辐射随气象条件和观测仰角的变化还将发生很大变化。

2. 目标红外辐射

目标是指红外侦察告警装备所要探测、定位或识别的特定物体，它可能是一个点辐射源，也可能是一个扩展辐射源。目标的辐射通常由两部分组成，即本身的发射辐射和对背景的反射辐射。如果是透射体，还应包括背景辐射的透射辐射。一个实际目标往往是复合体或群体，在分析其辐射特性时必须综合考虑各种因素。

(1)飞机的辐射。各种类型的飞机、导弹、火箭和卫星等空中目标都构成重要的红外辐射源，飞机的辐射主要包括发动机壳体及尾喷管辐射、尾焰(排出的废气)辐射、以及高速飞行时的蒙皮辐射。不同类型飞机的辐射强度和分布具有很大差别。螺旋桨飞机发动机外壳温度较低(80～100℃)，发射率(0.2～0.45)和辐射功率也较小，其排气管温度在接近集气管部分为 650～800℃，到接近排气口处温度降到 250～350℃，表面发射率可达 0.8～0.9。

喷气式飞机的辐射主要来源于尾喷管金属辐射和尾焰辐射，其次是高速飞行时蒙皮的辐射。尾喷管实际上是一个被排出气体加热的圆柱腔体，可以把它看作是 L/R 为 3～8 的腔形黑体辐射源，其有效发射率约为 0.9，辐射面积等于排气喷嘴面积，辐射温度等于排出气体的温度(400～700℃)。与螺旋桨飞机排出的废气一样，喷气式飞机排出的尾焰中，主要是水蒸气和二氧化碳，它们在 2.7 μm 和 4.3 μm 附近波段上有相当大的辐射，但在大气中也含有水蒸气和二氧化碳，因此在同样波段上引起大量吸收。图 6.17 所示为喷气式飞机尾部辐射光谱，除 2.7 μm 的水蒸气吸收带和 4.3 μm 二氧化碳吸收带外，其辐射光谱类似于黑体辐射，其峰值波长接近于 3.4 μm。

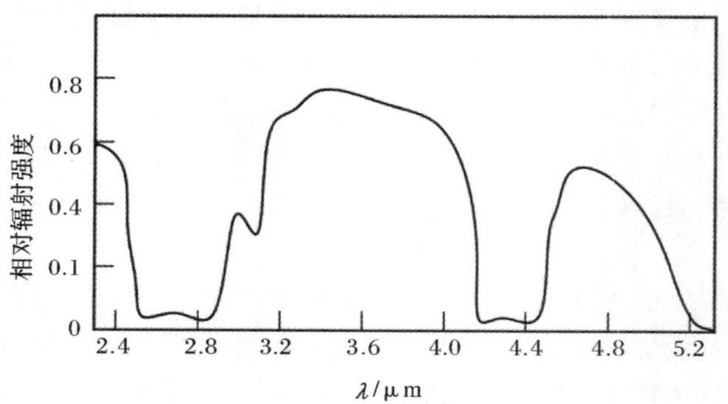

图 6.17　喷气式飞机尾部辐射光谱

当喷气式飞机的飞行速度很高时，由于空气动力加热，将使飞机蒙皮达到很高温度。飞机蒙皮温度公式为

$$T = T_0(1+0.164Ma^2) \tag{6-3-1}$$

式中：T_0 是环境温度，K；Ma 是飞机的飞行速度马赫数。

设飞机马赫数 $Ma = 1$，$T_0 = 250$ K，则其蒙皮温度可算出为 291 K。根据式 $\lambda_m = a/T$

(a 为常数;a= 2 897.8 μm·K)可以算出 λ_{max}=10 μm,属于中远红外,由于机壳表面积比较大,它辐射的功率比较大。发射后的导弹在用发动机推动阶段的红外辐射特征与飞机类似。

从亚声速到 3 倍声速的速度范围内,蒙皮辐射的波段主要分布在 8～13 μm,其次是 3～5 μm 波段。综合分析飞机的辐射特性,其主要辐射波段是 3～5 μm 和 8～12 μm。实际上,各种导弹和火箭的红外辐射也主要集中在这两个波段。红外侦察告警技术的研究也主要针对这两个波段。

(2)坦克的辐射。坦克目标特性与飞机不同,其结构、外形和作战方式等均与飞机有很大差异。此外,坦克的背景辐射特性比较复杂,既有各种地貌(山谷、河流、树木、沙漠等)的差异,又有季节变化带来的背景变化(大雪、植被四季变化等)。

坦克的红外辐射能是由大量热耗产生的,其中发动机能量的 60%损失于热耗,另外,传动齿轮也是高热集中点。坦克的辐射包括自身辐射和反射辐射两部分,其自身辐射与坦克的形状、面积、温度、辐射方向、发射率等因素有关。坦克在冬季和夏季与背景的平均温差分别是 6.9℃和 5.25℃。坦克各部位的温度各不相同,其发动机、排气管等处的温度最高。坦克在运动中,由于传动和行动装置的摩擦生热,会产生一定辐射,这些都是较强的红外辐射源。对于一般中型坦克,经长时间开动后,其表面的平均辐射温度为 400 K 左右,有效辐射面积约为 1 m^2,其全部辐射通量约为 1 300 W,辐射峰值波长 λ_m=7.245 μm。

6.3.2 红外告警系统的工作原理

1.红外探测性能指标分析

当红外告警系统工作时,红外探测器接收到的红外辐射中,除了来袭导弹的红外辐射以外,还有来自天空以及地面的其他红外辐射,红外告警系统必须能准确辨别以实现可靠告警,否则将有可能产生虚警。如果导弹逼近红外告警器对一个目标进行多次独立的侦察,目标在某段时间内被探测到,此时间段便是探测的条件概率 P_D,即在目标存在的条件下探测到目标的概率。同样,如果红外告警器在目标不存在的情况下多次进行独立的观察,在某个时间段上发出警报,这个时间段便是虚警的条件概率 P_{FA}。由于红外告警器在连续地监测整个空域,虚警将在全部时间段内随机产生。单位时间内的平均虚警次数便是虚警率(FAR)。

条件概率 P_D、虚警的条件概率 P_{FA} 和 FAR 是描述红外告警系统探测性能的关键指标,它们也是告警系统的设计参数、目标参数和环境参数的函数。在红外告警系统的设计中,要根据指定的威胁目标条件来确定这些函数的数值,所以,就需要对告警器探测电路中的信号与噪声用统计函数来描述。所需的概率函数与目标的信号特征和起主导作用的噪声源有关。在导弹逼近红外告警中,起主导作用的噪声源来自探测器噪声、电路噪声和背景噪声时,应采用高斯概率密度函数进行分析。当起主导作用的噪声源是量子噪声时,可用泊松概率函数来进行分析。由于信号辐射的量子性,在信号探测过程中存在量子噪声。另外,背景杂波也在限制目标的探测概率。因此导弹逼近红外告警系统必须具有较高的探测灵敏度。背景产生的杂波信号通常呈现出类似噪声的特性,常用统计量来描述。

对导弹来说，它具有特定的速度和加速度特征，在不同的时间段上，导弹的红外辐射特性不同，告警器可根据这些特点识别目标与干扰。导弹在飞行过程中，在较大范围内有热羽烟，不同物体发出的羽烟具有不同的调制特性，红外告警系统可以探测出这些羽烟信息，并进行识别，从而可将威胁物与其他的红外辐射源区别开。红外告警系统常用的鉴别方法有以下几种：

(1)利用目标与背景的空间特性进行鉴别；

(2)利用导弹的瞬时光谱和光谱能量分布特征来识别和检测；

(3)利用导弹红外辐射时间特征进行鉴别；

(4)利用频谱和时间相关法进行鉴别；

(5)利用导弹羽烟信息特性来鉴别；

(6)采用红外成像系统进行成像探测，降低虚警并提高识别能力。

2. 降低告警系统的虚警率

由于战场实际的要求，导弹逼近光电告警系统往往追求探测概率，但其后果往往是使虚警率增加。虚警产生于噪声和自然的背景杂波，以及虚假目标。

对于噪声和自然的背景杂波来说，可以通过最新的噪声和杂波统计特性，运用综合的信号处理算法来降低虚警率。

虚假目标是人为造成的，如地面的火焰、红外诱饵弹、炮火、飞机、威胁其他平台的导弹等。它们能满足导弹逼近光电告警系统探测目标的某些判据，但不符合全部判据。位置和速度信息是排除虚假目标最有用的鉴别参数。一个目标如果相对于背景不动，或与平台的距离增加，则就不是逼近的导弹。大多数导弹逼近告警系统为缩短响应时间，而使方向和测距精度较低。但是工作在双波段的告警系统由于采用了鉴别波段比的方法，却能够提供足够的测距精度，从而也能降低虚警率。对于距离变化量来说，辐照度随距离的逆二次方变化是更为直接鉴别导弹的信息来源。这种方法类似于波段比的方法，精度和灵敏度虽然因距离增加而减小，但在对抗战术导弹来说却是很实用的。

3. 红外探测目标截获时间

红外告警系统对所接收的红外信号强度变化过程进行分析，可以估算出导弹的距离和速度。在探测器上的辐照度 E_r 是随辐射源强度、探测距离及大气衰减而变化的，一般可用下式近似，即

$$E_r = \frac{I e^{-kR}}{R^2} + L_c \qquad (6-3-2)$$

式中：I 为目标(辐射源)的辐射强度；R 为红外告警系统至目标的距离；k 为大气衰减系数，大气衰减系数是指电磁波辐射在大气中传播单位距离时的相对衰减率；L_c 为噪声和杂波强度；E_r 为探测器上的辐照度。

该探测器辐照度 E_r 的时间导数为

$$\frac{dE_r}{dt} = -(E_r - L_c)\left(\frac{2}{R} + k\right)\frac{dR}{dt} \qquad (6-3-3)$$

式中包括距离 R、径向速度 dR/dt 等信息，因而在距离已知时，可用式(6-3-3)得到速度信

息。当距离很远时,$2/R$ 相对大气衰减系数 k 很小,所以此时大气衰减起主要作用。截获时间 $\mathrm{TTI}=-R/(\mathrm{d}R/\mathrm{d}t)$,它可用探测器辐照度的变化速率来表示,即

$$\mathrm{TTI}=\frac{2+kR}{(E_{\mathrm{r}}-L_{\mathrm{c}})\mathrm{d}E_{\mathrm{r}}/\mathrm{d}t} \tag{6-3-4}$$

图 6.18 展示了当大气衰减系数分别为 0.1 km^{-1}、0.5 km^{-1} 及 1.0 km^{-1},径向速度为 600 m/s 时,辐照度变化的速率与距离的关系。

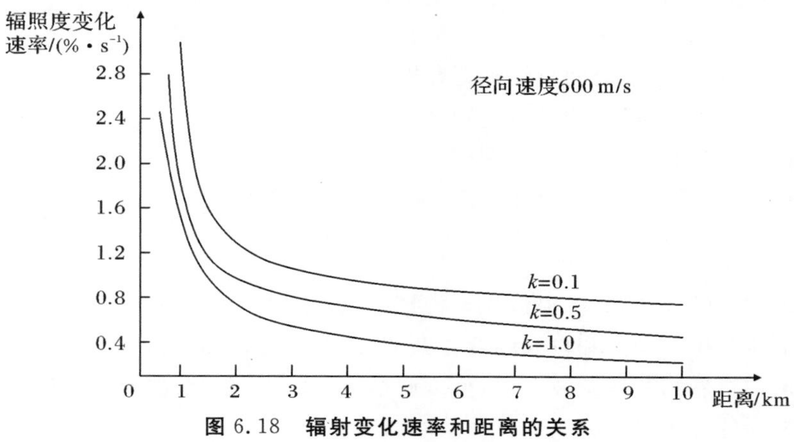

图 6.18 辐射变化速率和距离的关系

4. 灵敏度计算

对于扫描型探测器来说,为能对红外点源作最佳响应,所需的带宽可用下式近似给出:

$$\Delta f=\frac{1}{2}t_{\mathrm{d}} \tag{6-3-5}$$

式中:t_{d} 为探测器的驻留时间,由下式确定:

$$t_{\mathrm{d}}=\frac{\alpha\beta nk_{\mathrm{se}}T}{\Omega_{\alpha}\Omega_{\beta}} \tag{6-3-6}$$

式中:α 为探测器的方位张角;β 为探测器的俯仰张角;T 为帧时间;Ω_{α} 为方位总视场;Ω_{β} 为俯仰的总视场;n 为探测器元数;k_{se}为扫描效率。

凝视型探测器的驻留时间等于扫描效率与帧时间的乘积,所以凝视阵列所需的带宽比扫描阵列小得多。令 $\Omega=\alpha\beta$,告警系统的灵敏度一般由等效噪声辐照度 NEI 给出:

$$\mathrm{NEI}=\frac{2F\ (\Omega\Delta f)^{1/2}}{D^{2}{}_{0}D^{*}\tau_{0}} \tag{6-3-7}$$

式中:F 为焦距;D_0 为光路直径;D^* 为比探测率;τ_0 为光学传输率。

光路直径即光学孔径,它有三个作用:一是它直接影响告警系统的灵敏度;二是它决定系统分辨率的极限;三是它与警戒视场以及固定措施共同决定告警器的体积。

5. 红外探测距离

当知道红外告警系统的参数时,距离 R 也可以由下式求得,即

$$R=\left[\frac{\pi D_{0}(\mathrm{NA})D^{*}J\tau_{a}\tau_{0}}{2\ (\omega\Delta f)^{1/2}(S/N)}\right]^{\frac{1}{2}} \tag{6-3-8}$$

式中：D_0为光学系统入射孔径的直径；NA 为光学系统数值孔径；D^* 表示红外探测器的归一化探测率；τ_a 为大气透过率；τ_0 为光学系统透过率；ω 为红外探测器的瞬时视场角；Δf 为等效噪声带宽；J 为目标相对辐射强度；S/N 为信噪比；R 为探测距离。

式(6-3-8)中：

$$\mathrm{NA}=\frac{D_0}{2f} \tag{6-3-9}$$

式中：f 为红外探测器的焦距。

若定义信噪比 $S/N=1$ 时的距离为理想作用距离 R_0，则

$$R_0=\left[\frac{\pi D_0(\mathrm{NA})D^*J\tau_a\tau_0}{2\,(\omega\Delta f)^{\frac{1}{2}}}\right]^{\frac{1}{2}} \tag{6-3-10}$$

根据式(6-3-8)，当外界无干扰时，有

$$\frac{S}{N}=\left(\frac{R_0}{R_t}\right)^2 \tag{6-3-11}$$

式中：R_t 为实际探测距离。

设红外接收系统正常工作所需的最小信噪比为$(S/N)_{\min}$，则系统最大可探测距离 $R_{\max}$为

$$R_{\max}=\left[\frac{R_0^2}{(S/N)_{\min}}\right]^{\frac{1}{2}} \tag{6-3-12}$$

6.3.3　红外侦察告警技术的应用

1. 红外侦察告警的特点

红外侦察告警技术是靠检测威胁目标发出的红外信号来探测和定位目标的。红外侦察告警在识别目标时有以下几种机理形式：

(1)利用目标瞬时光谱和光谱能量分布特性识别和检测目标。海湾战争中，美军用导弹预警卫星探测到伊拉克“飞毛腿”导弹的发射就是利用这一原理。

(2)利用目标红外辐射的时间特性进行鉴别。如导弹在刚发射时红外辐射能量很高，助推阶段有所减弱，惯性阶段则更弱，利用此规律可以判别导弹的飞行状态。

(3)采用红外成像探测器进行成像探测。将目标的红外图像从背景环境中分离出来，使虚警概率降低，识别能力提高。

与其他告警手段相比，红外侦察告警技术主要有以下特点：

(1)多采用被动工作方式，探测飞机、导弹等红外辐射源的辐射，完成告警任务；

(2)由于采用隐蔽式方式工作，因此不易被敌方光电探测设备发现；

(3)红外侦察告警识别可靠，告警反应时间短；

(4)角度分辨力高(0.1～1 mrad)；

(5)具有探测和识别多目标以及同时进行搜索、跟踪、处理等多个任务的能力；

(6)除了告警外，还可以完成侦察、监视、跟踪、搜索等功能，与火控系统连用，还能指示目标或提供其他信息。

红外侦察告警可分为中波告警、长波告警以及多波段复合告警，中波一般指 3～5 μm 的红外波段，长波指 8～14 μm 的红外波段。

2. 红外侦察告警技术在空战中的应用

红外侦察告警技术在飞机上通常用于探测敌方飞机和导弹逼近。当它用于探测敌方飞机时，是作为光电雷达使用的。因为是被动使用，隐蔽性好，不易对它实施干扰，可以在比较远的距离上发现敌机，精确地判断目标方位，估计大致距离，并为飞行员提供指示，与雷达配合使用可以更有效地控制攻击武器对敌机实施攻击。在雷达受干扰的情况下，也可以独立控制攻击武器对敌机实施攻击。

在低空突防、空中格斗、近距支援、对地攻击、起飞着陆等状态，作战飞机易受到短程红外制导的空空导弹和便携式地空导弹的攻击。从越南战争到海湾战争的历次局部战争的统计数字表明，75％的战损飞机都是在飞行员尚未察觉处于导弹威胁中时就被击落了。可见，对导弹逼近状态实施告警的作用十分重要。红外侦察告警技术在飞机上用于导弹逼近告警系统使用时，可以探测导弹发射后的轨迹；与雷达告警系统配合使用，可以判断出发射的是红外制导导弹还是雷达制导导弹，并提示飞行员或自动控制对抗系统工作。

但中波红外导弹发射和逼近告警系统有一个比较大的缺点是一般导弹发射后发动机工作时间有限，时间长短与导弹的射程有关，在后期通常是依靠惯性飞行。由于导弹发动机不工作，没有中波红外辐射，则中波红外导弹发射和逼近告警系统将无法探测到导弹轨迹。解决的办法是采用长波红外探测系统，或采用中波、长波双模红外探测系统。

3. 红外探测器

红外探测器是红外系统中最为关键的器件之一，按工作机理划分，主要分热探测器和光子探测器两大类，目前的红外侦察告警系统通常采用光子探测器。红外探测器的性能主要由电压响应率、电流响应率、噪声电压、噪声等效功率、探测率、归一化探测率、光谱响应、响应时间、频率响应等参数描述。目前，用于红外侦察告警装备的探测器主要有锑化铟(InSb)红外探测器和碲镉汞(HgCdTe)红外探测器，锑化物(InSb)红外探测器通常工作在 77 K 下，是 3～5 μm 波段广泛使用的一种性能优良的红外探测器。碲镉汞(HgCdTe)红外探测器有室温工作型、近室温工作型和 77 K 下工作型几种类型，主要用于红外成像系统。

4. 红外侦察告警装备

红外侦察告警装备采用红外探测器件为传感器件，同时配备必要的光学系统和电子系统，用于对来袭的威胁目标进行告警。红外侦察告警装备可以安装在固定翼飞机、直升机、舰船、战车和地面侦察站等军事平台，与其他干扰装备连接可构成平台自卫系统。它还可单独作为侦察装备和监视装置，还可以与火控系统连接作为搜索与跟踪的指示器。

红外侦察告警按工作方式可分为扫描型和凝视型两类。扫描型的红外探测器采用单元器件、线列器件或面阵器件，依靠光机扫描装置对特定空间进行扫描，以发现目标。凝视型采用红外焦平面阵列器件，通过光学系统直接搜索特定空间。

红外侦察告警大多采用被动工作方式，不易被敌方光电探测装备发现，有利于平台隐身作战。它能够提供良好的目标定向角坐标精度(精度为毫弧度量级)，具有探测和识别多目

标的能力。

红外侦察告警按探测波段可分为中波告警和长波告警以及多波段复合告警，中波一般指 3～5 μm 的红外波段，长波指 8～14 μm 的红外波段。

一般来说红外侦察告警系统由告警单元、信号处理单元和显示控制单元构成。在告警单元中有整流罩、光学接收系统、光机扫描系统、制冷器、红外探测器和部分信号预处理电路，完成对整个视场空域的搜索和对目标的探测，并通过红外探测器将目标的红外辐射转换为电信号，经预处理后输出至信号处理单元，信号处理单元中一般都将信号放大到一定程度后，模数转换为数字信号，再采用数字信号处理方法，进一步提取和识别威胁目标，并输出威胁目标的方位角、俯仰角和告警信息，这些信息一方面直接送给显示控制单元，另一方面为其他系统提供信息。红外侦察告警系统工作原理如图 6.19 所示。

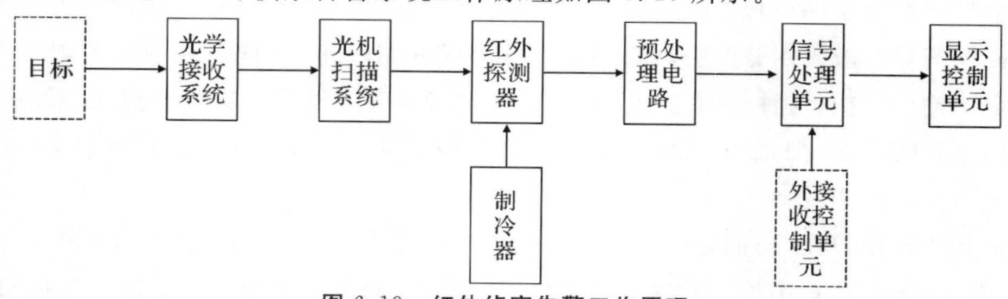

图 6.19　红外侦察告警工作原理

(1) 扫描型红外侦察告警系统。扫描型红外侦察告警系统按探测器类型(线列和面阵器件)分为线扫描型和步进扫描型两种类型。扫描工作原理如图 6.20 所示。

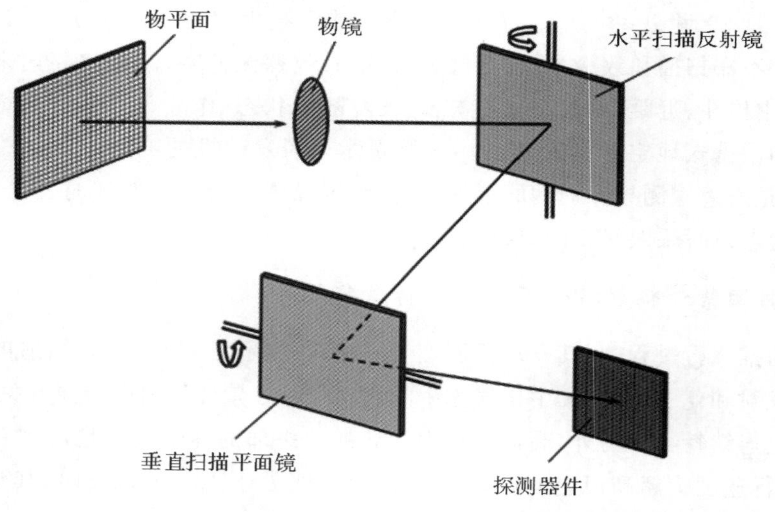

图 6.20　扫描型红外侦察告警系统组成及工作原理

1)线扫描型红外侦察告警系统。线扫描型红外侦察告警系统采用线阵红外探测器件，器件安装在图 6.20 中焦平面处，此时，水平扫描反射镜按扫描方式工作，垂直扫描平面镜按步进或固定方式工作。当水平扫描反射镜完成一行扫描之后，垂直扫描平面镜步进一步，水平扫描反射镜便可以进行下一行扫描。在线阵探测器元数满足垂直视场要求的情况下，可

不进行垂直扫描，此时，垂直扫描平面镜是固定的。线扫描型红外侦察告警系统的另一种工作方式是不采用扫描镜，而是将光学系统和探测器一起旋转，从而完成固定垂直视场、360°范围内的扫描侦察。

2)步进扫描型红外侦察告警系统。步进扫描型红外侦察告警系统采用面阵红外探测器件、器件安装在图 6.20 中焦平面处，此时，面阵器件的每一个像元对应物空间一个瞬时视场，所有探测像元的瞬时视场联合构成一个较大空间范围的瞬时侦察视场。两个扫描镜交替步进扫描工作，其步进角度与面阵器件的侦察视场角相对应。

(2) 凝视型红外侦察告警系统。凝视型红外探测系统采用红外焦平面器件，不需进行机械扫描，探测器光敏面直接对应一个较大的空间视场。图 6.20 中省去扫描机构即凝视型红外侦察告警系统工作原理。

平面探测器一般采用分时方法将输出信号合成一路输出，这样可在帧时内把每个单元的信号全部输出一次，这种分时合成处理方法也可理解为在器件上进行电扫描，对应于物空间也是扫描。实际上，扫描型和凝视型从理论上说都是扫描，一种是机械扫描，一种是电扫描。

机械扫描速度较慢，扫描整个视场一次所需时间称为帧时，一般帧时在 1～10 s，而后者的帧时在 30 ms 至几百毫秒。除探测器组件的差别外，两者其他部分的工作原理是相近的。

6.4 紫外侦察告警

紫外告警是 20 世纪 80 年代发展起来的导弹告警技术，其突出优点是虚警率低、隐蔽性好、实时性强，不需扫描和致冷，适合飞机装载，能有效探测低空、超低空高速来袭目标。在低空突防、空中格斗、近距支援、对地攻击、起飞着陆等状态，作战飞机易受到短程红外制导的空空导弹和便携式地空导弹的攻击。导弹固体火箭发动机的羽烟可产生一定的紫外辐射，紫外告警是通过探测导弹羽烟的紫外辐射，确定导弹来袭方向并实时发出警报，作战平台根据告警信息及时采取必要的对抗措施。

1. 导弹羽烟紫外辐射特性及其大气传输特性

导弹在助推飞行过程中，其发动机羽烟会发出紫外辐射。导弹紫外辐射的主要贡献来自粒子的热发射和化学荧光，其中尾气流中的高温粒子在紫外发射中扮演着关键角色，它们产生的光谱呈连续特征。另外，高速飞行中的导弹的头部的冲击波中也产生一定的紫外辐射。例如，飞行速度为超高声速的后燃式战略导弹，当处于 40 km 高度时，其头部冲击波的最高温度可达到 6 000 K，其中就包含着相当多的紫外成分。

导弹在飞行过程中，其背景就是空中大气，大气中的光谱成分大部分来自太阳辐射，太阳辐射在通过大气传输过程中，受到大气衰减造成了辐射光谱的改变。其中波长短于 0.3 μm 的中紫外辐射被同温层中的臭氧所吸收，基本上到达不了地球近地表面，从而太阳光中紫外辐射在近地表面形成盲区，习惯上把 0.2～0.3 μm 这段太阳辐射到达不了地球的

中波紫外光谱区称作“日盲区”。因此，在天空背景中采用紫外波段探测来袭导弹，具有背景干净、虚警率低的突出优点。

2. 紫外探测器

虽然天空中存在紫外“日盲区”，但导弹羽烟在这一波段的紫外辐射也比较弱。因此，紫外告警技术需采用能够探测极微弱信号的光电倍增管或像增强器，它们通常被称作光子检测器件，可探测到光子数为个位数量级的紫外辐射。

3. 紫外告警装备

紫外告警装备通常由几个探测单元和信号处理器组成。每个探测单元具有一定的探测视场，相邻两个探测头之间存在一定的视场重叠，几个探测单元共同形成 360°全方位、大空域监视，根据不同的定向精度和警戒范围要求，配置不同个数的探测单元。图 6.21 为具有四个探测单元的紫外告警装备的组成框图。图 6.22 是在直升机的紫外探测单元（视场均为 95°）的警戒范围示意图。

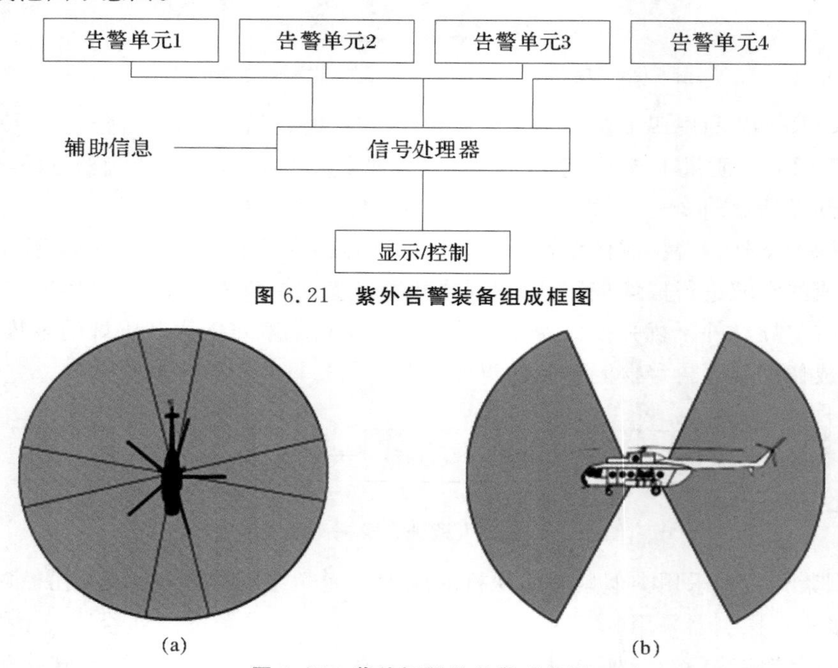

图 6.21　紫外告警装备组成框图

图 6.22　紫外探测单元警戒范围

(a)俯视图；(b)侧视图

紫外告警按工作方式可分为概略型、成像型两种形式。

(1)概略型紫外告警。概略型紫外告警以单阳极光电倍增管为核心探测器件，接收导弹羽烟的紫外辐射，具有体积小、质量轻、低虚警、低功耗等优点。缺点是角分辨力差、灵敏度较低，但它仍具有较大的应用价值，被广泛应用于机载自卫对抗系统。

概略型紫外告警装备一个探测单元的视场范围即导弹告警的角度分辨力。探测单元主要由光学整流罩、滤光片、光电倍增管及其高压电源及辅助电路组成。装备以被动凝视探测

方式工作，工作原理是光学系统把视场内空间特定波段的紫外辐射光（包括目标和背景）收集起来，通过窄带滤波后到达光电倍增管阴极接收面，经光电转换后形成光电子脉冲，信号处理系统对信号预处理，依据目标特征及预定算法对输入信号做出有无导弹威胁的统计判决。系统采用量子检测手段，信噪比高且便于数据处理，同时它在充分利用目标光谱辐射特性、运动特性、时间特性的基础上，采用数字滤波、模式识别、自适应阈值处理等算法，降低虚警，提高系统灵敏度。概略型告警的典型装备是美国洛勒尔公司的 AN/AAR－47（见图 6.23）。

图 6.23　美国 AN/AAR－47 紫外告警探测单元组成

AN/AAR－47 利用四个探测单元覆盖 360°×60°的空间范围，角度分辨力 90°。每个探测单元直径 12 cm、质量 1.6 kg，系统总质量 14.35 kg，功耗 70 W。探测器是非致冷的光电倍增管，在导弹到达前 2～4 s 发出导弹攻击的告警。

（2）成像型紫外告警。成像型紫外告警以面阵器件为核心探测器，接收导弹羽烟紫外辐射，对所警戒的空域进行成像探测，并识别威胁源。优点是角度分辨力高、探测能力强、识别能力强，具有引导红外干扰弹投放器和红外定向干扰机的双重能力和很好的态势评估能力。图 6.24 为成像型紫外告警探测单元的组成图。

图 6.24　成像型紫外告警探测单元组成

成像型紫外告警采用类似紫外摄像机的原理。光学系统以大视场、大孔径对空间紫外信息进行接收。探测器采用（256×256）像素或（512×512）像素的阵列器件。紫外探测单元把视场内空间特定波段的紫外辐射光（包括目标、背景）图像经增强、耦合、转换后形成电子图像，由同步接口传输到信号处理分机，经预处理后送入计算机，计算机依据目标特征及预定算法对输入信号做出有无导弹威胁的统计判决。若导弹出现在视场内，则以一点源形式表征于图像上，通过解算图像位置，准确解算目标的角度信息，并估算其距离信息。

典型的成像型紫外告警装备有美国的 AN/AAR－54（V）（见图 6.25）、美德联合研制的 ANAAR－60（见图 6.26）及法国的 MILDS－2。

AN/AAR－54（V）系统包括凝视型、大视场、高分辨力紫外探测头和先进的综合航空电

子组件电路,它的精度可以达到 1°,可从假目标中识别逼近导弹,可引导红外定向干扰系统实施干扰。

图 6.25　**美国** AN/AAR－54(V) **紫外告警装备**

图 6.26　**装载于直升机上的** AN/AAR－60 **紫外告警装备**

AN/AAR－60 较 AN/AAR－47 紫外告警装备的灵敏度明显提高。MILDS－2 紫外告警系统的关键技术与 AN/AAR－60 相同,也是对导弹羽烟中不受太阳影响的那段紫外光谱进行探测、成像。MLDS－2 设计为四个相连的主从结构的紫外探测头,其响应时间约 0.5 s,能在 1°范围内定位威胁导弹,探测距高约 5 km。

6.5　多模复合光电综合侦察告警

现代战争对信息综合利用的要求推动了多模复合光电综合侦察告警技术的发展。光电综合侦察告警技术可对红外、紫外和激光不同波段的光电威胁信息进行综合探测处理,在探测头结构形式上有机结合,在数据处理上有效融合并充分利用信息资源,实现优化配置、功能相互支援及任务综合分配。

6.5.1　光电综合侦察告警的原理和特点

如果把两种或多种侦察告警思想融合,从结构上采用“共孔径”或部分“共孔径”而组成一个统一的整体,在数据处理上运用多光谱信息融合技术,工作任务统一分配,功能互补,优化配置,达到总体提高作战效能的目的,这就是正飞速发展的多模复合光电综合侦察告警技术。其优点如下:

(1)提高系统决策的准确度和可靠性。多种光电传感器的信息进行数据融合,提高了决策的准确性,使决策结果更加可靠,有利于选择最佳对抗方案,提高作战效能。

(2)增强快速反应能力。多探测头信息融合可采用并行处理方式,相当于独立工作的系统,可节约时间。复合光电综合侦察包含了共形设计、光通道复用、资源共享、信息融合和多传感器数据并行处理等诸多高新技术。相对于几个独立工作的分离系统而言,其信号处理能力明显增强,大大提高实时性,因而可实现快速反应。这对告警系统是至关重要的,这意味着己方赢得时间,抢占先机。

(3)补充目标的距离信息。众所周知,不同波段光辐射对应的大气衰减不同,依据这一点,利用两个不同波段实施目标探测时,运用数据处理技术可以有效地进行距离估计,从而弥补一般被动式光电侦察无距离信息的缺点。

(4)结构精小。减小机动平台安装的占空比与设备的体积、质量,降低设备的造价。

光电综合告警对于目标、背景和假目标的辐射特征可进行多维探测,获得丰富的信息资源,主要用于各类大型、高价值平台(如预警机、大型舰艇等)的自卫系统。

近十几年来,国外出现了激光、红外、紫外、雷达等多种告警器综合应用的装备。美国F-22战斗机装备的告警器,可对毫米波红外、可见光,直到紫外波段内的威胁进行告警。英国普莱西雷达公司研制的光电复合告警设备能探测两种波长的激光和红外探照灯光。

6.5.2 激光/红外复合告警

通常以共孔径对空间大视场凝视接收,可体现出高度的集成化优势,减少体积、质量,增加可靠性,便于实现探测头空间视场配准和时间的最佳同步。红外告警对导弹发射进行探测,激光告警对激光束制导导弹的激光辐射进行探测,它既可完成对激光威胁源信息和红外导弹威胁信息的告警,又可以实现对激光束制导导弹复合探测。

6.5.3 红外/紫外复合告警

使用单独的光学系统和分立的探测器件,对现有紫外、红外探测头进行综合,通过数据的相关处理,提高战场态势估计水平。紫外告警完成对导弹的发射探测,红外告警对导弹进跟踪定位,以控制定向红外干扰机等干扰设备。同时,两者信号相关,可大大降低虚警率、完成对导弹的可靠探测,由于红外告警的角分率可达1 mrad,因而对导弹的定向精度可小于1 mrad。

6.5.4 激光/紫外复合告警

紫外激光综合告警通常由成像型紫外告警和激光告警构成综合一体化系统,通过结构紧凑、安装灵活的阵列探测头对紫外、激光威胁源进行定向探测,满足机动平台定向干扰的需求。

6.6 光电被动定位

光电被动定位是指在光电告警高角度分辨能力基础上,实现单站或双站光电被动测距与定位。其作用是扩展光电探测系统的使用范围,实现复杂电磁环境下与雷达探测系统的复合,以及独立完成中近程目标探测与捕获任务。光电被动侦察具有隐蔽性好的突出优点,但和雷达侦察相比,只有角度信息,缺乏距离信息,为了有效地发挥光电对抗装备的效能,必须对来袭目标进行准确定位,包括角度和距离的测定。当前的解决方法是利用激光测距机或雷达来测距,但这破坏了系统的隐蔽性能。因此,光电被动侦察系统如何实现被动定位,是现代军事高科技中一个十分重要而又急需解决的技术难题。目前,光电被动测距方法主要有以下几种:①基于图像处理的测距法:立体视觉测距、单目双焦成像测距、聚焦法和离焦

法测距；②基于目标物体辐射和大气传输特征衰减的测距方法：利用光谱传输对比实现目标测距；③基于角度测量的几何测距法：连续测角被动测距等。

1. 立体视觉测距

立体视觉测距是仿照人类利用双目感知距离的原理进行测距的方法。人的两眼从不同的两个角度去观察客观三维世界的景物，由于几何光学的投影，不同位置的像点在左、右两眼视网膜上的位置有微小差异，即产生双眼视差，它可以反映物体的距离。双目立体视觉通过双目立体图像的处理获取场景的三维信息，其表现结果为深度图，经过进一步处理就可以得到三维空间中的景物，其关键是保证匹配的准确性，需要选择合理的匹配特征和匹配准则。运用两个或多个摄像机对同一物体从不同位置成像获得三维信息，通过图像处理算法匹配出相应像点，从而计算出视差，然后采用基于三角测量的方法获得物体的距离。立体视觉测距分为双目立体视觉、多目立体视觉测距、运动立体视觉测距等。

双目立体视觉测距原理如图 6.27 所示。测距系统利用两台摄像机从不同的角度对同一个物体进行成像。设空间中的一点 $Q(X,Y,Z)$ 在摄像机 1、摄像机 2 的两个像面上的投影分别是 X_1 和 X_2，基线 b 和焦距 f 已知，则目标距离为

$$R=\frac{fb}{X_1-X_2} \tag{6-6-1}$$

图像匹配是双目测距中的关键，当空间三维场景经过投影变成二维图像时，成像会发生不同程度的扭曲和变形，从而导致测距错误；另外，对应点搜索范围大，计算复杂并且需要耗费大量时间。

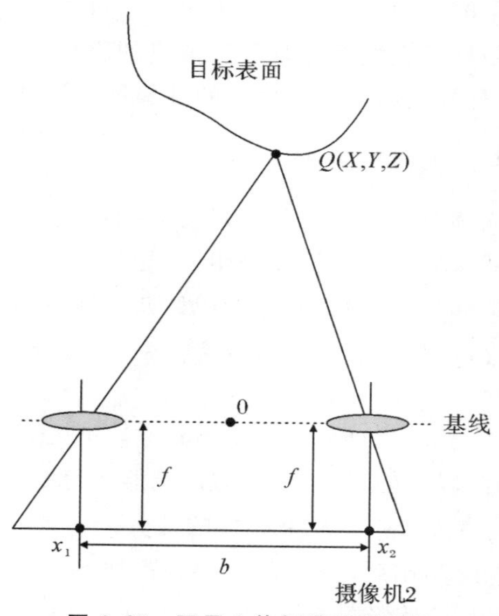

图 6.27　双目立体视觉测距原理

2. 单目双焦成像测距

单目双焦成像测距是基于目标的图像库，对目标的距离进行估计。在物距相同的条件

下，镜头焦距不同所形成的像的高度和相应焦距值之间存在定量的关系。对于远距离目标，通常可看成点目标。通过两个焦距对物点成像，并利用图像匹配找到对应匹配点即可计算出物点的距离。图像库中存有各种目标在已知距离处拍摄的图像，测距时首先对目标成像，完成目标识别后再与图像库中参考图像进行比较，根据目标的图像尺寸外推出其距离。图6.28为单目双焦成像测距的原理框图，该测距方法需要有庞大的图像库支持。

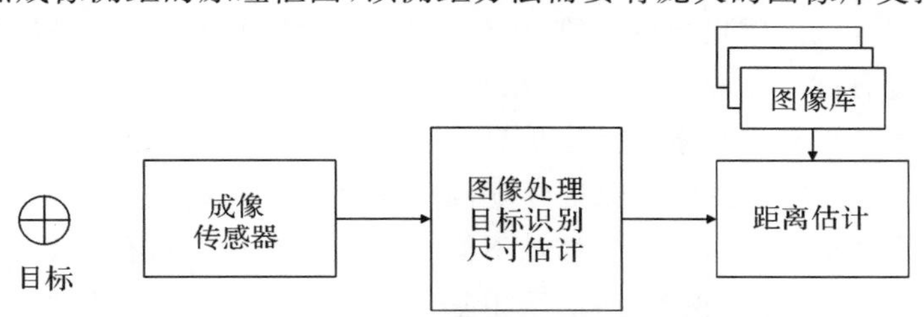

图 6.28　单目“外基线”测距原理框图

3.聚焦法和离焦法测距

聚焦法是一种基于寻找最佳聚焦图像的测距方法。物体图像越清晰，其精细结构看得就越清晰，图像的高频分量也就越多。聚焦法测距就是利用这一特点，采用连续自动变焦摄像机，对目标进行连续变焦成像。建立一个评价聚焦程度的函数（如快速傅里叶变换），实时评估系统聚焦情况。当系统达到最佳聚焦状态时，根据摄像机的焦距和像距，由透镜成像公式就可求得物距。这种方法的关键是调焦的精度，调焦精度受镜头的景深和焦深的限制。显然景深是系统测距误差的下限。

离焦法是一种基于模型的测距方法。离焦法不要求摄像机对于被测点处于聚焦位置，而是根据标定出的离焦模型计算被测点相对于摄像机的距离，该方法避免了由于寻找精确的聚焦位置而降低测距效率的问题，但离焦模型的准确标定是该方法的主要难点。

4.利用光谱传输对比实现目标测距

大气对于不同波段的光透过率不同，利用大气的这种特性可实现对目标进行测距。这种方法主要用于对助推段战区导弹进行被动测距。测距装备在4.46～4.7 μm波段范围选择两个窄波段对目标的辐射能量进行探测，通过比较两个波段的能量估计目标的距离。

目标距离 $R=R_0-R'$（见图6.29），R' 由下式确定：

$$R'=-\frac{H}{\cos\varphi}\ln\left[\frac{\cos\varphi}{(\alpha_1-\alpha_2)H}\ln\frac{C}{B}\right] \tag{6-6-2}$$

式中：C 为目标在两个探测波段的能量之比；B 为探测器测得的两个波段能量之比；α_1、α_2 分别是两个探测波段的衰减系数；H 是与模型相关的常数。

由式(6-6-2)可以得出影响测距精度的主要因素如下：

1)目标辐射特征模型，由 C 值影响；

2)能量探测的精度，由 B 值影响；

3)几何参数测量的精度，由 φ 值影响；

4)大气模型由 α_1、α_2 和 H 的值影响。

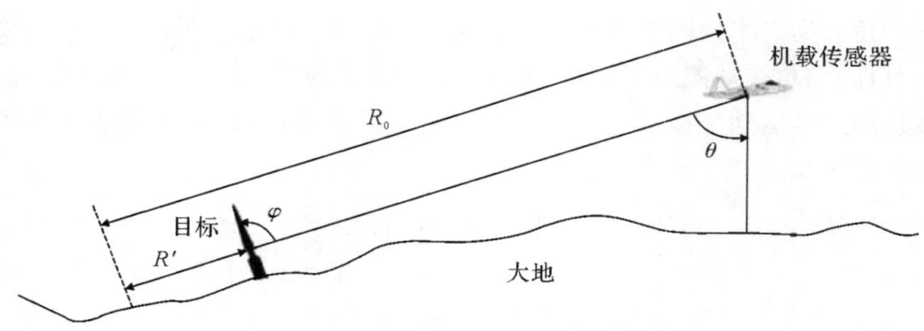

图 6.29　机载传感器测距示意图

5. 连续测角被动测距

连续测角测距方法是基于对目标到达角的测量实现对目标的测距，前提条件是测距平台本身是运动的。当目标和测距平台的运动是两维时，可以通过两次测角实现测距。当目标的运动是三维时，对目标的测距是通过多次测角逐渐逼近的。

图 6.30 是两次测角实现目标测距的原理示意图。假设被探测目标是正在对平台进行拦截的导弹。战机在 A 点发现目标后，即刻对目标进行测向，测得目标方位角为 β_1。飞行到 B 点后，战机开始机动飞行（包括仅仅改变速度、仅仅改变航向及航向和速度都同时改变三种情况），沿与原来航向成 α 角方向航行到 C 点，对目标再次测向，测得方位角为 β_2。在 $\triangle BCO$ 和 $\triangle OC'E$ 中，利用正弦定理，可分别求得 R_1 和 R_2。目标距离为 $R=R_1+R_2$，则有

$$\left.\begin{aligned} R_1 &= \frac{v_2 t_2 \sin\alpha}{\sin(\beta_2-\alpha)} \\ R_2 &= \frac{(v_1 t_2 - x)\sin\beta_1}{\sin(\beta_1-\beta_2+\alpha)} \end{aligned}\right\} \tag{6-6-3}$$

式中：v_1、v_2 分别是载机在 A 到 B 点飞行速度及 B 到 C 点飞行速度；t_2 是 B 点到 C 点飞行时间。

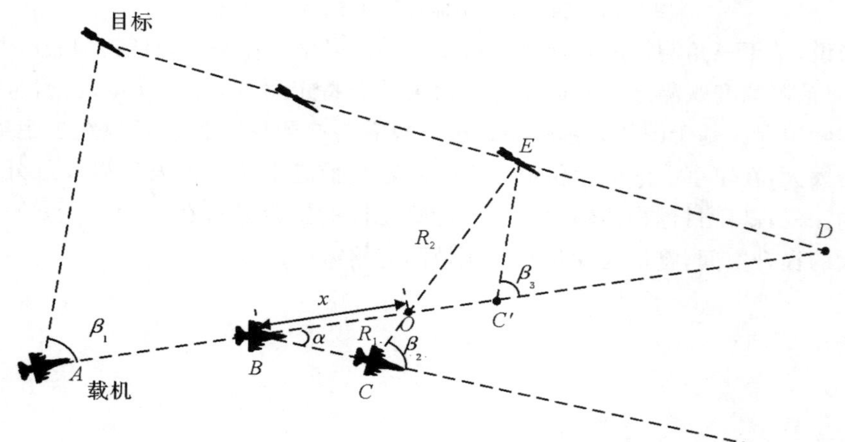

图 6.30　连续测角被动测距原理示意图

在上面推导中利用了纯碰撞制导的几何特点（$\beta_1=\beta_3$），该方法只适用于两维情况。

连续测角测距装备通常是机载红外或电视搜索跟踪装备。红外搜索和跟踪系统可以连

续获得目标的角数据。当探测装备发现并跟踪上目标后可以连续获得目标的角度数据。对于三维运动目标，测角被动测距要求测距平台加速度不为零，计算方法比较繁杂。图 6.31 是目标与战机的三维运动坐标示意图。目标匀速运动时，描述目标运动状态的状态参量满足下述方程：

$$\left.\begin{aligned}&\frac{\mathrm{d}\dot{\theta}}{\mathrm{d}t}=-2\left(\frac{\dot{R}}{R}\right)\theta-\omega^2\tan\theta+\frac{a_{mz}}{R}\\&\frac{\mathrm{d}\psi}{\mathrm{d}t}=\frac{\omega}{\cos\theta}\\&\frac{\mathrm{d}\omega}{\mathrm{d}t}=\left(-2\,\frac{\dot{R}}{R}+\dot{\theta}\tan\theta\right)-\frac{a_{my}}{R}\\&\frac{\mathrm{d}}{\mathrm{d}t}\left(\frac{\dot{R}}{R}\right)=\dot{\theta}^2+\omega^2-\left(\frac{\dot{R}}{R}\right)^2-\frac{a_{mx}}{R}\end{aligned}\right\}\tag{6-6-4}$$

式中：ψ、θ 为目标角坐标，可直接测量；ω 为目标角速度；$\dot{\theta}$ 为角坐标的时间导数；R 和 $\dot{R}$ 分别是距离及距离的时间导数。测量平台加速度 a_m 可认为已知。若 a_m 为零，$1/R$ 不出现在方程中，就无法求出距离信息，因此要求测距平台的加速度不为零。

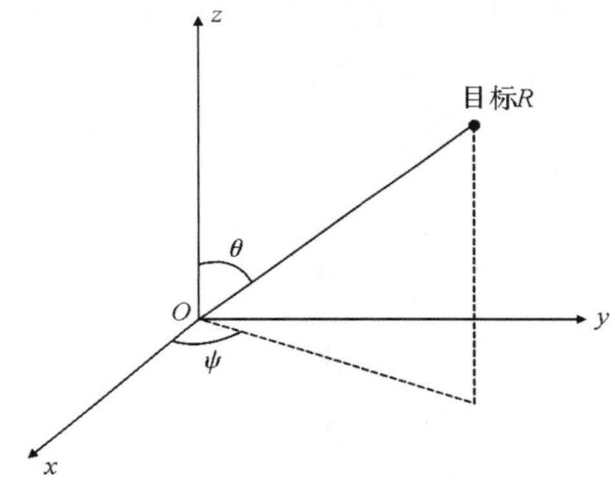

图 6.31　测距平台坐标系下目标三维运动坐标

总的来说，基于三角测量的几何测距法要么采用多个工作站点，且需要相互配合及数据通信；要么对被测物和观测站之间的相对运动关系有特定要求，计算模型复杂，且模型不能完全涵盖实际情况。基于图像处理的测距法一般需要被测目标到达可识别的距离内，其测距范围不会太大，在军事上的应用价值不大。随着目前光电技术的发展以及红外大气传输特性研究的深入，基于目标物体辐射和大气传输特性的测距方法在测量精度和测量距离上都有着较大的提升空间，将最终满足军事领域的应用需求。

第7章 光电干扰

7.1 光电干扰概述

7.1.1 光电干扰的特点和用途

现代局部战争首先是通过电子战争夺电磁频谱使用权和控制权，再通过隐身突防、精确攻击及夜间作战迅速摧毁敌方军事指挥机构、C^4I系统设施、交通枢纽及其他重要军事目标，破坏敌防空体系的指挥通信控制系统，掌握制空权。一个不具备有效的电磁频谱使用权和制空权的作战体系，必定失去有效的作战能力和防护能力，只能处于被动挨打的境地。光电干扰是在光波段争夺电磁使用权的一种作战手段。它利用特定的干扰光源或专用的干扰器材对敌方光电精确制导武器或光电侦察装备等实施干扰。其作战使命是降低敌方光电武器的作战效能或使其毁坏，保护己方武器平台或重点目标的生存能力和战斗能力。光电干扰主要用于对抗光电精确制导武器和光电探测与观瞄装备。

光电干扰具有以下特点：

(1)干扰手段多样化。光电干扰具有激光欺骗干扰、红外诱饵干扰、强激光攻击、烟幕与伪装干扰等多种手段。

(2)快速反应能力强。光电干扰多用于近距离作战，光电威胁近在咫尺，反应稍迟即遭打击，因此，必须具备快速反应能力。强激光攻击是快速反应的突出范例，它以光速攻击目标，不需设置提前量。

(3)效费比高。光电干扰仅仅需要消耗少量而廉价的干扰资源，即可成功保护飞机、舰船、卫星等高价值平台，使其免遭光电武器的打击，提高其战场生存能力和战斗能力。光电干扰也是保护重点军事目标和战略目标的一种重要作战手段。

7.1.2 光电干扰的分类

光电干扰主要分为光电有源干扰和光电无源干扰两大类。光电有源干扰包括红外干扰、激光欺骗干扰、强光攻击干扰、红外诱饵干扰等。光电无源干扰包括假目标干扰、烟幕千扰、光电伪装与隐身干扰等。

红外有源干扰主要包括红外干扰弹和红外干扰机。激光定向红外干扰机的主要特色还是干扰机，只是采用了激光光源，因此，激光定向红外干扰机归类为红外干扰机的最新发展。

激光有源干扰主要包括激光欺骗干扰、激光抑制干扰和强激光干扰。

激光欺骗干扰包括角度欺骗干扰和距离欺骗干扰两种。其中，角度欺骗干扰应用较多，用于干扰激光制导武器；距离欺骗干扰用于干扰激光测距机。

激光抑制干扰是用激光干扰信号掩盖或淹没有用的信号，阻止敌方光电制导系统获取目标信息，从而使敌方光电制导系统失效。激光抑制干扰又称噪声干扰，它通过发射强功率的激光噪声信号来掩盖或淹没敌方激光雷达的目标回波信号，使激光雷达无法正常工作。激光抑制干扰与欺骗干扰的根本区别是：抑制干扰的预期效果是掩盖或淹没有用的信号，增大探测目标的难度，使敌方激光制导系统无法获得目标准确的位置，从而使敌方激光制导武器变成盲弹。较之欺骗干扰，除激光制导武器的方位信息外，激光抑制式干扰无需更多、更翔实的激光信息。

强激光干扰又可分为致盲低能激光武器和高能激光武器。致盲低能激光武器的作用有破坏光学系统、光电传感器和伤害人眼。美国对激光致盲武器极为重视，已将激光传感器技术列为 21 世纪战略性技术之一。强激光干扰和激光欺骗干扰的区别：致盲式干扰强调使敌方的光电探测系统或人眼永久或暂时地失去探测能力，而欺骗式干扰则强调使敌方将干扰激光当成信号进行处理，从而失去正确的信号处理和判断能力；强激光干扰知道方位信息即可，无需更多信息，因此，在宽波段实施，使用范围大、适应性好、装备生命力强，而激光欺骗干扰还要求发射信号相同或相关，对激光的干扰波长、干扰体制要求十分苛刻，使用受限。这两种方式构成了目前激光有源干扰的主要内容。

激光欺骗干扰、激光抑制干扰、激光定向红外干扰机、低能激光武器和高能激光武器五种采用激光器的光电对抗器材，它们的特点是所发射的激光平均功率依次增加，从瓦级发展到兆瓦级，所以相对应的干扰对象范围、干扰方式、干扰效果会有很大的区别。从这三项指标看，其干扰能力依次增加。最理想的是高能激光武器，其次是低能激光武器，但从技术复杂程度和造价看，也是依次增加。从普及角度看，当前干扰器材仍以激光欺骗干扰、激光抑制干扰和激光定向红外干扰机为主。

7.1.3 光电干扰的关键技术

1. 激光欺骗干扰信号模式技术

为实现有效的欺骗干扰，干扰信号的模式是最为关键的。通常要求干扰信号与指示信号相同或相关。相同是指干扰信号与指示信号波长相同、脉冲宽度相同、能量等级相同，而且在时间上同步；相关是指干扰信号与指示信号虽然不能在时间上完全同步，但却包含与指示信号在时间上同步的成分。

2. 激光攻击精密跟踪引导技术

激光攻击是用强激光束直接照射目标使其致盲或损坏，这要求系统具有很高的跟踪瞄准精度，对于空对地等运动较快的光电威胁目标，强激光干扰装备的跟踪瞄准系统还应具有较高的跟踪角速度和跟踪角加速度。通常激光攻击系统的跟踪瞄准精度高达微弧度量级，因此，需采用红外跟踪、电视跟踪、激光角跟踪等综合措施，来实现精密跟踪瞄准。

3. 红外诱饵材料配方技术

红外诱饵药剂是由可燃剂、氧化剂、胶黏剂、增塑剂等多种成分，经一定工艺方法混合制成的。红外弹性能指标一般包括燃烧上升时间、红外辐射强度以及有效持续时间，这些指标的关系非常密切。在红外弹药柱体积确定的前提下，采用合理的配方设计，可以减少燃烧上升时间，增加有效持续时间，提高红外辐射强度，从而保证红外诱饵对红外弹有最佳的干扰效果。

4. 宽光谱烟幕材料及大面积快速成烟技术

烟幕技术正在向宽光谱方向发展，决定烟幕性能的关键就是烟幕的材料配方技术。另外，在战术使用上，还要求在短时间内迅速形成较大的干扰面积。所以，大面积快速成烟技术也是烟幕干扰的关键技术。

7.2　光电有源干扰

光电有源干扰技术是光电对抗的重要组成部分，又称为光电主动干扰，它采用发射或转发光电干扰信号的方法，对敌方光电设备实施压制或者欺骗。光电有源干扰主要包括红外有源干扰和激光有源干扰两大类。红外有源干扰主要包括红外干扰弹和红外干扰机。激光有源干扰主要包括激光欺骗干扰、激光抑制干扰和强激光干扰，如图 7.1 所示。本节介绍目前较典型的几种光电有源干扰技术，包括红外干扰机、红外诱饵、强激光干扰和激光欺骗干扰等。

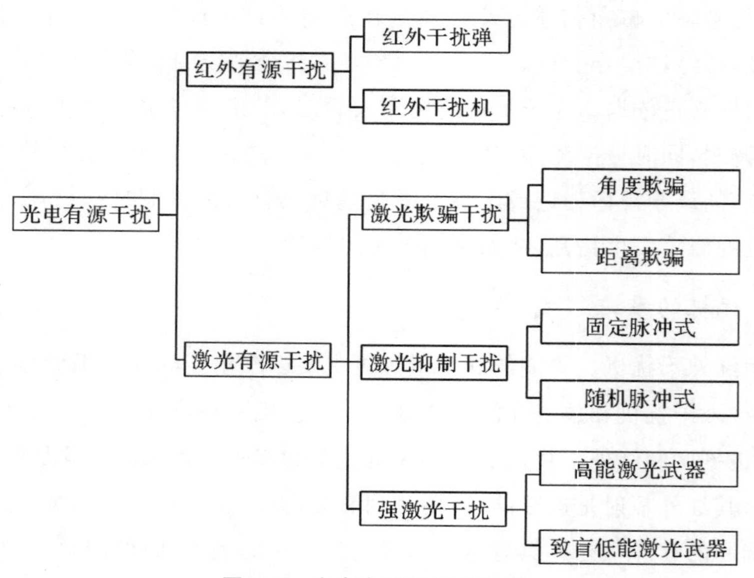

图 7.1　光电有源干扰的组成

7.2.1 红外干扰机

1. 红外干扰机的定义和分类

红外干扰机是一种能够发射红外干扰信号，破坏或扰乱敌方红外观测系统或红外制导系统正常工作的光电干扰装备，主要干扰对象是红外制导导弹。

红外干扰机安装在被保护作战平台上，保护作战平台免受红外制导导弹的攻击，既可单独使用，又可与告警装备和其他装备一起构成光电自卫系统。

红外干扰机主要分为广角型红外干扰机和定向型红外干扰机两大类。红外光源是红外干扰机的关键器件。红外光源主要有燃油加热陶瓷光源、电加热陶瓷光源、金属蒸汽放电光源和激光光源四种类型。红外干扰机通常采用光源调制方式产生有效的干扰信号，典型的调制方式有热光源机械调制和放电光源电调制两种形式。

2. 红外干扰机的干扰原理

红外干扰机是针对导弹寻的器工作原理而采取的针对性极强的有源干扰装备，其干扰机理与红外制导导弹的导引机理密切相关。红外制导导弹的核心技术是红外寻的器，20 世纪 80 年代以前，红外寻的器均采用硫化铅或锑化铟红外单元器件，用旋转扫描的方法形成制导信号。随着多元红外器件的研制成功，90 年代出现了凝视型红外成像导弹，使导弹具有了目标识别和抗干扰的能力。

对于带有调制盘的红外寻的器，目标通过光学系统在焦平面上形成一个“热点”，调制盘和“热点”做相对运动，使“热点”在调制盘上扫描而被调制，通过调制盘后的红外辐射能量包含了目标视线与光轴的偏角信息。经过调制盘调制的目标红外能量被导弹的探测器材接收，形成电信号，再经过信号处理后得出目标与寻的器光轴线的夹角偏差或该偏差的角速度变化量，作为制导修正依据。在干扰机信号介入后，其干扰信号也聚集在“热点”附近，并随“热点”一起被调制，同时被探测器接收。干扰机的能量是按特定规律变化的，当这种规律与调制盘对“热点”的调制规律相近或影响了调制盘对“热点”的调制规律时，偏差信号将产生错误，致使舵机的修正发生错乱，从而达到干扰的目的。

3. 红外干扰机的系统组成

(1)广角型红外干扰机。早期的红外干扰机主要以广角型红外干扰机为主，主要包括热光源机械调制红外干扰机和放电光源电调制红外干扰机两种形式。

1)热光源机械调制红外干扰机。热光源机械调制红外干扰机的光源是电热光源或燃油加热陶瓷光源，其红外辐射是连续的，若要达到有效的干扰作用，必须将这些连续的红外辐射变成闪烁、调制的红外辐射。具有这种断续透光作用的装置，叫作调制器。这种干扰机一般由控制机构、斩波控制、旋转机构、红外光源和斩波圆筒构成(见图 7.2)。

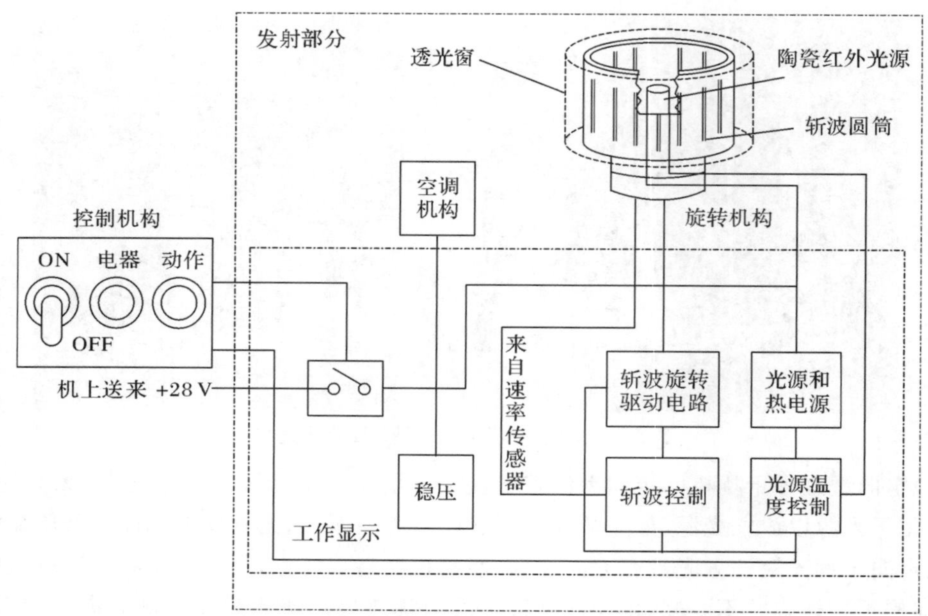

图 7.2　**热光源机械调制红外干扰机组成原理**

热光源干扰机一般都有很好的光谱特性，适合干扰工作在 1～3 μm 和 3～5 μm 的红外导弹，如英国的 BAe、俄罗斯的 уэв－1 和美国的 AN/ALQ－144(见图 7.3)等。

图 7.3　**美国** AN/ALQ－144 **型红外干扰机**

2)放电光源红外干扰机。放电光源红外干扰机的光源是通过高压脉冲驱动的，它本身就能辐射脉冲式的红外能量，因此不需要像热光源机械调制干扰机那样加调制器，只需通过显示控制器控制光源驱动电源，改变脉冲的变频和脉宽便可达到理想的调制目的。这种干扰机编码和变频调制灵活，如果用微处理器在编码数据库中进行编码选择，可更有效地对多种导弹起到理想的干扰作用。这种干扰机的缺点是大功率光源驱动电源的体积、质量较大，而且与辐射部分的结构相关性较小。通常整个装备由显示控制器、光源驱动电源和辐射器三部分构成。金属蒸汽放电光源主要有氙灯、铯灯等。这种光源可以工作在脉冲方式，在重新装订控制程序后能干扰更多或新型的红外导弹，如美国的 AN/ALQ－157(见图 7.4)。

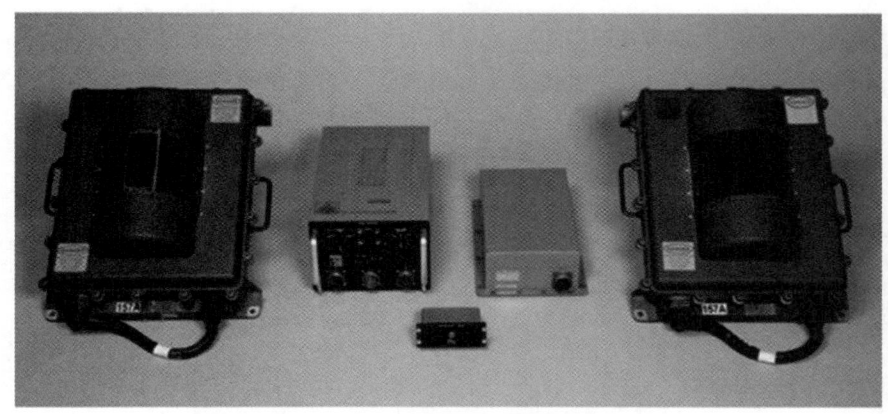

图 7.4　美国 AN/ALQ－157 红外干扰机

(2)定向型红外干扰机。定向型红外干扰机采用非相干光源或相干光源(激光)为干扰源。非相干光源以放电光源(如短弧氙灯、氪灯等)为主,采用抛物反射镜面将其压缩成窄光束形成定向干扰光束。激光具有方向性好、能量密度高等特点,是定向型红外干扰机的理想光源,即使干扰模式并不匹配,也能起到很好的干扰效果。随着激光能量的进一步提高,甚至可实现对来袭导弹实施致眩或致盲干扰,而且对空间扫描型、双色及成像制导导弹都有理想的干扰效果。红外定向干扰需配备高精度的引导和跟踪装置。

图 7.5 为美国和英国空军装备的"复仇女神"定向红外对抗系统,代号 AN/AAQ－24(V),用于装备战术运输飞机、特种作战飞机、直升机及其他大型飞机,对抗地空和空空红外制导导弹的威胁。

图 7.5　美国 AN/AAQ－24(V)"复仇女神"定向红外对抗系统

20 世纪 90 年代初时,早期的 AN/AAQ－24(V)系统采用的是非相干光源(25 W 氙弧光灯),光束发散角为 5°,直径为 580 mm,可干扰工作在 1 μm 和 2 μm 波段的红外制导导弹。到 90 年代后期,干扰光源改用 9.6 μm 波长的 CO_2 激光器,经过晶体倍频,输出 4.8 μm 波长激光,用于干扰 4～5 μm 波段的新一代红外制导导弹,AN/AAQ－24(V)系统主要由 AAR－54(V)导弹逼近告警器、精密跟踪传感器、红外干扰发射机、控制装置、处理器和电源等组成。图 7.6 为定向型红外干扰机对抗导弹的作战过程。

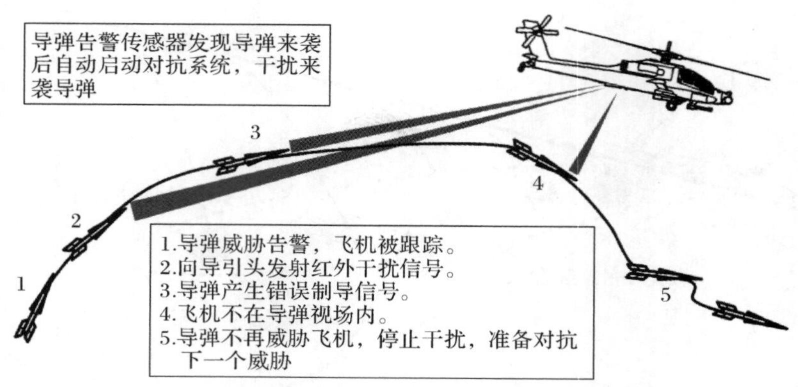

图 7.6　定向型红外干扰机对抗导弹的作战过程

7.2.2　红外干扰弹

1. 红外干扰弹的定义

红外干扰弹是一种具有一定辐射能量和红外光谱特征的干扰器材，用以欺骗敌方红外侦察系统或红外制导系统。投放后的红外干扰弹可以欺骗红外制导武器锁定红外诱饵，使其制导系统的跟踪精度降低，或使其被诱导偏离攻击目标。红外干扰弹又称红外诱饵弹或红外曳光弹，它是应用最广泛的一种红外干扰器材。

红外诱饵定义为具有与被保护目标相似的红外光谱特性，并能产生高于被保护目标的红外辐射能量，用以欺骗或诱惑敌方红外制导系统的假目标。从中可见，红外干扰弹发射后才形成红外诱饵，两者有本质的区别。红外诱饵能模拟飞机、舰船、装甲车辆等目标的红外辐射特性，对各种红外侦察、观瞄器材和红外制导系统起引诱作用。

红外干扰弹属于一次性干扰器材，它结构简单、成本低廉，用来保护高价值的军事平台，具有很高的效费比。红外干扰弹的主要指标有光谱范围、燃烧持续时间、辐射强度、形成时间等。根据被保护目标及战术使用方式的不同，其性能参数也有较大差别。红外干扰弹的红外辐射光谱范围应尽量与被保护目标相匹配。燃烧持续时间表征红外干扰弹的有效干扰时间，持续时间应大于目标摆脱红外制导导弹跟踪所需时间。机载红外干扰弹的燃烧持续时间一般为数秒。舰载红外干扰弹燃烧持续时一般是数十秒。辐射强度表征红外干扰弹干扰能力，通常要大于保护目标辐射强度的 2～3 倍。形成时间表征红外干扰弹形成有效干扰的速度，通常按红外干扰弹从点燃到达到最高辐射强度的 90%所需的时间计算。机载红外诱饵的上升时间一般在几百毫秒量级。

2. 红外干扰弹的系统组成与干扰原理

红外诱饵的战术应用上通常分为质心式干扰、冲淡式干扰、迷惑式干扰和致盲式干扰。红外诱饵反导干扰原理如图 7.7 所示。

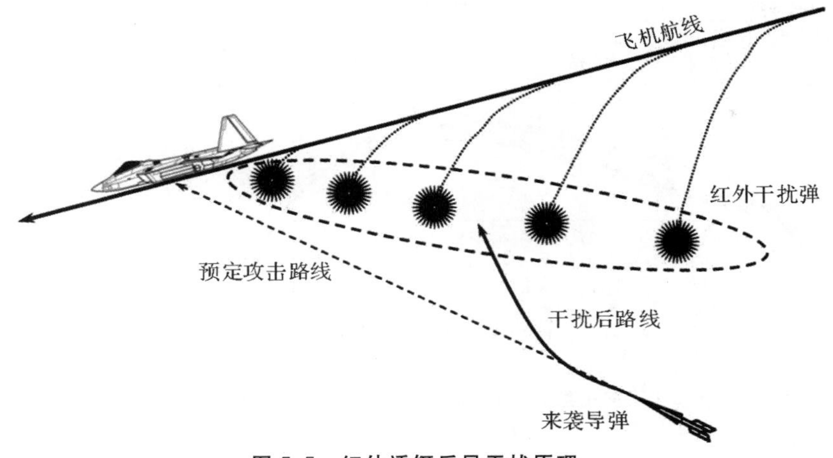

图 7.7　红外诱饵反导干扰原理

(1)质心式干扰。质心式干扰也称甩脱跟踪,在红外点源制导导弹跟踪上目标后,目标为了摆脱其跟踪,在自身附近施放红外诱饵,该诱饵所辐射的有效红外能量比目标本身的大得多,经过合成之后二者的能量中心介于目标和诱饵之间并偏向于诱饵一方,由于红外点源制导导弹跟踪的是视场的能量中心,所以导弹最终偏离目标。质心式干扰要求红外诱饵快速形成有效的诱饵源,并且能持续一定的时间,这样才能保证在起始时刻目标和诱饵同时处于导引头视场内,将导弹引离目标。红外干扰弹干扰成功的判断准则是使红外制导导弹脱靶,而且脱靶量应大于导弹的杀伤半径,还应加上一定的安全系数。

对于被动点源探测的红外制导导弹,当在其视场内出现多个目标时,它将跟踪这些目标的等效辐射中心(质心效应)。当红外诱饵和真目标同时出现在导引头视场内时,导引头跟踪二者的等效辐射中心(见图 7.8),而红外诱饵和真目标在空间上是逐渐分离的,这样,由于红外诱饵的红外辐射强度大于真目标,所以等效辐射中心偏于诱饵一边,而且随着诱饵与真目分离而更加远离真目标,逐渐把导引头拉向红外诱饵一边,直到红外诱饵和真目标从导引头的视场内分开,这时导引头就只跟踪辐射强度大的诱饵了。

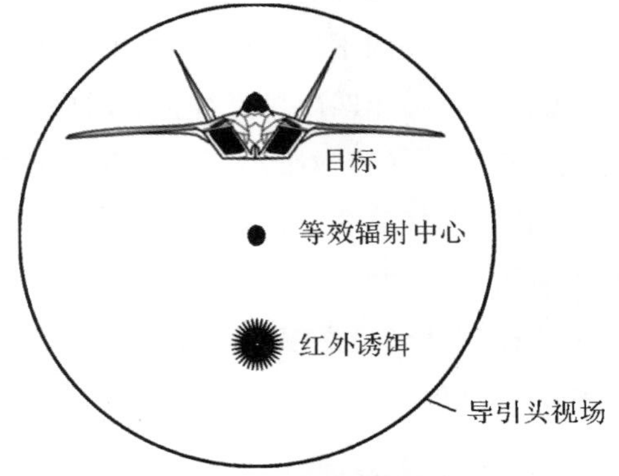

图 7.8　质心式干扰示意图

红外干扰弹实现质心式干扰必须满足以下 4 个条件:

1)红外干扰弹形成红外诱饵的红外光谱必须与被保护目标的红外光谱相同或相近。

2)红外干扰弹形成红外诱饵后有足够的有效干扰时间。

3)在来袭导弹的工作波段内,红外诱饵的辐射功率至少应比被保护目标大两倍。

4)红外诱饵必须与被保护目标同时出现在来袭导弹寻的器视场内。

(2)冲淡式干扰。冲淡式干扰主要适用于舰载红外诱饵。当被攻击目标尚未被导弹寻的系统跟踪时便开始布设若干诱饵,使来袭导弹寻的器搜索时首先捕获诱饵。冲淡式干扰不仅能有效干扰红外寻的导弹,还可以干扰导弹发射平台制导系统和预警系统。图 7.9 为军用飞机投放多元红外诱饵的场面。

图 7.9 A－400M 军用运输机投放多元红外诱饵

为对付日益发展红外制导技术,红外诱饵技术也在不断改进,其发展趋势如下:

1)全波段、波段间能量比率可调的高能红外诱饵。

2)具有伴飞能力的红外诱饵。

3)具有红外、紫外双色干扰能力的复合诱饵。

4)具有对抗红外成像制导导弹能力的面源红外诱饵。

(3)迷惑式干扰。当敌方还处于一定距离(一般在数千米)之外时,就发射一定数量的诱饵形成诱饵群,以迷惑敌导弹发射平台的火控和警戒系统,降低敌方识别和捕获真目标的概率。

(4)致盲式干扰。主要用于干扰三点式制导的红外测角仪系统。当预警系统告知敌方向我方发射出“米兰”“霍特”和“陶”一类的反坦克导弹时,立即向导弹来袭方向发射红外诱饵。诱饵的辐射光谱与导弹光源的相匹配并且辐射强度高于导弹光源,当诱饵进入制导系统的测角仪视场中并持续 0.2 s 以上,使其信噪比小于或等于 2 时,测角仪即发生错乱,不能引导导弹正确飞向目标。

7.2.3　激光欺骗干扰

1. 激光欺骗干扰的定义

激光欺骗干扰是通过发射、转发或反射激光辐射信号,形成具有欺骗功能的激光干扰信号,扰乱或欺骗敌方激光测距、激光制导系统,使其得出错误的方位或距离信息,从而极大地降低光电武器系统的作战效能。

2. 激光欺骗干扰的分类与干扰原理

激光欺骗干扰分为距离欺骗干扰和角度欺骗干扰两种类型。距离欺骗干扰多用于干扰激光测距系统，角度欺骗干扰多用于干扰激光制导武器系统。其中，激光角度欺骗干扰应用较多。

(1)激光距离欺骗干扰。激光测距机是当前装备最为广泛的一种军用激光装备。它的测距原理是利用发射脉冲激光与回波脉冲激光的时间差值与光速的乘积来推算目标的距离(见图 7.10)。

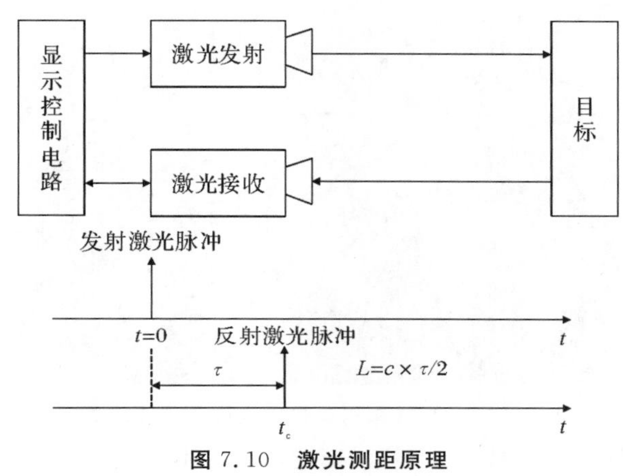

图 7.10　激光测距原理

对激光测距机实施欺骗干扰，通常采用高频脉冲激光器作为欺骗干扰机，使高频激光干扰脉冲能够在激光测距的回波信号之前进入激光测距机的激光接收器，从而使测距机的测距结果小于实际的目标距离。激光距离欺骗干扰的难点在于激光测距的方向性很强，其发射激光光束的发散角只有 1 mrad 左右，对其进行告警具有难度。激光测距机的光学接收系统的视场也在 mrad 量级，干扰激光信号难以进入其接收视场。激光测距干扰的另一个难点在于激光测距的瞬时性，采用单脉冲激光测距方式，只需不足 100 μs 的时间即可完成 10 km距离的测距，在这么短的时间内实现对其有效干扰，难度可想而知。

激光距离欺骗干扰的另一种方法是无源干扰。它采用某种技术措施控制从目标返回的回波信号，使其产生一定时间延迟，从而产生大于实际距离的测距结果，这要求干扰装备具有激光接收和延迟转发的功能。

(2)激光角度欺骗干扰。激光角度欺骗干扰的主要对象是激光制导武器，包括激光制导炸弹、导弹和炮弹。激光制导武器的制导方式按激光目标指示器在弹上或不在弹上分为主动式或半主动式两种。导引体制也有追踪法和比例导引法两种。目前装备较多的是半主动式比例导引激光制导武器。

半主动激光制导武器多为机载，用来攻击地面重点军事目标。典型的半主动激光制导武器有法国的“马特拉”(炸弹)、美国的“宝石路”(炸弹)、“海尔法”和“幼畜”(导弹)等。激光制导系统主要由弹上的激光导引头和弹外的激光目标指示器两部分组成，激光目标指示器可以放在飞机上，也可放在地面上。激光导引头利用目标反射的激光信号来寻的，通常采用末段制导方式。激光导引头采用四象限雪崩二极管(即四象限探测器)为激光探测器件(见

图 7.11)。

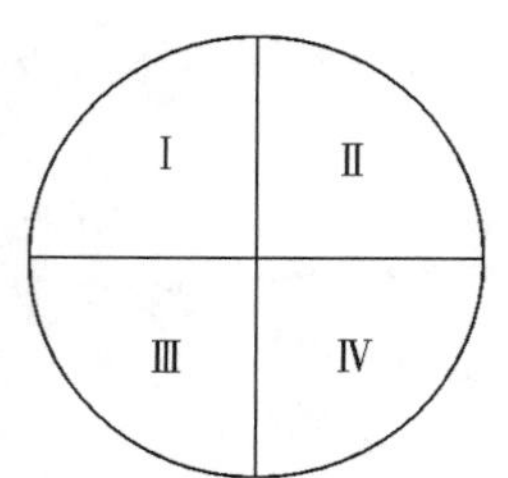

图 7.11　四象限光电探测器

四象限探测器安装在导引头光学镜头焦平面附近稍微离焦处，以使入射激光在四象限光敏面上形成具有一定几何尺寸的弥散光点。只有当电探测器光点落在四象限光敏面中心处时，四个象限才同时产生光电信号，说明弹轴与光轴重合，此时，弹体不需做姿态调整。当光点落在四象限光敏面中心处以外时，就会有一个或两个象限产生光电信号，此时，经过处理电路对接收信号进行和差比伏处理，最后产生导弹和目标的偏差角信号，以此信号调整导弹姿态，使其飞向攻击目标。

激光末制导的制导过程是：弹体投出后，先是按惯性飞行，此时机上目标指示器不发射激光指示信号，当弹体飞近目标一定距离时，激光目标指示器才开始向目标发射激光指示信号，导引头也开始搜索从目标反射的激光指示信号。为增强激光制导系统的抗干扰能力，激光制导信号往往还采用编码形式。导引头在搜索从目标反射的激光信号的同时，还要对所接收到的信号进行相关识别，在确认其符合自身的制导信号形式后，才开始进入寻的制导阶段，直至命中目标。图 7.12 为半主动激光制导的全过程。目前，半主动激光制导武器的激光目标指示器，多采用固体 Nd:YAG 脉冲激光器，激光波长为 1.06 μm。

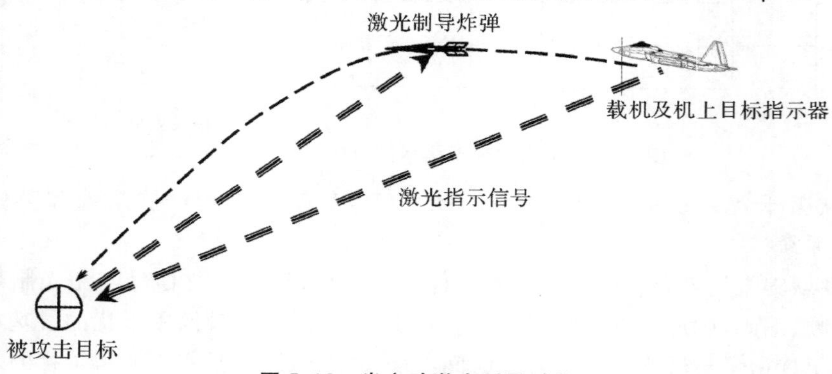

图 7.12　半主动激光制导过程

从上述制导方式和制导过程的分析中得知，半主动激光制导武器本身存在着易于受到激光欺骗干扰的弱点。首先，激光目标指示器向目标发射激光指示信号的同时，也暴露了威胁源自己，这使得对激光威胁源进行告警和对威胁信息进行识别提供了可能；其次，导引头与指示器相分离，使得制导信号的发射与接收难以在时间上严格同步，从而使导引头容易受到欺骗干扰。通常对半主动激光制导武器可采用激光角度欺骗干扰方式。具体来说，就是在被保卫目标附近放置激光漫反射假目标，用激光干扰机向假目标发射与制导信号相关的激光干扰信号，该信号经漫反射假目标反射后，形成漫反射激光干扰信号，进入激光导引头

的接收视场，使导引头产生目标识别的角度误差。当导引头上的信息识别系统将干扰信号误认为制导信号时，导引头就受到欺骗，并控制弹体向假目标飞去。典型的激光有源欺骗干扰如图 7.13 所示。

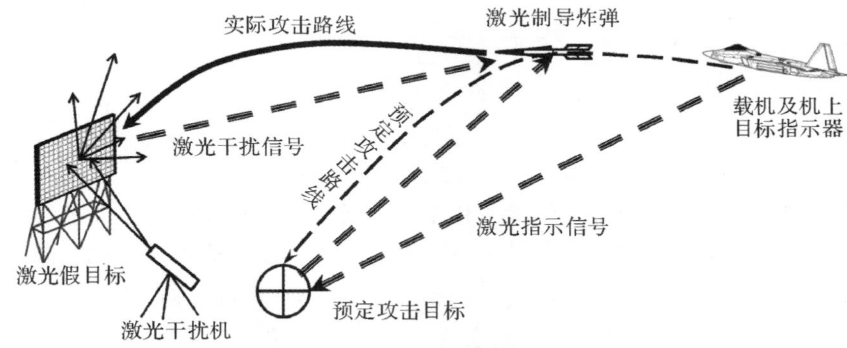

图 7.13　激光有源欺骗干扰

激光角度欺骗干扰系统通常由激光告警、信息识别与控制、激光干扰机和漫反射假目标等装备组成(见图 7.14)。干扰系统的工作过程是:激光告警装备对来袭的激光威胁信号进行截获和处理，以电脉冲形式输出来袭激光威胁信号的原码脉冲信号。信息识别与控制装备对原码脉冲信号进行识别处理，并形成与之相关的电脉冲干扰信号。激光干扰机对电脉冲干扰信号调制后，输出激光干扰信号。激光干扰信号照射在漫反射假目标上，形成激光欺骗干扰信号。

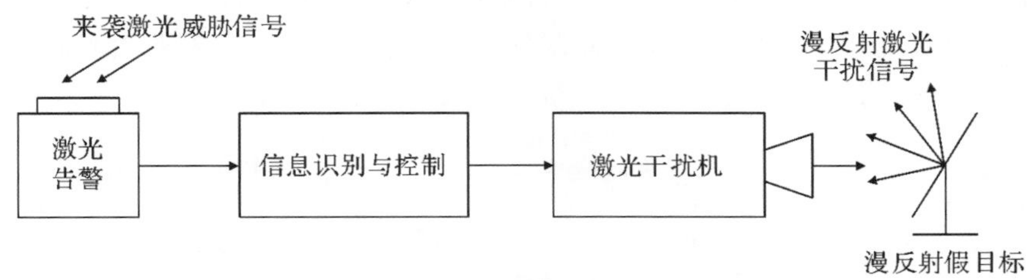

图 7.14　激光欺骗干扰系统组成

典型的激光欺骗干扰系统有美国的 AN/GLQ－13 车载式激光对抗系统和英国的 GLDOS 激光对抗系统。

实现激光角度欺骗干扰需要具备两个基本条件:一是要求激光干扰信号与激光制导信号的激光波长、重频、编码、脉冲宽度等特征参数应基本一致，这是实现欺骗干扰的最基本条件;二是要求激光干扰信号与激光制导信号在时间上同步或相关，这是实现欺骗干扰的一个必要条件。

7.2.4　强激光干扰

1. 强激光干扰的定义与特点

强激光干扰是通过发射强激光能量，破坏敌方光电传感器或光学系统，使之饱和、迷盲，甚至彻底失效，从而极大地降低敌方武器系统的作战效能。当激光能量足够强时，甚至可直接作为武器击毁来袭的飞机和武器系统等，从广义上讲，强激光干扰也包括战术和战略激光

武器。强激光干扰的主要特点有以下三点：

(1)定向精度高。激光束具有方向性强的突出特性，实施激光攻击时，激光束的发散角通常只有几十微弧度，干扰系统的定向跟踪精度只有几角秒，能将强激光束精确地对准某一方向，选择杀伤来袭目标群中的某一目标或目标上的某一部位。

(2)响应速度快。光的传播速度为 3×10^{8} m/s，相当于每秒绕地球七周半，攻击系统一经瞄准目标发射即中，几乎不需耗时，因而也不需设置提前量。这对于攻击快速运动的光学制导武器导引头上的光学系统或光电传感器，以及机载光学测距和观瞄系统等，是一种最为有效的干扰手段。

(3)应用范围广。激光攻击的激光波长以可见光到红外波段内最为有效，作用距离可达十几千米，根据作战目标不同，可用于机载、车载、舰载及单兵便携等多种形式。

强激光束可直接破坏光电精确制导武器的导引头、激光测距机或光学观瞄装备等。

激光攻击的作战宗旨是破坏敌方光电传感器或光学系统，干扰敌方激光测距机和来袭的光电精确制导武器，其最高目标是直接摧毁任何来袭的威胁目标。激光攻击也存在作用距离有限、全天候作战能力较差等突出弱点。随着激光射程增加，光束在目标上的光斑增大，使激光功率密度降低，杀伤力减弱。由于激光波长较短，激光攻击在大气层内使用时，大气会对激光束产生能量衰减、光束抖动或波前畸变，尤其是恶劣天气(雨、雾、雪等)和战场烟尘、人造烟幕等，对其影响更大。

2. 强激光干扰的组成及工作原理

目前，用于激光攻击的激光源主要有 Nd:YAG(掺钕钇铝石榴石)激光器(1.06 μm)、倍频 Nd:YAG 激光器(0.53 μm)、CO_2 激光器(10.6 μm)、DF(氟化氘)激光器(3.8 μm)、COIL(化学氧碘)激光器(1.315 μm)等。激光攻击用于机载、车载、舰载、单兵携带等多种形式。

强激光干扰系统主要由激光器和目标跟踪瞄准系统构成。根据装载平台和作战目标的不同，系统的具体构成也不尽相同，其中，以攻击光电导引头为目的的作战系统组成最为复杂。强激光干扰系统通常由侦察告警装备、精密跟踪瞄准、激光发射天线、高能激光器和指挥控制设备等组成(见图 7.15)。

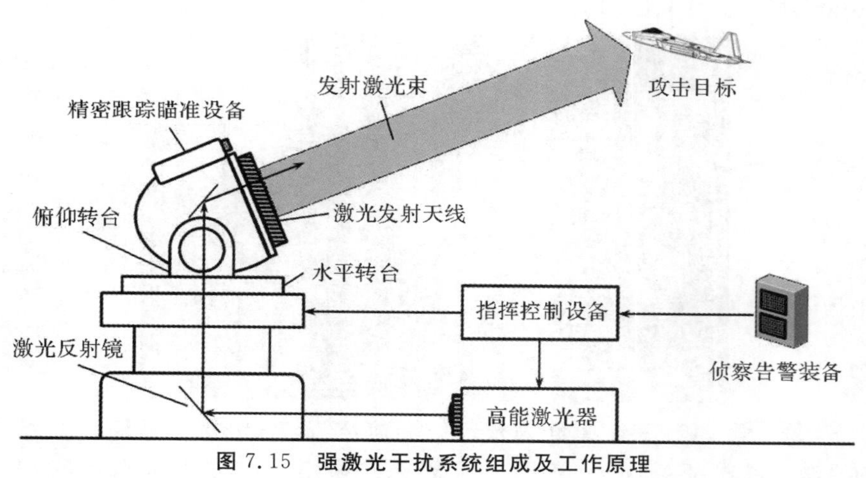

图 7.15　强激光干扰系统组成及工作原理

图 7.15 中，侦察告警装备通常采用激光或红外告警手段，接收目标辐射的激光或红外能量，来发现所要攻击的目标，从而实现对目标进行捕获与定位。

精密跟踪瞄准设备通常包括伺服转台、电视跟踪、红外成像跟踪、激光角跟踪等精密跟踪装备。综合采用各种手段，来实现对干扰目标进行精密跟踪与瞄准。

强激光发射天线实际上是对强激光束进行扩束、准直、聚焦的光学系统。为消除大气抖动、湍流等因素对激光传输的影响，激光发射天线通常采用自适应光学技术，通过实时修正可调反射镜，以保持激光束的良好聚焦。

高能激光器是激光攻击系统中最为关键的装备，激光攻击装备对激光器的要求是，输出功率高、脉宽适当、光束发散小、大气传输损耗低、能量转换效率高、体积小和质量轻。

指挥控制设备是激光攻击系统的指挥控制中心，它根据侦察装备对目标进行粗定向告警的结果，进行坐标变换，引导精密跟踪瞄准装备捕获并锁定跟踪目标，同时控制高能激光器发射强激光束实施攻击。

强激光干扰主要用于破坏目标的光学系统或传感器，因为光电探测器材料的光吸收能力一般来说都比较强，入射其上的光能量大部分被吸收，结果引起温度上升，造成破裂、碳化、热分解、溶化、汽化等不可逆的破坏。有时，强激光干扰也可造成光电探测器后端放大电路的过流饱和或烧断，从而使观测器材致盲，跟踪与制导装置失灵，引信过早引爆或失效等。

3. 典型的强激光干扰装备

目前，国外已经装备的强激光干扰系统主要有以下几种。

(1)激光致眩器(DAZER)。这是美国陆军研制的一种轻型步兵用的激光干扰装备。它是一种便携式装置，能攻击摄像机、夜视仪等各种光学仪器的传感器，并可破坏坦克和装甲车上的传感器，达到软杀伤之目的。致眩器样机采用镍化镉作为动力源，全机约 9 kg。

(2)“魟鱼”(AN/VLQ－7)激光干扰系统。美国“魟鱼”激光干扰系统(见图 7.16)采用 Nd:YAG 板条脉冲激光器，单脉冲输出能量约 100 mJ，据称可破坏 8 km 远的光电传感器。该系统装载在“布雷德利”装甲车辆上。海湾战争时，美国将“魟鱼”运到了沙特阿拉伯，但地面战争仅 100 h 就结束了，使“魟鱼”失去了实战应用的机会。

图 7.16　装备“魟鱼”激光干扰系统的 M2“布雷德利”步兵战车

(3)前沿激光武器(FALW)。美国 FALW 系统采用平均功率为$(40\sim50)\times10^4$ W 的

CO_2 激光器，用于破坏坦克、飞机上的激光测距机和激光制导武器的目标指示器与跟踪器等，可装在各种运输车上。

(4)“贵冠王子”系统(Coronet Prince)。美国空军的“贵冠王子”系统，采用的激光器与“魟鱼”系统相同，主要用于破坏地对空激光跟踪系统中的观瞄器材。

(5)德国 MBB 公司的防空激光干扰装备。德国 MBB 公司和迪尔公司设计的防空激光干扰装备，用于对付飞机和巡航导弹。该装备采用气动二氧化碳激光器，发射光学系统采用直径为 1 m 的自适应光学系统。整个发射光学系统转动惯量低，可迅速从一个目标转另一个目标，进行精跟踪。系统总质量 20 t，可摧毁 4 km 远的目标，使 20 km 远的机载外探测器失灵。

7.3　光电无源干扰

光电无源干扰是指通过采用无源干扰材料或者器材，改变目标的电磁波反射、辐射特性，降低保护目标和背景的电磁波反射或者辐射差异，破坏和削弱敌方对光电侦察和光电制导系统正常工作的一种手段。光电无源干扰技术以遮蔽技术、融合技术和示假技术为核心，以“示假”“隐真”为目的。本节主要介绍常规的光电无源干扰技术，即假目标、烟幕干扰。

7.3.1　假目标

1. 假目标的定义

光电假目标是利用各种器材或材料仿制成的，和真目标光学特征相同或接近的各种假设施、假兵器等。“示假”是光电无源对抗的一个重要方面，与其他“隐真”对抗手段相配合，可有效地欺骗和诱惑敌人，吸引光电侦察武器的注意力，分散和消耗光电制导武器，提高真目标的生存能力。随着光电侦察和制导武器效能的日益提高，假目标的作用也愈加显得突出。

2. 假目标的分类

通常，光电假目标按照其与真目标的相似特征的不同可分为形体假目标、热目标模拟器和诱饵类假目标三种类型。形体假目标就是制作成与真目标的外形、尺寸等光学特征相同的模型，如假飞机、假导弹、假坦克、假军事设施等，主要用于对抗可见光、近红外侦察及制导武器系统。热目标模拟器就是与真目标的外形、尺寸具有一定相似性的模型，且与真目标具有极为相似的电磁波辐射特征，特别在中远红外波段，主要用于对抗热成像类探测、识别及制导武器系统。诱饵类假目标只要求与真目标的反射、辐射光电频段电磁波的特征相同，不要求外形尺寸等外部特征相似的假目标，如光箔条诱饵、红外箔条诱饵、气球诱饵、激光假目标等，主要用于对抗非成像类的探测和制导武器系统。

此外，按照选材和制作成形，假目标又可分为制式假目标和就便材料假目标。制式假目标就是按统一规格定型生产、列入部队装备体制的伪装器材。它不但轻便牢固、架设撤收方便、外形逼真，而且通常加装反射、辐射配件，以求与真武器装备一样的雷达、红外特性。如

充气式假目标、骨架结构假目标、泡沫塑料假目标、木制假目标等形体假目标和由带有热源的一些材料组成的热目标模拟器等。就便材料假目标是就地征集或利用就便材料加工制作的假目标。作为制式假目标的补充，它取材方便、经济实用，能适应战时和平时大量及时设置假目标的需要。在制作好的假目标中用角反射器和其他金属材料可模拟真目标的雷达波反射特性，用发热材料可模拟真目标热辐射特性。

3. 假目标的设计指标

根据假目标的战术要求，在研制假目标时应满足以下设计指标：

(1)假目标的主要特性，如颜色、形状、电磁波反射(辐射)特性应与真目标相似，大于可见尺寸的细节要仿造出来，垂直尺寸可适当减小。

(2)有计划地仿造目标的活动特性，及时地显示被袭击的破坏效果。

(3)对设置或构筑的假目标应实施不完善的伪装。

(4)假目标应结构简单，取材方便，制作迅速。经常更换位置的假目标应轻便、牢固，便于架设、撤收和牵引。

(5)制作、设置和构筑假目标时，要隐蔽地进行，及时消除作业痕迹。

(6)假目标的配置地点，必须符合真目标对地形的战术要求，同时为保护真目标的安全，真假目标之间应保持一定的距离。

4. 假目标的发展过程

在真目标周围设置一定数量的形体假目标或热目标模拟器，主要为降低光电侦察、探测、识别系统对真目标的发现概率，并增加光电系统的误判率，进而吸引敌方精确制导武器的攻击，大量地分散和消耗敌方精确制导武器，提高真目标的生存能力。

为适应战场的需要，外军已研制和装备了大量不同类型的形体假目标，如瑞典巴拉居达公司生产的假飞机、假坦克、假炮、假桥等装配式假目标，美军研制的 40 自行高炮、105 自行散弹炮、155 野战加农炮、2.5 t 卡车等薄膜充气假目标及 M114 装甲输送车等可膨胀泡沫塑料假目标。海湾战争中伊拉克使用胶合板、铝皮、塑料等就便材料制作的假目标，大量地消耗了多国部队的精确制导武器，并保存了自身的军事实力，显示了假目标在现代战争中的重要地位和作用。此外为对抗红外前视系统和红外成像制导系统的威胁，国外正加紧研制模拟真实目标的专用热模拟器，如美国的“吉普车热红外模拟器”“热红外假目标”等多种热目标模拟器。

7.3.2 烟幕干扰

1. 烟幕的发展过程

烟幕干扰是通过在空中施放大量气溶胶微粒，改变电磁波介质传输特性，对光电探测、观瞄、制导武器系统实施干扰的一种技术手段。烟幕具有“隐真”和“示假”双重功能，从古至今都常用不衰。在古代战争中，人们常利用自然雾气来隐蔽军队行动，并以人工烟雾作为通信联络手段。当年诸葛亮利用大雾天气成功实现草船借箭，就是烟幕干扰最为经典的应用。

大量制造发烟器材并较大规模地使用烟幕，是开始于第一次世界大战。1941 年 11 月苏军首次使用发烟罐施放烟幕，掩护部队行动。第二次世界大战中，烟幕器材已趋于完善，伪装烟幕得到广泛应用。如苏军在强渡第聂泊河战役中，用烟幕遮蔽了 69 个渡口，德军虽出动 2 300 架次以上的飞机进行狂轰滥炸，但仅有 6 枚炸弹命中目标。第二次世界大战结束后，随着军事科学技术的发展，人们对烟幕的作用有所忽视，烟幕发展步伐有所减慢。在海湾战争中，伊拉克在十分被动的情况下，匆忙点燃了一些油井，漫天的烟雾使光电侦察装备无法识别目标，光电精确制导武器也失去了用武之地，有效地阻止了多国部队对这些区域的攻击。海湾战争后，烟幕技术又重新引起了各国军界的重视，并得到迅速发展。

2. 烟幕的作用

在现代战争中，烟幕仍在发挥着独特的作用：

(1)烟幕可降低高技术侦察器材的情报获取概率。海湾战争中，伊军利用烟幕、假目标等多种伪装方式，使多国部队的侦察一次又一次失败，不得不将“沙漠风暴”行动一再延长。

(2)烟幕可隐蔽自己，达到行动的突然性。苏联在入侵捷克的行动中，使用了大量特种烟幕，成功地迷盲了北约的雷达侦察系统，等对方搞清真实情况后，苏军已占领捷克。

(3)烟幕可迷惑敌人，遏制敌方直射火力，提高自己的生存能力。在第四次中东战争中，埃及军队在烟幕掩护下，成功地渡过苏伊士运河，使原估计死伤数万人的行动降为数百人。

(4)烟幕可阻断光电精确制导武器导引头对攻击目标的通视光路，降低命中概率。在海湾战争中，由于伊拉克在目标上空施放了烟幕，结果使多国部队投放的 7 000 多枚激光制导炸弹，有 20%未能命中目标。

3. 烟幕的种类

为适应对付现代战场的光电威胁，烟幕技术也在不断发展。现代烟幕具有很多种类方法，并制成制式装备，根据不同的作战对象和需求，将采用不同类型的烟幕及其相应的施放方法。

(1)从发烟剂形态上划分，烟幕可分为固态和液态两种形式。常见的固态发烟剂主要有六氧乙烷-氧化锌混合物、粗蒽-氯化铵混合物、黄磷、红磷及高岭土、滑石粉、碳酸铵等无机盐微粒；液态发烟剂主要有高沸点石油、煤焦油、含金属的高分子聚合物、含金属粉的挥发性香油以及三氧化硫-氯磺酸混合物等。

(2)从施放方式上划分、烟幕大体可分为升华型、蒸发型、爆炸型、喷洒型四种。升华型发烟，是利用发烟剂中的燃烧物质燃烧时产生的大量热能使成烟物质升华，在大气中冷凝成烟。蒸发型发烟，是将发烟剂经喷嘴雾化送至加热器使其受热、蒸发，形成过饱和蒸汽，排至大气冷凝成雾。爆炸型发烟，是利用炸药爆炸产生的高温高压气源将发烟剂分散到大气中，进而燃烧反应成烟或直接形成气溶胶。喷洒型发烟，是直接加压于发烟剂，使其通过喷嘴雾化进入大气中吸收水蒸气成雾或直接形成气溶胶。

(3)从战术使用上划分，烟幕可分为遮蔽烟幕、迷盲烟幕、欺骗烟幕和识别烟幕四种。传统的遮蔽烟幕主要施放于友军阵地或友军阵地和敌军阵地之间，降低敌军观察哨所和目标识别系统的作用，便于友军安全地集结、机动和展开，或为支援部队的救助及后勤供给、设施

维修等提供掩护。而现代遮蔽烟幕主要用于改变光电侦察和光电制导所用光波的介质传输特性，以降低光电侦察和制导系统的作战效能。迷盲烟幕直接用于敌军前沿，防止敌军对友军机动的观察，降低敌军诸如反坦克导弹等光电武器系统的作战效能，或通过引起混乱迫使敌军改变原作战计划。欺骗烟幕用于欺骗和迷惑敌军，在一处或多处施放，并常与前两种烟幕综合使用，干扰敌军对友军行动意图的判断。识别/信号烟幕主要用于标识特殊战场位置和支援地域，或用作预定的战场联络信号。

(4)从干扰波段上划分，烟幕又可分为防可见光和近红外常规烟幕、防热红外烟幕、防毫米波和微波烟幕以及多频谱、宽频谱和全频谱烟幕。

4. 烟幕干扰原理

烟幕技术是通过改变电磁波的传输介质特性，达到干扰光电侦察和光电精确制导武器的目的。烟幕遮蔽机制主要有辐射遮蔽和衰减遮蔽两种形式。辐射遮蔽通常是利用燃烧反应生成大量高温气溶胶微粒，凭借其较强的红外辐射来遮蔽目标、背景的红外辐射，从而完全改变所观察目标、背景固有的红外辐射特性，降低目标与周围背景之间的对比度，使目标图像难以辨识，甚至根本看不到。

辐射遮蔽型烟幕主要用于干扰敌方的热成像探测系统，在热像仪上形成一大片烟幕的热像，而看不到目标的热像。衰减遮蔽主要是靠散射、反射和吸收作用来衰减电磁波辐射。构成烟幕粒子的原子、分子处于不断运动状态，其微粒所带的正负电荷的"重心"不相重合，可视为电偶极子。这种电偶极子的电磁辐射场与周围电磁场发生相互作用，从而改变原电磁场辐射传输特性，使电磁辐射能量在原传输方向上形成衰减，衰减程度的大小取决于气溶胶微粒性质、形状、尺寸、浓度和电磁波的波长。

图 7.17 为装载在 M113A3 装甲人员输送车上的 M58 发烟系统。M113A3 安装了改进型发动机和传动装置、外置式油箱和新型驾驶员操作台，这些改进使 M58 具有足够的机动性。该系统可分别喷洒或同时喷洒可见光烟幕(油雾)和红外烟幕(石墨粉)。其中，可见光烟幕喷洒速度是 1～10 L/min，红外烟幕的喷洒速度是 0.454～4.54 kg/min。

图 7.17　装载在 M113A3 装甲车上的 M58 发烟系统

5. 烟幕干扰的主要性能参数

(1)透过率：沿观测方向测量，$\tau=E'/E$。其中：E 为进入烟幕前的光能量；E' 为从烟幕射出的光能量；E、E' 均对指定的波长度量。

(2)烟幕面积：在与观察方向正交的截面内，起有效干扰作用的烟雾分布范围的最大值。

(3)干扰持续时间：以 1 s 为计时单位，所有构成大于或等于 1 s 有效干扰时段的总和。

(4)形成时间：从发烟剂起作用时刻至形成规定面积的烟幕所经历的时间。

(5)后向散射率 S：$S=E''/E$，E 与上同，而 E'' 是沿观测方向的逆向度量。

(6)风移速率：烟幕形心沿顺风向移动的速率。

(7)沉降速率：烟幕形心沿铅垂方向移动的速率。

第8章 光电防护

8.1 光电防护概述

1.光电伪装与防护的定义

光电伪装与防护是通过各种光电技术手段与措施，阻止光电侦察装备对武器装备、设施、人员等辐射源的信息进行侦察、探测和干扰，降低光电侦察装备发现、探测的概率。

光电伪装与防护技术又称为光电防御技术，包括光电伪装隐身和激光防护两个方面。光电伪装隐身的目的是通过减少目标的各种被探测的光电特征，降低被对方光电系统发现和探测的概率；激光防护是通过采取各种防护措施，确保与光电系统相关的武器装备作战性能的正常发挥，保护作战人员的眼睛免遭激光伤害，提高攻击型武器在战术激光威胁情况下的突防能力。

传统的伪装技术大都是被动式的，即利用目标遮蔽和背景融合等技术手段，通过外部伪装改变目标本来的真实外貌，使之无法被准确识别，达到欺骗的目的。现代隐身技术通过武器装备的内装式设计，改变、抑制或消除目标的辐射、反射等被探测与识别的特征，达到隐身的目的。隐身技术是传统伪装技术向高技术化的发展和延伸，又称其为“低可探测技术”，主要用于对付敌方防御武器，使敌方防御武器不易被发现、识别、跟踪和攻击。

2.光电伪装与防护的关键技术

光电伪装与防护的关键技术主要有以下几种：

(1)高效光电隐身材料技术。

(2)多波段复合伪装技术。

(3)反超光谱侦察伪装技术。

(4)多波长激光防护与加固技术。

8.2　光电伪装与防护技术体系

光电伪装与防护主要包括光电隐身、伪装遮障和光电防护三方面(见图 8.1)。

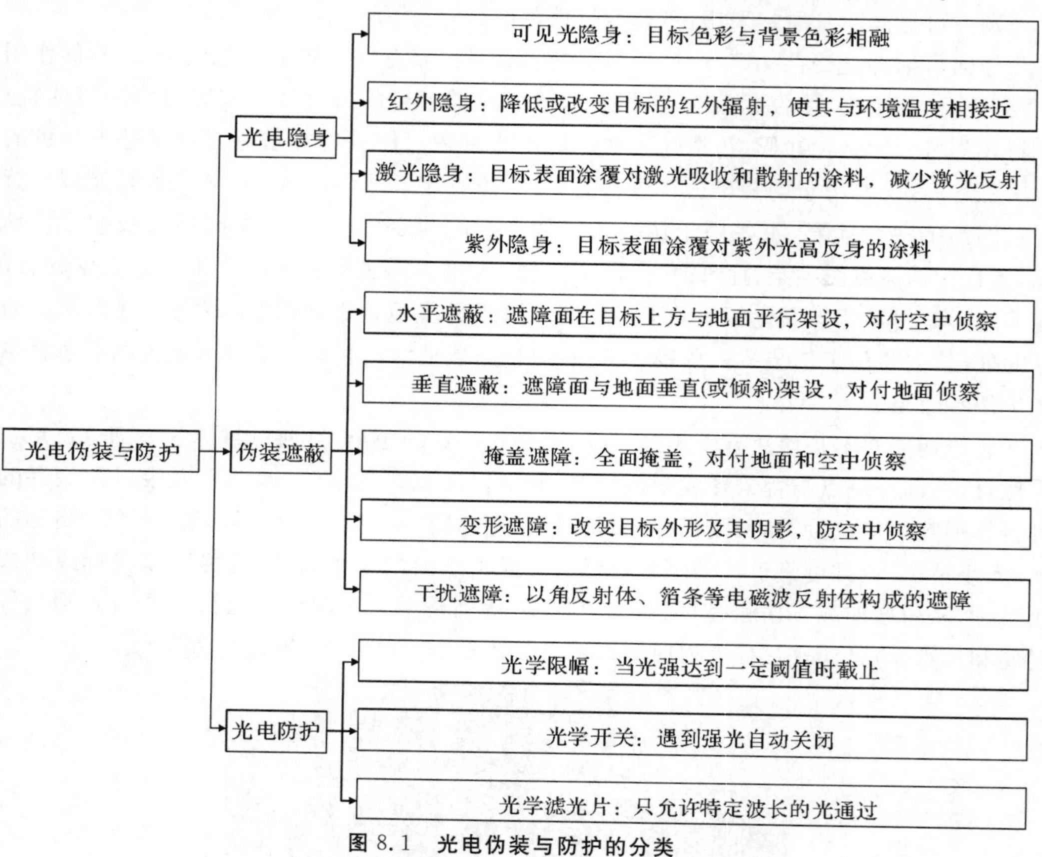

图 8.1　光电伪装与防护的分类

8.2.1　光电隐身技术

8.2.1.1　光电隐身技术概述

光电隐身是减小被保护目标的某些光电特征，使敌方探测设备难以发现目标或使其探测能力降低的一种光电对抗手段。要想达到好的隐身效果，必须综合考虑武器装备系统的结构、动力设计、结构材料的选用以及遮蔽技术、融合技术等伪装技术的使用等方面。

隐身技术的出现为伪装提供了新的实现途径。与示假伪装相比，隐身技术能最大限度地保证目标的生存，因为示假虽然能提高战场目标的生存能力，但真目标依然有可能与假目标一起被摧毁。而对于关键目标(武器装备、工事等)，敌方不惜一切代价妄图摧毁时，隐身伪装就十分必要。

光电隐身主要分为可见光隐身、红外隐身、紫外隐身和激光隐身。

1. 可见光隐身

目标表面材料对可见光的反射特性是影响目标与背景之间亮度及颜色对比的主要因素，同时，目标材料的粗糙状态以及表面的受光方向也直接影响目标与背景之间的亮度及颜色差别。可见光隐身通常采用迷彩涂料、伪装网、伪装遮障 3 种技术手段。

任何目标都是处在一定背景上，目标与背景又总是存在一定的颜色差别，迷彩的作用就是要消除这种差别，使目标融于背景之中，从而降低目标的显著性。按照迷彩图案的特点，涂料迷彩可分为保护迷彩、仿造迷彩和变形迷彩三种。保护迷彩是近似背景基本颜色的一种单色迷彩，主要用于伪装单色背景上的目标；仿造迷彩是在目标或遮障表面仿制周围背景斑点图案的多色迷彩，主要用于伪装斑点背景上的固定目标，或停留时间较长的可活动目标，使目标的斑点图案与背景的斑点图案相似，从而达到迷彩表面融合于背景之中的目的；变形迷彩是由与背景颜色相似的不规则斑点组成的多色迷彩，在预定距离上观察能歪曲目标的外形，主要用于伪装多色背景上的活动目标，能使活动目标在活动区域内的各色背景上产生伪装效果。

迷彩伪装并不是使敌方看不到目标，而是在特定的距离上，通过目标的一部分斑点与背景融合，一部分斑点与背景形成明显反差，分割目标原有的形状，破坏了人眼以往储存的某种目标形状的信息，增加人眼视神经对目标判别的疑问。特别是变形迷彩，改变了目标的形状、大小特征，通常可将重要的军事目标改变成不重要的军事目标，或将军事目标改变成民用目标，从而增加敌方探测、识别目标的难度，特别是增加了制导武器操纵人员判别目标的时间和误判率，延误其最佳发射时机。图 8.2 为美国 Teledyne 超轻型伪装网。

图 8.2　美国 Teledyne 超轻型伪装网

2. 红外隐身

对目标的红外隐身包括两方面：一是降低目标的红外辐射强度，即通常所说的热抑制技术；二是改变目标表面的红外辐射特性，即改变目标表面各处的辐射率分布。

(1)降低目标红外辐射强度。降低目标红外辐射强度也可称为降低目标与背景的热对比度，使敌方红外探测器接收不到足够的能量，减少目标被发现、识别和跟踪的概率。具体可采用以下几项技术手段和措施。

1)采用空气对流散热系统。空气是一种选择性的辐射体,其辐射集中在大气窗口以外的波段上,或者说空气是一种能对红外辐射进行自遮蔽的散热器。因此,红外探测器只能探测热目标,而不能探测热空气。为了充分利用空气的这一特性,采用空气对流系统,可将热能从目标表面或涂层表面传给周围空气。空气对流有自然对流和受迫对流两种,完成自然对流的系统是一种无源装置,不需要动力,不产生噪声,可用散热片来增强能力。完成受迫对流的系统是一种有源装置,需要风扇等装置作动力,其传热率高。空气对流散热系统只适用于专用隐身,不适合用作通用隐身手段。

2)涂覆可降低红外辐射的涂料。这种涂料降低目标红外辐射强度有两种途径:一是降低太阳光的加热效应,这主要是因为涂料对太阳能的吸收系数小;二是控制目标表面发射率,主要有两种方式:一是降低涂料的红外发射率;二是使涂料的发射率随温度而变,温度升高,发射率降低,温度降低,发射率升高,从而使目标的红外辐射能量尽可能不随温度的变化而变化。

3) 配置隔热层。隔热层可降低目标在某一方向的红外辐射强度,可直接覆盖在目标表面,也可以离目标有一定距离的地方配置,以防止目标表面热量的聚集。隔热层主要由泡沫塑料、粉末、镀金属塑料膜等隔热材料组成。泡沫塑料能储存目标发出的热量,镀金属塑料薄膜能有效地反射目标发出的红外辐射。隔热层的表面可涂不同的涂料以达到其他波段的隐身效果,在用隔热层降低目标红外辐射特性的同时,由于隔热层本身不断吸热,温度升高,为此,还必须在隔热层与目标之间使用冷却系统和受迫空气对流系统进行冷却和散热。

4)加装热废气冷却系统。发动机或能源装置的排气管和废气的温度都很高,排气管的温度可达到 200～300℃,排出的废气是高温气体,可产生连续光谱的红外辐射,为降低排气管的温度,可加装热废气冷却系统,该系统在消除废气中的热量同时,又不加热可见表面。目前研制和采用的有夹杂空气冷却和液体雾化冷却两种系统。夹杂空气冷却就是用周围空气冷却热废气流,它需要风扇作动力,存在噪声源。液体雾化冷却主要通过混合冷却液体的小液滴来冷却热废气,这种冷却方法需要动力,以便将液体抽进废气流,而且冷却液体用完后,需要再供给。

5)改进动力燃料成分。通过在燃油中加入特种添加剂或在喷焰中加入红外吸收剂等措施,降低喷焰温度,抑制红外辐射能量,或改变喷焰的红外辐射波段,使其辐射波长在大气窗口之外。

(2)改变目标表面红外辐射特征。

1)模拟背景的红外辐射特征技术。采用降低目标红外辐射强度的技术,只能造成一个温度接近于背景的常温目标,但目标的红外辐射特征仍不同于背景,还有可能被红外成像系统发现和识别。模拟背景红外辐射特征,是指通过改变目标的红外辐射分布状态或组态,使目标与背景的红外辐射分布状态相协调,使目标的红外图像成为整个背景红外辐射图像的一部分。模拟背景的红外辐射特征技术适用于常温目标。通常采用的手段是红外辐射伪装网。

2)改变目标红外图像特征新技术。每一种目标在一定的状态下,都具有特定的红外辐

射图像特征，红外成像侦察与制导系统就是通过目标这些特定的红外辐射图像来识别目标的。改变目标红外图像特征的变形技术，主要在目标表面涂敷不同发射率的涂料，构成热红外迷彩，使大面积热目标分散成许多个小热目标，这样各种不规则的亮暗斑点打破了真目标的轮廓，分割歪曲了目标的图像，从而改变了目标易被红外成像系统所识别的特定红外图像特征，使敌方的识别发生困难或产生错误识别。

3. 激光隐身

激光隐身从原理上与雷达隐身有许多相似之处，它们都以降低反射截面为目的，激光隐身就是要降低目标的激光反射截面，与此有关的是降低目标的反射系数，以及减小相对于激光束横截面区的有效目标区。激光隐身采用的技术有以下几项。

(1)采用外形技术。消除可产生角反射器效应的外形组合，变后向散射为非后向散射，用边缘衍射代替镜面反射，用平板外形代替曲面外形，减少散射源数量，尽量减小整个目标的外形尺寸。

(2)吸收材料技术。吸收材料可吸收照射在目标上的激光，其吸收能力取决于材料的磁导率和介电常数。吸收材料从工作机制上可分为两类，即谐振(干涉)型与非谐振型。谐振型材料中有吸收激光的物质，且其厚度为吸收波长的 1/4，使表层反射波干涉相消。非谐振型材料是一种介电常数、磁导率随厚度变化的介质，最外层介质的磁导率近于空气，最内层介质的磁导率接近于金属，减少材料内部的寄生反射。吸收材料从使用方法上可分为涂料与结构型两大类。涂料可涂覆在目标表面，但在高速气流下易脱落，且工作频带窄。结构型是将一些非金属基质材料制成蜂窝状、波纹状、层状、棱锥状或泡沫状，然后涂吸收材料或将吸波纤维复合到这些结构中。

(3)采用光致变色材料。利用某些介质的化学特性，使入射激光穿透或反射后变成为另一波长的激光。

(4)利用激光的散斑效应。激光是一种高度相干光，在激光图像侦察中，常常由于目标投射光的相互干涉而在目标图像上产生一些亮暗相间随机分布的光斑，致使图像分辨力降低。从隐身考虑，可利用这一散斑效应，如在目标的光滑表面涂覆使其不光滑的涂层，使光滑表面变粗糙，使得散斑效果最佳时隐身效果最好。

4. 紫外隐身

在冰雪环境背景中，由于冰雪的高紫外反射率，而目标的紫外反射率相对较低，紫外探测器很容易探测到目标。在目标表面涂敷其有高紫外反射率的涂料，可有效提高目标的紫外反射性能，使目标和背景相融合，从而降低目标被机载紫外侦察装备探测到的概率。

8.2.1.2 光电隐身的关键技术

光电隐身技术主要包括用于消除或减少目标暴露特征的遮蔽技术、降低目标与其所处背景之间对比度的融合技术、改变原有目标特定光电特征的变形技术和与武器系统整体设计高度统一的目标内装式设计技术。其关键技术有以下几种。

(1)涂料材料和迷彩设计技术;

(2)伪装网、遮障材料和构造工艺技术;

(3)遮障器材与热抑制、热消散系统一体化设计技术;

(4)具有隐身性能的新型结构材料和外形设计技术;

(5)以热抑制措施为重点的内装式设计技术。

8.2.1.3　光电隐身的发展及趋势

从冷兵器时代发展到近代两次世界大战,基本沿袭的都是色彩、外形的视觉伪装。视觉隐身的典型案例是各国空军战机伪装色的演变。第二次世界大战期间英国皇家空军从早期的醒目色调改为较为柔和的低可视度伪装色调,比如给专门在夜间使用的轰炸机下表面涂上粗糙亚光的黑色 RDM2 漆,空军战机上表面采用绿色、黄褐色和土灰色搭配,下表面天蓝色或浅灰白,海军战机选择深海灰色,其目的是达到从不同视角观察,能够形成目标和战场背景混淆掩盖,引发视觉判断模糊或形成错觉的隐身效果。

第二次世界大战后到冷战初期,很多国家空军曾短期放弃过伪装色,改为原装金属银色,其原因:一是为超声速减阻和去掉多余质量,二是据称这样对核辐射有一定防御效果,因此只在部分海军战斗机上还保留了深蓝和浅灰等色系的组合涂装。但是自 20 世纪 70 年代,美国在越南战争中面临北越的空中威胁越来越多,战损越来越大以后,再次恢复了战斗机伪装色涂装,他们基于越南亚热带丛林地貌的背景特征,在机身采用上部丛林绿,中部绿色、褐色混杂,下部浅灰色,以降低视距内被发现的概率,这就是著名的“越战迷彩”。此举后来也带动了其他国家纷纷效仿,一直到现在美国军都还在持续对低可视度涂装进行研究,以尽可能获取空战和对地攻击时的相对视觉隐身优势。虽然隐身战机利用低可探测性优势可以在中远距离上获得便利,但也不能排除一旦战场态势复杂化很可能会进入近距离视距作战模式,因此采用低可视度伪装涂装仍然是今后提高战机生存力的一项必要措施。

目前,美国战机主要伪装涂装已形成几种标准系列,如应用于空军战机的深灰/浅灰色系列组合“幽灵灰”色调,用于欧洲战场的灰/绿/浅绿“1 号方案”,用在海军的灰白涂装和陆战队的蓝灰/灰白涂装方案,以及陆军航空兵的橄榄绿/褐色涂装。

特别是四代隐身战斗机,为了达到全频隐身的效果,普遍都采取了比较全面的红外隐身增强措施。据说 F-22 战斗机除采用较扁平的二元矩形喷口增加冷空气掺混冷却效果外,还在尾喷口结构中增加了喷口强制制冷系统,可以在被红外制导导弹咬尾跟踪时,选择恰当的时机短时强制制冷,并结合红外诱饵和大过载机动迅速摆脱追踪。

8.2.2　伪装遮障

伪装遮障是通过采用伪装网、隔热材料和迷彩涂料来隐蔽人员、兵器和各种军事设施的一种综合性技术手段。伪装遮障技术主要用来模拟背景的电磁波辐射特性,使目标得以遮蔽并与背景相融合,是固定目标和停留的运动目标最主要的防护手段,特别适用于有源或无源的高温目标,可有效地降低光电侦察武器的探测、识别能力。

1. 伪装网

伪装网是一种重要的伪装遮障器材，是战场上兵器装备、军事设施等军事目标的“保护伞”。一般来说，除飞行中的飞机和炮弹外，所有的目标都能使用伪装网。伪装网主要用来伪装常温状态的目标，常采用可见光迷彩色，使目标融于背景之中，以对抗可见光侦察、探测和识别。

早在第一次世界大战时，为了隐蔽兵器，军队就将渔民用的旧鱼网盖在兵器上，并在网上设置一些遮蔽材料，这就是伪装网的雏形。在第二次世界大战时，制式伪装网得到进一步发展，在许多重要军事目标的伪装上得到应用。但那时的伪装网仅能对抗可见光侦察，材料基本上以棉麻为主。

随着侦察技术的全波段化和新材料的不断应用，伪装网也在不断发展，其基础材料和伪装遮蔽性能，以及伪装机理都发生了很大变化。现代伪装网基本具备以下特征：

(1)能对抗可见光、紫外、红外和雷达等多种手段的侦察。

(2)网面颜色与迷彩斑点的光学性能、网面的红外辐射和反射性能，以及对雷达波的散射性能都可以适应目标周围背景的需要。

(3)材质轻、涂层牢固、易于架设和撤收、便于拼接，可实现多种用途的伪装作业。

伪装网的防护机理主要是散射、吸收和热衰减。

散射型伪装网制作方法通常是在基布上编织不锈钢金属片、铁氧体等，或是在基布上镀涂金属层，然后采用对紫外、可见光和激光具有强烈反射作用的染料进行染色，黏结在基网上，再对基布进行切花和翻花加工，使之成三维立体形状。这样，就可以对入射的电磁波产生充分散射，使其在入射方向回波很小，达到隐蔽目标的目的。

吸收型伪装网是在基布夹层中填充或编织一定厚度的吸收材料，这些吸收材料对从紫外到红外的电磁波具有强烈吸收作用。然后采用具有同样吸收作用的染料进行染色，将其黏结在基网上，再对基布进行孔、洞处理，以吸收电磁波或抑制热散发，达到防紫外探测、可见光探测、红外探测及雷达等侦测系统对目标进行探测、识别的目的。

热衰减型伪装网是利用织物和金属結构成的气垫或双层结构，它对热辐射具有良好的隔离作用，将其与紫外、可见光、雷达伪装网配合使用，架成多层遮障，可达到防全电磁波段侦察和制导的作用。

2. 水平遮障

水平遮障是遮障面与地面平行，架空设置在目标上面的一种遮障。它通常设置在敌地面侦察不到的地区，用于遮蔽集结地点的机械、车辆、技术兵器和道路上的运动目标，可妨碍敌空中侦察。

3. 垂直(倾斜)遮障

垂直(倾斜)遮障是遮障面与地面垂直(倾斜)设置的遮障。它主要用于遮蔽目标的具体位置、类型、数量和活动，如遮蔽筑城工事、工程作业和道路上的运动目标等，以对付地面侦

察。垂直(倾斜)遮障可分为栅栏遮障和道路上空垂直遮障,栅栏遮障设置在目标暴露于敌人的一侧,或设置在目标周围。道路上空垂直遮障是横跨道路架空设置的垂直遮障,可妨碍敌方沿道路的纵向探查。

4. 掩盖遮障

掩盖遮障是遮障面四周与地面或地物相连以遮盖目标的遮障。它主要用于对付地面侦察和空中侦察。根据遮障面的形状可分为凸面掩盖遮障、平面掩盖遮障和凹面掩盖遮障。凸面掩盖遮障用于掩盖高出地面的目标,如掩体内的火炮、坦克、车辆和材料堆列等,其外形应与周围地物相似。平面掩盖遮障用于掩盖不高出地面的目标,如壕、交通壕、露天工事、道路及位于沟、坑内的目标等。凹面掩盖遮障用于掩盖冲沟、壕沟等内的目标。

5. 变形遮障

变形遮障是改变目标外形及其阴影的遮障。它既可用于伪装固定目标,又可用于伪装活动目标。变形遮障可分为檐形遮障、冠形遮障和仿形遮障。檐形遮障与地面成水平或倾斜设置在目标上或目标近旁,以防空中侦察,可制成扇状(变形扇)、伞状(变形伞)等,其尺寸不小于目标长度或宽度的 1/3,并在上面涂刷与目标或背景相似的颜色。冠形遮障垂直设置在目标上或设置在目标近旁,以防地面侦察,可制成不规则的扁平状,尺寸不小于目标高度的 1/3。仿形遮障应仿造一定的外形,使目标从表面上失去军事目标特征,可仿造民用建筑物、建筑上的装备或其他地物等。

6. 干扰遮障

干扰遮障主要是以电磁波反射体构成的防雷达侦察与制导的遮障,如角反射体、箔条等。遮障主要由伪装面和支撑骨架组成。支撑骨架通常采用质量轻的金属或塑料杆为材料,做成具有特定结构外形的骨架,起到支撑、固定伪装面的作用。而对光电侦察、探测、识别起作用的主要是伪装面,伪装效果取决于伪装面的颜色、形状、材料性质、表面状态及空间位置等与背景的电磁波反射和辐射特性的接近程度。

伪装面主要由伪装网、隔热材料和喷涂的迷彩涂料组成。对常温目标伪装采用喷涂迷彩涂料伪装网的遮障即可。对无源或有源高温目标伪装,还需在目标和伪装网之间使用隔热材料屏蔽目标的热辐射。这样可以造成一个温度均匀且温度不太高的“冷”表面,降低目标的热红外辐射。隔热层主要起着遮蔽目标红外辐射的作用,可直接覆盖在目标的表面,也可距目标一定距离配置。通常采用泡沫橡胶、泡沫塑料或新型材料等构成绝热层,以存储目标发出的热能。为加强隔热效果可在绝热层的内表面加一层或多层金属薄膜,以反射红外辐射,而在绝热层的外表面涂覆一些材料,构成漫反射层,以减小目标在某一方向的热辐射。隔热层反射红外辐射可能造成目标表面热量集聚,使目标温度升高,故在隔热层与目标之间要留有空隙加强空气对流,或采取一定的技术手段,如使用散热器、冷却剂及制冷装置等来加快热扩散。

8.2.3 光电防护

随着战术激光武器日趋成熟,激光防护成为作战人员和光学观瞄设备、光电传感器必须面对的环节。光学防护的重点是激光防护。

1.激光防护分类

(1)抗激光欺骗干扰。激光欺骗干扰分为角度欺骗干扰和距离欺骗干扰两种类型。其中,角度欺骗干扰用于干扰激光制导武器,距离欺骗干扰用于干扰激光测距机。所以抗激光欺骗干扰可以分为激光测距机的抗干扰和半主动激光制导武器的抗干扰两个方面。

激光测距机的抗干扰措施包括多波门、距离波门、滤光片和偏振接收等。半主动激光制导武器的常见的抗干扰措施主要包括编解码技术、抗干扰电路技术、光谱滤波技术、缩短激光目标指示时间和时间波门技术等,其中对抗激光有源干扰的关键技术是激光编解码技术。

(2)抗强激光干扰。在抗强激光干扰时,可以采取以下措施:

1)快门技术。在受到威胁时发出警告,启动“眼睑”式快门防护系统关闭光路,即让“快门”阻断强激光的攻击,待激光干扰消失后,再开“门”工作,从而起到完全的防护作用。目前,美国已研制出快于 4 000 次/s 的快门机构。

2)抗饱和接收技术。

3)冻结 AGC 放大倍数。如果能量变化过大,通过冻结 AGC 放大倍数,可以防止 AGC 干扰。

4)采用激光防护器材。

5)发展新型抗强激光导弹。

2.激光防护器材与措施

目前,对于人眼的激光防护措施主要有吸收型滤光镜、反射型滤光镜、吸收-反射型滤光镜、相干滤光镜、全息滤光镜、光学开关型滤光镜等。

对光学观瞄镜头的抗激光加固技术措施主要通过改善镀膜工艺、优选材料与结构(如金刚石薄膜)、采取强制冷却措施或双膜层(保护膜)机制等提高光学薄膜的抗激光能力。

军用光电传感器抗激光措施主要有以下几种:

(1) 增加光开关装置。

(2) 增设滤光片提高光电传感器光敏面性能。

(3) 增加特定激光波长的反射片、反射膜。

(4) 探测器冗余设计。

目前,激光防护正在从单一波段和单一手段向宽波段与综合防护方向发展。随着多波长和可调谐激光致盲武器的出现,要求激光防护能在多个谱区对强激光有足够的防护能力。随着激光反卫星武器的实用化,卫星激光防护成为一个突出重要的问题。

3. 抗激光武器的战术应用

(1) 旋转导弹。弹体自旋是导弹在飞行过程中按照一定的角速度绕导弹中心轴旋转，使激光照射点沿弹体环向移动，达到分散激光能量、提高抗激光干扰的目的。高能激光武器摧毁导弹需要在某固定点持续攻击数秒，采用弹体自旋技术，可避免高能激光对导弹固定部位的长时间辐照。

弹体自旋已从低速、近程小型导弹逐渐朝高速、中型化方向发展。目前世界上许多国家装备了不同类型的自旋导弹，如美国、德国联合研制的 RAM 导弹现已装备在美国、德国、韩国、埃及等国家近百艘军舰上。

(2) 超高声速导弹。为了进一步提高导弹的突防能力，许多国家在大力发展超高声速导弹。目前，美国已研制出马赫数 5 的弹道导弹与马赫数 10 的小型导弹，并计划使巡航导弹的飞行速度达到 2 720～3 060 m/s。法国和俄罗斯等国家巡航导弹的飞行速度也将达到 2 040～2 380 m/s。

(3) 光学薄膜。光学薄膜是光学制导系统中最先接收入射激光的部分，也是易损伤的薄弱环节。激光对光电设备的破坏，首先损伤光学薄膜，然后才破坏光学元件及光学系统。因此，提高薄膜的激光损伤阈值，对保护光学制导系统具有重要的意义。目前，美国正在研究的金刚石薄膜具有极坚硬、透明和良好的红外和紫外特性，抗激光损伤阈值极高。

(4) 传感器的抗激光冗余设计。在光电探测系统中采用探测器冗余设计，使入射光线可偏转到多个探测器中的任意一个，当工作探测器被激光致盲时，结构能使入射光线偏转到冗余探测器上，保证光电系统对目标的正常跟踪。

(5) 使用抗激光材料制作整流罩。使用氧化铝陶瓷作为射频天线整流罩的结构材料，这种陶瓷基复合材料由低介电材料组成，其每层氧化铝纤维采用单向排列，基体材料采用硼硅酸盐玻璃，使用温度为 600℃。基体若采用低膨胀的 SiO_2，使用温度可高达 1 100℃。

8.3　光电对抗效能评估

光电对抗效能评估是选择光电对抗方式、调整对抗参数，研制与鉴定装备，以及发展光电对抗技术所必须讨论的问题。能否有先进的手段对光电对抗装备进行评估，也是完善光电防护体系的基础。然而，由于光电对抗效能评估设计的方面广、类型多，有关光电效能评估的理论和标准尚且没有完全统一的标准和规范，因此，光电对抗效能评估也成为近年来光电对抗领域的研究热点。

光电对抗装备效能是指光电对抗装备在规定的条件下和规定的时间内完成特定任务的能力。对光电对抗装备的效能进行评估通常采用检测和评估两种方法。

检测是指对给定的光电对抗装备主要战术技术指标的测试和干扰效果的测试。战术技术指标是光电对抗装备达到预期效能的基本保证条件。对给定的光电对抗装备，在规定的条件下和规定的时间内，测试它有没有对抗效果，也称为定性评估。

评估是指对给定的光电对抗装备，在规定的条件下和规定的时间内，充分考虑影响效能

的各种因素，给出能够成功地对抗某种光电制导武器能力的综合评估，它是定量评估，通常用效能指标来表示。

8.3.1 光电对抗效能评估方法

对光电对抗效能进行评估，可采用试验法、解析法和仿真模拟法三种方法。这三种方法或单独使用或结合使用。

1. 试验法

试验法是在相应条件下，用光电对抗装备的试验样机对实际作战对象进行专门的试验。根据评估的目的，试验过程可以是光电对抗装备在实战使用环境下的全过程，也可以是某一局部过程。因此，利用试验法来检测光电对抗装备效能的可信度比较高。但由于试验具有随机性，因此，光电对抗装备的效能指标通常要通过试验数据的统计处理来获得。试验法适用于检测和评估已装备或已定型的光电对抗装备效能。

试验法通常是在外场进行的。根据被试光电对抗装备的作战环境，分别在地面、空中和海上进行试验。外场试验一般由试验装备、被试装备、指挥控制与数据处理中心以及数据通信网络组成。参加试验的装备可以是某一种光电武器。被试的光电对抗装备可能是一个干扰装备，也可能是一个侦察告警和干扰的综合系统。被保卫的目标可能是一架飞机，可能是一艘军舰，也可能是地面上一个指挥所等。为了评估光电对抗装备的对抗效能，必须建立数据采集与传输系统以及评估软件系统。

例如，红外干扰弹对抗红外制导导弹的外场试验，包括地面测试和空中测试。地面测试称为静态测试，空中测试称为动态测试。根据测试结果，计算和评估出该种红外干扰弹的干扰效果。

2. 解析法

解析法是依据装备的性能指标与设定的各种条件及其相互间关系，通过建立适当的数学模型，通过理论计算得到效能的估值，相当于一种预计分析。

对光电对抗效能进行评估的解析法可以分为层次分析法、结构评估法、量化标尺评价法、阶段概率法、ADC 法和模糊评估法等几种类型。

3. 仿真模拟法

仿真模拟法是对光电制导武器、光电对抗装备、被保护的目标、光电对抗环境进行仿真模拟，逼真地再现战场上双方作战的过程和结果。根据需要，仿真模拟试验可以做多次，甚至可以做上千次、上万次，来检测与评估光电对抗装备的效能和战术运用的结果，作为改进光电对抗装备性能和战术运用的依据。

仿真模拟法分为全实物仿真、半实物仿真和计算机仿真等几种类型。全实物仿真本质上与试验法相同，区别在于试验法通常在室外进行，而且参加试验的装备（包括试验装备和被试装备）都是实际装备，试验环境是模拟战场环境。全实物仿真一般在室内进行，参加试验的装备除实际装备外也可以是物理模型（如各种模拟器）；半实物仿真的被试装备采用实

际装备,部分试验装备和试验环境用计算机仿真技术模拟产生;计算机仿真中的试验环境和参试装备均由数学模型和数据表征,整个试验过程由计算机软件控制,并通过计算得到试验结果。计算机仿真包括全过程仿真和寻的器仿真两种。各种光电对抗效果仿真实验方法的特点见表 8.1。

表 8.1　光电对抗效果仿真实验方法的特点

特点	方法				
	实物动态测试法	实物静态测试法	半物理仿真法	计算机仿真法	寻的器计算机仿真法
评估置信度	较高	一般	一般	一般	较低
条件	至少有一枚样弹;有一套干扰设备;有形成导弹和目标相对运动的条件	至少有一个被测导弹的导引头;有目标或模拟;外场或实验条件;有一套干扰设备	在全实物仿真的基础上,在一种或几种环节用硬件替代	了解导弹的各种制导机理和参数;掌握目标和背景的特性;了解干扰设备模型和参数;了解导弹的攻击过程和干扰的实施方法	寻的器的模型和参数;目标和背景的特性和参数;干扰设备的模型和参数
技术实现难度	容易	比较容易	比较困难	非常困难	适中
经费投入	较大	适中	适中	小	最小
场地及实验室要求	靶场或实验室	外场或实验室	专用实验室	具有小型机或工作站的计算机机房	具有工作站和微机的计算机机房
评估周期	较短	最短	较长	最长	适中
评估的层次	全要素过程	寻的器级	全要素过程	全要素过程	寻的器级

8.3.2　光电对抗效果评估准则

光电对抗效果的评估可以归结到干扰效果和侦察效果的评估上。

1. 干扰效果评估准则

干扰效果指的是在干扰作用下对被干扰对象产生的破坏、损伤效应,而不是干扰设备本身的性能指标之一。但是,在未知干扰对象时,也可以单纯从干扰设备本身性能指标角度来衡量干扰效果好坏,如烟幕的质量消光系数、诱饵剂的辐射强度、激光抑制干扰信号的随机性等,这些性能参数越好,表明其干扰效果越好。

本节重点讨论已知干扰对象时的干扰效果评估问题。所以,干扰效果评估是指对各种干扰手段对被干扰对象产生的效果进行评估,需要考虑干扰手段、被干扰对象、实施干扰的环境和评估准则等要素。

干扰手段是指干扰的类型、性能、战术指标等。被干扰对象是指被干扰对象的性能、工作原理、战术指标、光电干扰对其可能产生的影响。实施干扰的环境和评估准则是指约定统

一的干扰环境和评估准则,以便于对同类光电干扰手段的效果进行比较。

从被干扰对象的角度出发,以干扰作用前后被干扰对象与干扰效果相关的关键性能的变化为依据评估干扰效果。被干扰对象接受干扰后所产生的影响将主要表现在以下三方面:

(1)被干扰对象因受到干扰使其系统的信息流发生恶化,如信噪比下降、虚假信号产生、信息中断等。

(2)被干扰对象技术指标的恶化,如跟踪精度、跟踪角速度、速度等指标下降。

(3)被干扰对象战术性能的恶化,如脱靶量增加、命中率降低等。

所以,干扰效果评估准则主要指的是在评估干扰效果时,所选择的评估指标和所确定的干扰效果等级划分。评估指标是指在评估中需要检测的被干扰对象与干扰效果有关的关键性能。干扰效果等级划分则是指,根据上述评估指标量值大小,对被干扰对象战术性能或总体功能的影响程度,确定出与干扰无效、有效或 1 级、2 级、3 级等量化等级对应的评估指标阈值。由此可见,干扰效果评估准则是进行干扰效果评估所必需的依据,在确定了干扰效果评估准则后,通过检测实施干扰后被干扰对象评估指标的量值并与阈值相比较,便可以确定干扰是否有效以及干扰效果的等级。

实施干扰的环境和评估准则中,关键是选取合适的评估指标,然后可以通过仿真试验方法进行干扰效果评估试验,根据评估经验值来确定干扰效果等级。常见的光电干扰效果评估指标有搜索参数类指标、跟踪精度类指标、制导精度类指标、图像特征类指标和压制系数指标。

2. 侦察效果评估准则

侦察效果评估和干扰效果评估的思路一样,主要是通过侦察设备的关键性能指标的变化来衡量。侦察效果评估准则指的是在评估侦察效果时,所选择的评估指标和所确定的侦察效果等级划分。侦察效果等级划分是指根据评估指标量值大小对侦察设备战术性能或总体功能的影响程度,确定出与侦察效果等级对应的评估指标阈值。在确定了侦察效果评估准则后,通过检测实施干扰后侦察设备评估指标的量值并与阈值比较,便可以确定侦察效果的等级。

国外在这方面做了大量的工作,约翰逊根据实验把目标的探测问题与等效条纹探测联系起来。约翰逊准则指出探测距离是一个由主观因素和客观因素综合作用的结果。主观因素与观察者的视觉心理、经验等因素有关。对于侦察效果不能通过主观评判,如探测一个目标,甲认为看清楚了,但乙可能就认为没看清楚,因此必须有一个客观统一的评价标准。许多研究表明,有可能在不考虑目标本质和图像缺陷的情况下,用目标等效条纹的分辨力来确定红外热像仪成像系统对目标的识别能力,这就是约翰逊准则。目标的等效条纹是一组黑白间隔相等的条纹图案,其总高度为目标的临界尺寸,条纹长度为目标为垂直于临界尺寸方向的横跨目标的尺寸。等效条纹图案的分辨力为目标临界尺寸中所包含的可分辨的条纹数,也就是目标在探测器上成的像占的像素数。目标探测可分为探测(发现)、识别和辨认三个等级。探测定义为:在视场内发现一个目标。这时目标所成的像在临界尺寸方向上必须

占到 1.5 个像素以上。识别定义为：可将目标分类，即可识别出目标是坦克、卡车或者人等。这时目标所成的像在临界尺寸方向上必须占到 6 个像素以上。辨认的定义为：可区分开目标的型号及其他特征，如分辨出敌我。这时目标所成的像在临界尺寸方向上必须占到 12 个像素以上。以上都是在概率 50%，也就是刚好能发现目标，以及目标与背景的对比度为 1 的条件下所得到的数据。

评估侦察效果有不同的指标，如目标鉴别等级（探测、识别和辨认）、目标鉴别概率（目标鉴别总是存在一定的鉴别概率，如发现概率和识别概率等，鉴别达到某等级是在一定概率条件下的，在约翰逊准则中与鉴别等级相应的鉴别概率为 50%）、作用距离（在同一鉴别概率，对目标的鉴别等级达到相同鉴别等级时的作用距离）等。

8.3.3　光电对抗效能评估发展趋势

光电对抗效果仿真试验作为靶场试验的一个组成部分，将与实弹打靶相结合，共同完成对光电对抗武器装备的战术技术指标的性能测试和对抗效果的评估任务。

在光电对抗效果评估领域，美国发展得较快，也较全面，拥有空军电子战评估系统（AFEWS）的光电仿真试验系统、埃格林空军基地光电仿真试验系统、陆军导弹司令部高级仿真中心的光电仿真试验系统和海军半实物仿真导弹实验室的光电仿真试验系统。比如：为了评估红外干扰对抗先进红外成像反舰导弹的能力，美国海军实验室发展了新的半实物模型技术，包括创造一个工具来产生精确的红外图像和合成视频输入真实的威胁模拟器，并采用真实录取的图像来校验所提技术的精确性和有限性。空军电子战评估仿真器（AFEWES）红外干扰测试设备现在已有能力仿真一个完全的红外干扰测试环境，包括导弹飞行、飞机飞行和各种各样的红外干扰（如机动、点源曳光弹、光源干扰系统等）。

荷兰的 TNO 物理电子实验室建立了反舰导弹红外诱饵的有效评估工具。评估在软件安装后，可以选择不同的预处理和探测算法来处理录取的红外图像序列。通过改变导引头参数，可以评估在各种场景下录取的诱饵部署的有效性。

加拿大的海军威胁和干扰模拟器（NTCS）能够建模舰船和红外制导反舰导弹之间的交战。NTCS 建立在以前研发的海军舰船信号软件即舰船红外模拟器（SHIPIR）基础之上，SHIPIR 提供了较宽的工作范围、大气特性、观察者和频谱条件的海天背景下的舰船三维图形图像。通过加入红外导引头模型、导弹飞行动力学和部署的红外干扰，NTCS 通过计算目标锁定距离和 hit/miss 距离可以评估舰船在红外干扰情况下的生存能力。

国内建立的关于激光半主动制导武器以及光电对抗的半实物仿真系统，多数是用于激光制导武器的导引头和控制系统的性能测试，而用于激光制导武器的光电对抗研究的半实物仿真系统较少。

光电对抗效果评估系统的主要功能是检验评估光电制导设备在不同气候环境和不同对抗条件下的制导性能和抗干扰能力、检验评判光电干扰设备对光电成像导引头的干扰效果等。评估系统的通用性是对抗试验鉴定中的关键性问题。如果不立足于设备的通用性，而一味追求与作战对方一对一的专用性，既不科学，也不经济，甚至不可能。所以要把对抗效果的评估建立在相对的基础上。也就是说，被干扰的制导系统接近某种可能情况时，干扰效

果如何;而部署的干扰措施接近某种可能情况时,制导系统的抗干扰能力又如何。

当前光电对抗效果仿真试验的主要发展趋势如下:

(1)完善光电对抗效果仿真试验评估系统。光电对抗仿真试验评估系统的评估对象主要有六类:一是基于红外成像制导技术的红外导引头(包括双色、双模导引头);二是以闪光干扰和烟雾干扰为代表的红外干扰设备;三是基于红外成像探测的导弹逼近告警设备,以及各类光电火控系统中的红外预警设备;四是激光制导设备(主要针对半主动制导);五是激光干扰设备(主要针对欺骗干扰);六是激光侦察告警设备(包括舰载、机载、车载、陆基)。

光电对抗仿真试验评估系统组成如图 8.3 所示。采用 HLA/RTI 体系结构,连接分布在测试场地中的红外对抗仿真试验评估分系统、激光对抗仿真试验评估分系统、光电目标及环境模拟器、目标运动模拟器、实时监控分系统、光电目标和光电环境数据库、光电对抗仿真试验评估控制分系统、测试评估结果处理与评估分系统等。

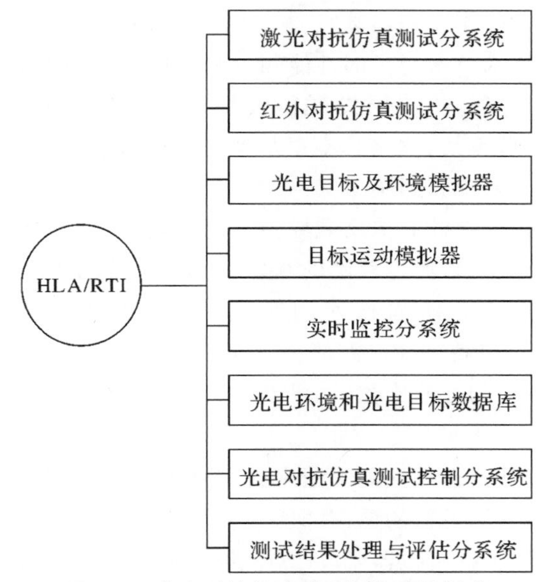

图 8.3 光电对抗仿真试验评估系统组成

激光对抗仿真试验评估分系统主要完成光电干扰装备激光角度欺骗等干扰效果评估仿真测试。主要应包括显示与控制单元、激光威胁信号模拟器、光电背景信号模拟单元、弹道解算计算机、电动三轴转台、摇摆转台、数据录取单元、在线监测单元和测试现场监视单元等。

红外对抗仿真试验评估分系统的主要功能是为光电干扰装备提供不同气候、各种复杂对抗背景、接近实战条件下的红外辐射威胁信号环境,满足光电干扰装备干扰效果评估测试的要求,检验和鉴定其战术技术性能。主要包括主控计算机、红外场景和战场背景编辑单元、大气透过率和图像模糊度解算单元、红外场景合成单元、红外目标背景及干扰信号模型数据库单元、红外图像生成红外辐射信号单元、准直光学投射系统和运动控制模拟单元等。

目标运动模拟器主要模拟导弹的飞行姿态和装载平台的运动特性,具有模拟导弹的相对运动速度和方位等功能。与光电环境模拟器和光电目标模拟器一起,模拟产生试验所需

的各种光电背景信号、光电干扰信号以及光电目标的生成和运动特性等，为仿真试验提供一个近似于实战的战场环境。

实时监控分系统主要由主控计算机、数据处理服务器、系统控制软件、数据处理软件、威胁源数据库和制导模型数据库等组成。通过网络实现对分系统内各单元的控制，并接收各单元回送的试验信息，完成试验态势设置、试验进程控制、试验数据显示等功能。

光电环境和光电目标数据库系统提供试验所需的战场态势假定数据库、威胁目标数据库、各类背景信号数据库、军事目标数据库等。

光电对抗仿真试验评估控制分系统由试验主控计算机及控制软件组成，完成仿真试验进程的自动控制，并处理各种相关事件。

测试结果处理与评估分系统主要实现对光电干扰装备实施干扰的最后结果进行分析和性能评估。

(2)仿真技术在仿真规模上由小到大、从局部向全面发展，系统中的应用向全武器系统及其全生命周期方向发展。由于试验需求和仿真技术实现的可能，目前光电对抗试验的主要目的是测试被试武器装备(主要是单系统、单平台)的技术指标性能和对抗能力。试验模式必然由以实物及外场试验为主，向实物及外场试验，或者数学模型及试验室仿真相结合方向发展。通过分布交互式仿真，借助参试人员、作战平台和建立以计算机技术为支撑的虚拟仿真、武器运行模型和作战规划流程的交互，实现光电对抗武器装备战术技术性能的全面评估和考核。

(3)分布交互式仿真和以综合集成为特色的先进分布仿真将成为光电对抗试验应用的重要发展方向。在当前武器装备系统化、规模化、多样化发展的特点和战争样式不断变化的内在驱动下，光电对抗装备试验的发展方向将是从内场仿真延伸到内外场仿真并举，从单一形式的仿真(如硬件在回路中的仿真)发展到结合各种类型(纯数学、虚拟、构造、实物)仿真的综合系统仿真，从集中式仿真发展到分布于整个试验场区的多个地点的分布交互式仿真。系统对抗、多平台武器对抗是靶场未来承担试验任务的重点。而体系对抗仿真中可能要引入更复杂的战情设计和作战模型等新的试验元素。因此，光电对抗仿真试验将会呈现出规模化、系统化、分布化、多样化等特点。

现代光电技术、微电子技术和计算机技术的发展，促进了光电武器性能的不断提高。与其相对应，光电对抗技术也引起了各军事大国的广泛重视。在未来战争中，光电对抗将显示出更大的作用，并将向着更具进攻能力和空间对抗能力方向发展。

参考文献

[1] 周一宇,徐晖,安玮. 电子战原理与技术[M]. 北京:国防工业出版社,1999.
[2] 丁鹭飞,耿富禄,陈建春. 雷达原理[M]. 北京:电子工业出版社,2020.
[3] 赵国庆. 雷达对抗原理[M]. 西安:西安电子科技大学出版社,2005.
[4] 张永顺,童宁宁,赵国庆. 雷达电子战原理[M]. 北京:国防工业出版社,2020.
[5] 刁鸣. 雷达对抗技术[M]. 哈尔滨:哈尔滨工程大学出版社,2007.
[6] 王星. 航空电子对抗原理[M]. 北京:国防工业出版社,2008.
[7] 付小宁,王炳健,王狄. 光电定位与光电对抗[M]. 北京:电子工业出版社,2018.
[8] 李云霞,蒙文,马丽华,等. 光电对抗原理与应用[M]. 西安:西安电子科技大学出版社,2009.
[9] 郭海帆. 电子对抗装备测试基础[M]. 成都:电子科技大学出版社,2022.
[10] 冯德军,刘进,赵锋,等. 电子对抗与评估[M]. 长沙:国防科技大学出版社,2018.
[11] 单琳锋,金家才,张珂. 电子对抗制胜机理[M]. 北京:国防工业出版社,2018.
[12] 刘永坚,侯慧群,曾艳丽. 电子对抗作战仿真与效能评估[M]. 北京:国防工业出版社,2017.
[13] 潘继飞. 雷达对抗系统[M]. 北京:国防工业出版社,2022.
[14] RAHMAN H. Fundamental principles of radar[M]. 北京:国防工业出版社,2022.
[15] 周遵宁. 光电对抗材料基础[M]. 北京:北京理工大学出版社,2017.
[16] 焦国力. 揭秘军用飞行器[M]. 北京:科学普及出版社,2016.
[17] 贺平. 雷达对抗原理[M]. 北京:国防工业出版社,2016.
[18] 方斌,张艺瀚,陈少华. 机载导弹抗干扰技术[M]. 北京:电子工业出版社,2016.
[19] 王沙飞,李岩,徐迈,等. 认知电子战原理与技术[M]. 北京:国防工业出版社,2018.

前言

自20世纪末至今的多场高技术条件下的局部战争表明，电子对抗已成为现代战争必不可少的重要组成部分。电子对抗是指敌对双方围绕电磁频谱的控制权和使用权而展开的一种对抗性军事行动，也称为电子战，是信息时代最活跃的作战力量之一。其中，雷达对抗和光电对抗是最主要的两种技术类型。

雷达对抗是指采用专门的电子设备和器材降低、削弱和破坏敌方雷达的效能乃至使其完全丧失作用，并保护己方雷达正常发挥效能的电子对抗技术。光电对抗是指利用光电对抗装备，对敌方光电观瞄器材和光电制导武器进行侦察、干扰或摧毁，以削弱或破坏其作战效能，同时保护己方光电器材和武器有效使用的电子对抗技术。

本书基于系统工程理论，从侦察、攻击和防护三个方面分别系统地介绍雷达及光电对抗的基本原理，作战装备和技术的使用原则，以及技术、战术的运用思路。本书分为8章：第1章主要介绍了电子对抗的概念及其发展历史，以及航空领域中涉及的相关概念；第2章介绍了雷达电子侦察的原理及应用，包括雷达电子侦察系统的组成、侦察作用距离、测频、测向的基本原理和技术；第3章介绍了雷达电子进攻的原理及应用，包括有源干扰、无源干扰、反辐射武器、定向能武器和雷达隐身的基本原理和技术；第4章介绍了雷达电子防护的基本原理和技术；第5章介绍了光电对抗的基本原理、技术体系和战术应用；第6章介绍了光电侦察的基本原理与应用，包括激光、红外、紫外和可见光等多个波段的光电告警原理和技术；第7章介绍了光电干扰的基本原理和技术，包括激光欺骗干扰系统、强激光干扰系统等光电有源干扰与假目标、烟幕干扰等光电无源干扰的原理与技术应用；第8章介绍了光电伪装与防护的技术体系和效能评估方法。

本书由陈军、胡晓宇主编，第1～4章由陈军编写，第5～8章由胡晓宇、陈军、汤志荔编写。陈安祺对本书的部分章节进行了整理和录入。

由于水平有限，书中不足之处在所难免，欢迎读者批评指正。

编　者

2022年9月

【内容简介】 本书分为8章,主要内容包括电子对抗概述、雷达电子侦察、雷达电子进攻、雷达电子防护、光电对抗概述、光电侦察、光电干扰以及光电防护等基础原理阐述与装备、系统及其使用场景的介绍,力求使本科生对作战飞机机载电子对抗系统有较为系统、全面的认识。

本书可作为高等学校探测制导与控制技术专业本科生相关课程的教材,参考教学时数为32～48学时。

图书在版编目(CIP)数据

雷达及光电对抗原理 / 陈军,胡晓宇主编. —西安:西北工业大学出版社,2023.4

ISBN 978-7-5612-8685-2

Ⅰ.①雷… Ⅱ.①陈… ②胡… Ⅲ.①雷达对抗 ②光电对抗 Ⅳ.①TN974 ②E866

中国国家版本馆CIP数据核字(2023)第053803号

LEIDA JI GUANGDIAN DUIKANG YUANLI

雷 达 及 光 电 对 抗 原 理

陈军　胡晓宇　主编

责任编辑:孙　倩　　**策划编辑**:杨　军
责任校对:朱辰浩　　**装帧设计**:李　飞
出版发行:西北工业大学出版社
通信地址:西安市友谊西路127号　　邮编:710072
电　　话:(029)88493844,88491757
网　　址:www.nwpup.com
印 刷 者:陕西奇彩印务有限责任公司
开　　本:787 mm×1 092 mm　1/16
印　　张:14
字　　数:367千字
版　　次:2023年4月第1版　2023年4月第1次印刷
书　　号:ISBN 978-7-5612-8685-2
定　　价:59.00元

高等学校规划教材

雷达及光电对抗原理

主　编　陈　军　胡晓宇
副主编　汤志荔

西北工业大学出版社
西　安